DNA 上

二重らせんの発見からヒトゲノム計画まで

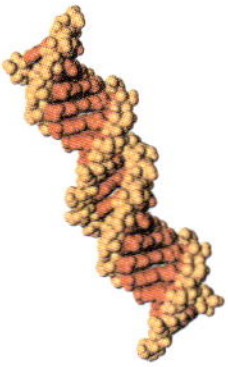

ジェームス・D・ワトソン
アンドリュー・ベリー 著
青木 薫 訳

装幀／芦澤泰偉事務所・児崎雅淑

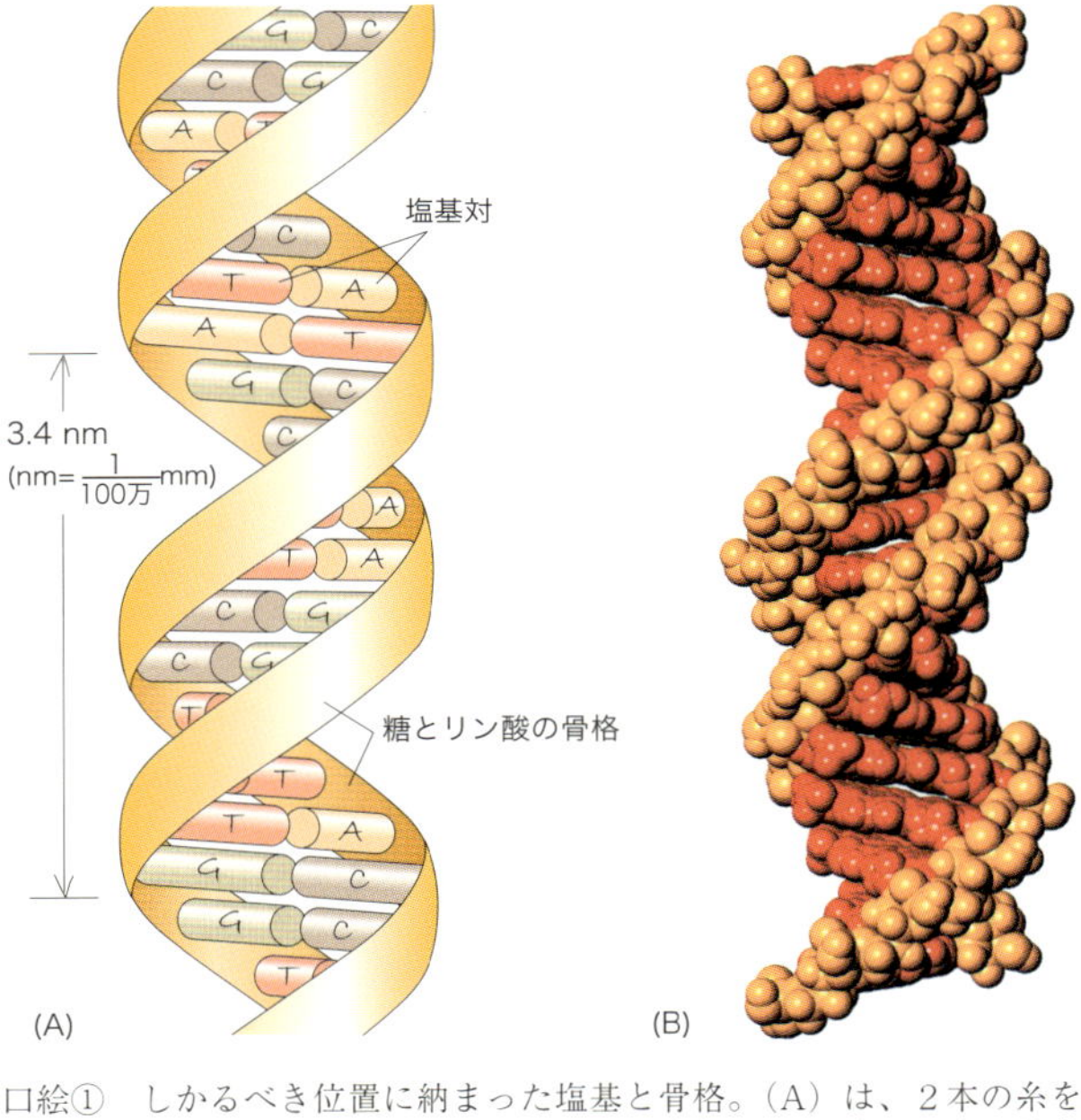

口絵①　しかるべき位置に納まった塩基と骨格。(A) は、2本の糸を結びつける塩基対を模式的に表したもの。(B) は、一定の比率で拡大された原子を用い、分子の詳細を示した模型。

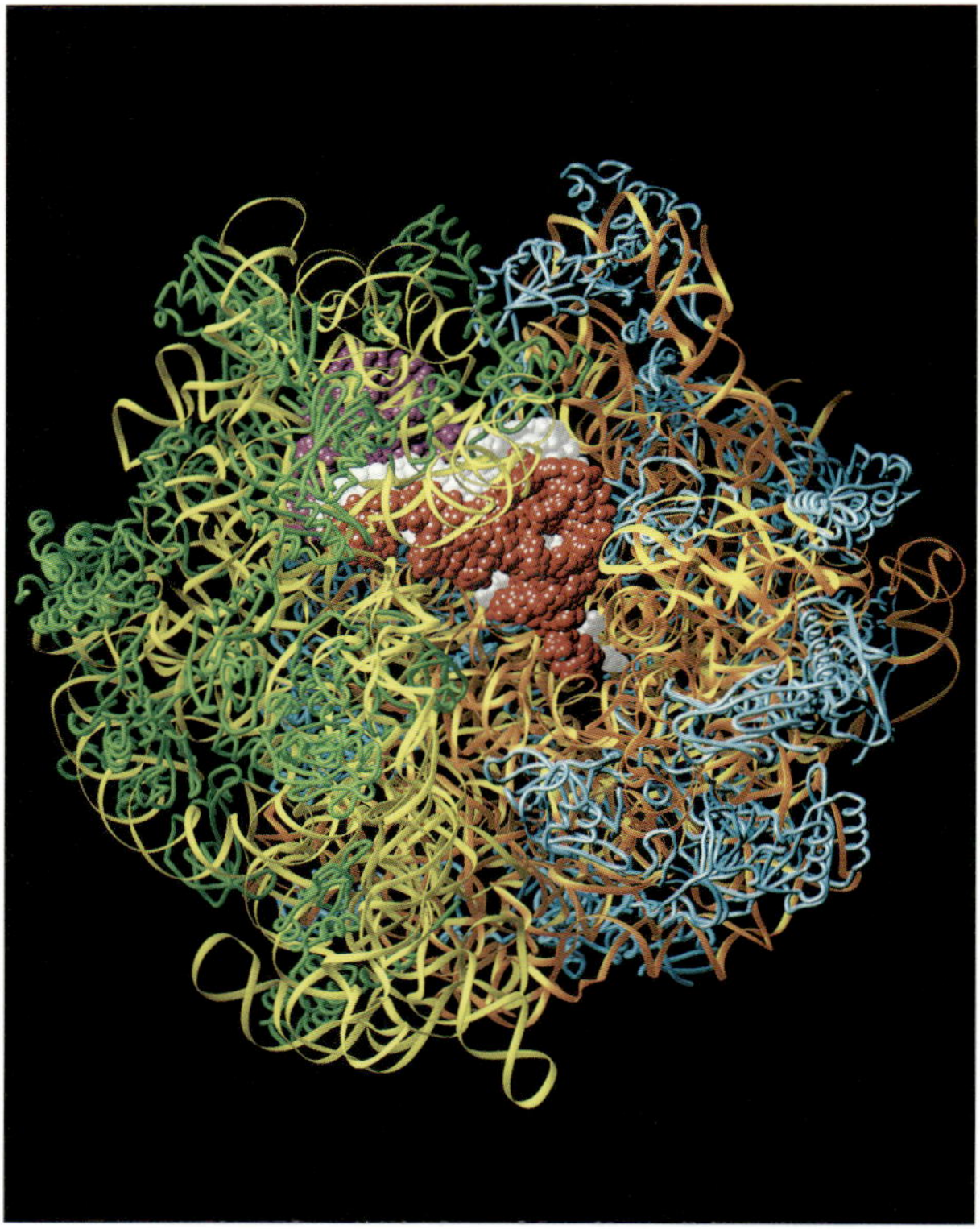

口絵② 細胞のタンパク質製造工場、リボソーム。X線解析により明らかにされた壮麗な三次元構造のコンピューター・グラフィック(図を簡単にするため個々の原子は示されていない)。ひとつひとつの細胞には何百万というリボソームが含まれている。リボソームにおいて、DNAに暗号化されている情報が使われ、タンパク質が作られる。リボソームはふたつのサブユニットから構成され(オレンジと黄色)、それぞれのサブユニットはタンパク質とRNAでできている。約60種のタンパク質(水色と緑)がリボソームの表面に付着している。アミノ酸は、専門化されたRNA分子(紫、白、赤)によりリボソームのところまで運ばれ、タンパク質の鎖に組み込まれていく。

口絵③　ブリューゲルの作品『穀物の収穫』からもわかるように、16世紀当時の小麦は1.5メートルほどの高さがあった。それ以降、人為選択によって丈は半分になり、収穫が容易になった。茎を伸ばすことにエネルギーを費やさずにすむため、種子はより大きく、より栄養価の高いものになった。

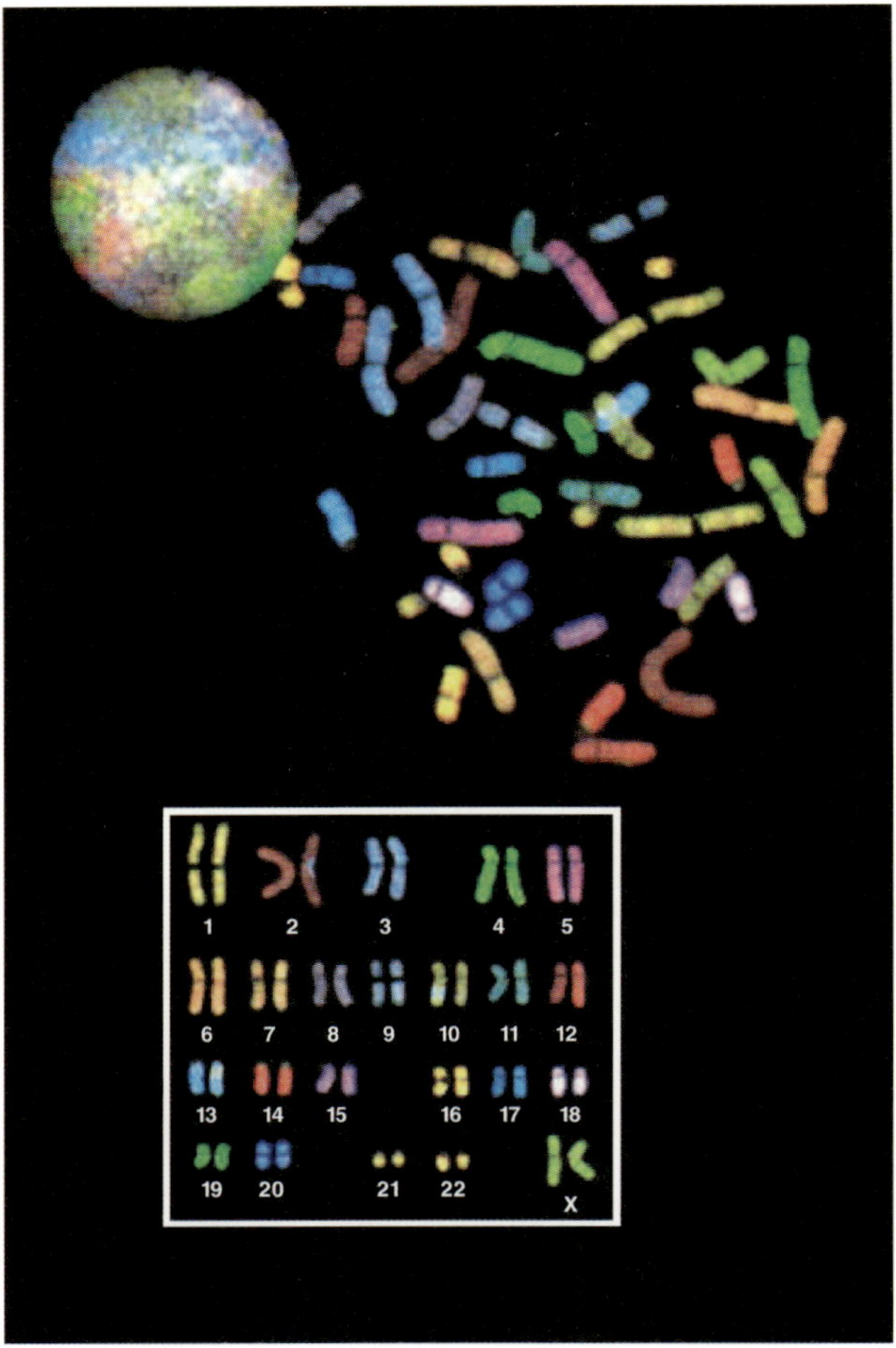

口絵④　ヒトの全染色体。それぞれ異なる蛍光色素で色づけたもの。細胞の核には、2組46本（それぞれの親から1組23本ずつ受け取る）の染色体が含まれている。ゲノムとは、このひとつの組（23本の染色体、つまり23本の長いDNA分子）のことである。

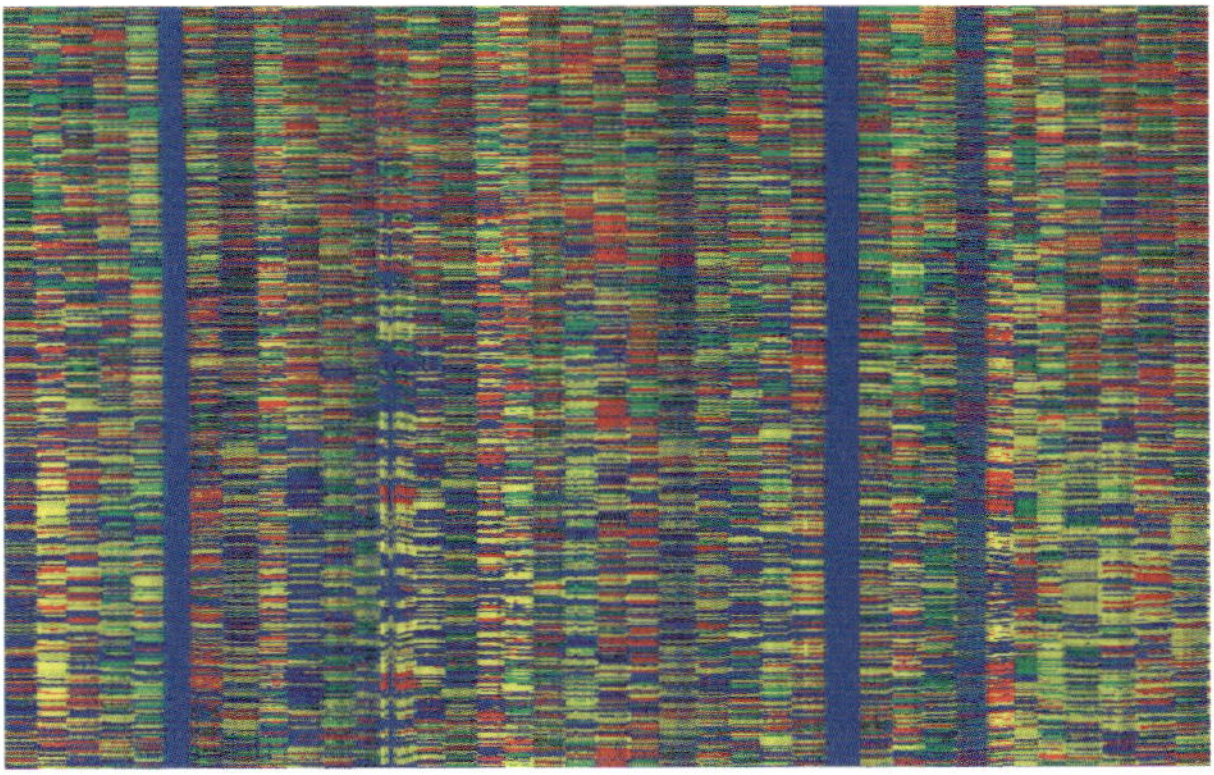

口絵⑤　自動配列解析装置から出力されたDNA配列。それぞれの色が4種類の塩基を表している。

口絵⑥　ゲノム計画に参加したフランス・チーム。左から3番目がジャン・ヴァイセンバッハ、その右隣がダニエル・コーエン。コーエンの隣は、このチームを立ち上げた先見性ある免疫学者ジャン・ドーセ。

口絵⑦ ◀2000年6月26日、クレイグ・ヴェンター（左）とフランシス・コリンズ（右）はヒトゲノムの概要を手に、敵対関係を一時的に棚上げして大統領とともに脚光を浴びた。

口絵⑧ ▼ホワイトハウスの庭にて。左から私、エリック・ランダー（MITホワイトヘッド研究所）、リチャード・ギブス（ベイラー医科大学、ヒューストン）、ボブ・ウォーターストン（ワシントン大学、セントルイス）、リック・ウィルソン（ワシントン大学、セントルイス）。

DNA 上　目次

下巻の主な内容

フランシス・クリックに

序章　生命の神秘

それは一九五三年二月二十八日、土曜日の朝のことだった。土曜日の朝の例にもれず、私はケンブリッジ大学のキャベンディッシュ研究所で、フランシス・クリックよりも早く仕事に取りかかっていた。私が早起きするのにはそれなりの理由があった。当時はまだほとんど何もわかっていなかったデオキシリボ核酸、すなわちＤＮＡと呼ばれる分子の構造を、もう少しで――といっても、どれくらい少しかはわからなかったが――解明できそうだったからである。

いかなる既知の分子とも異なり、ＤＮＡは生命の本質への鍵を握っている、というのがクリックと私の考えだった。世代から世代へと受け継がれてゆく遺伝情報を蓄え、複雑きわまりない細胞の世界を統率するのがＤＮＡなのだ、と。その三次元構造、つまり分子の組み立てがわかれば、クリックが冗談半分に言った「生命の神秘」を垣間見ることができるのではないかと私たちは期待していた。

ＤＮＡ分子は、ヌクレオチドという基本単位の集まりであり、ヌクレオチドには、アデニン

二重らせんの模型を前に、フランシス・クリック(右) と私。

(A)、チミン (T)、グアニン(G)、シトシン (C) という四つの種類があることはすでにわかっていた。前日の午後、私は厚紙を切り抜いてDNAの部品を作っておいた。ひっそりと静かな土曜日の朝、私は誰にも邪魔されることなく、この立体ジグソーパズルに取り組むことができた。これをうまく組み合わせるにはどうすればいいだろう? やがて私は、アデニンとチミン、グアニンとシトシンという単純な組み合わせで非常にうまくいくことに気がついた。もしかするとこれが答えなのだろうか？

DNA分子は、A－TとG－Cというペアで連結された、二本の鎖からできているのだろうか？その構造はとてもシンプルで、またとてもエレガントで、正解でなければおかしいと思えるほどだった。しかしそれまで何度となく失敗していた私は、浮かれ騒ぐのはクリックの厳しい検査に合格してからにすることにした。私は不安のなかでクリックを待った。

しかしそんな心配は無用だった。クリックは、ヌクレオチドをペアにするという私のアイディアから、逆方向に走る二本の分子鎖からなる二重らせん構造が導かれることにすぐに気づいたのである。DNAとその特性についてそれまで知られていたことのすべて——つまり、私たちがDNA立体構造を解明しようとする中で格闘していたさまざまな事実——は、ゆるやかに絡み合う二本のらせんという観点から見ればすっきりと意味をなした。

なにより重要なのは、この分子構造から、遺伝情報はいかに蓄えられ、いかに複製されるのかという、古くから問われてきた生物学上のふたつの謎が解けることだった。だが、いつも昼食をとりに行っていたイーグル亭で、私たちは本当に「生命の神秘」を解いたのだとクリックに言われたとき、私はぎょっとした。なにごとも控えめに言うのが常のこのイギリスで、そこまで言ってしまっていいのだろうか？

だがクリックは正しかった。私たちの発見は、人類の誕生と同じくらい古くからの議論に終止符を打ったのだ。その議論とはすなわち、生命の本質は魔術的・神秘的なものなのか、それとも理科の実験でやるような化学反応と同じく、ごく普通の物理的・化学的作用の産物なのかということだ。細胞が命を宿すのは、その中核に神の力が働いているからなのだろうか？　二重らせんはこの問いに対し、はっきり「ノー」と答えたのである。

チャールズ・ダーウィンの進化論は、すべての生命が相互に関係し合っているさまを示し、物質主義的な観点から——すなわち物理的・化学的な観点から——この世界を理解する上で大きな一歩となった。十九世紀後半のテオドール・シュヴァンやルイ・パスツールによる発見もまた重要な前進だったと言うことができる。腐った肉にウジ虫がわくのは虫が自然発生したからではなく、蝿が卵を産みつけたからだったのだ。自然発生論はしだいに信用を失っていった。

しかしこうした進歩はあったものの、生気論（生命とその変化は物理学や化学では説明できないとする説）が簡単に消え去ったわけではない。生物学者の多くは、進化の道筋は自然選択のみによって決定されるという考えをなかなか認めたがらず、その正体すらあやふやな超自然力をもちだすことで〝適応〟という現象を説明しようとした。

一方、余計なものを削ぎ落としたシンプルな世界（わずかな種類の粒子と力からなる世界）を扱い慣れていた物理学者たちは、生物学のあまりの複雑さに戸惑った。細胞の中で起こっているプロセス、すなわち生命の根本を支配するプロセスは、よく知られた物理学や化学の法則では説明できないのではないかと言われていたのである。

だからこそ、二重らせんが非常に重要だったのだ。二重らせんは、物質主義的な考え方における啓蒙主義革命を細胞の中にもち込んだ。人間を宇宙の中心から追い出したコペルニクスに始まり、人間は変化した猿にすぎないと主張したダーウィンに引きつがれた知の旅は、ついに生命の本質へとたどり着いたのである。そこに特別なものは何もなかった。二重らせんの構造はエレガントだったが、そのメッセージは身も蓋もないものだった。生命は化学の問題にすぎなかったのである。

クリックと私はこの発見の重大さにすぐに気づいたが、二重らせんが科学と社会に対してかくも絶大な影響を及ぼすようになることまでは見通せなかった。この分子の優美な曲線には、それから五十年のあいだに驚くべき進歩を遂げることになる新しい化学、すなわち分子生物学の鍵が秘められていたのである。その鍵のおかげで、生物学の基本過程が次々と明らかになったばかりか、今日では医学、農業、法律への影響もますます大きくなりつつある。DNAは、大学の研究室でひっそりと研究を続ける白衣の科学者たちだけのものではなく、すべての人たちに影響を及ぼしているのだ。

一九六〇年代半ばまでには細胞の基本構造が解明され、DNA配列の四つのアルファベットが、〝遺伝暗号〟を介し、タンパク質を表す二十のアルファベット（アミノ酸）に翻訳されるしくみが明らかになった。次に大きな進展が起こったのは、一九七〇年代、ＤＮＡ操作や塩基配列の解読技術が導入されたときのことだった。もはや離れたところからＤＮＡを観察するしかない時代は終わり、生物のＤＮＡを実際にいじってみて、生命の基礎となる原稿を読むことができるようになったのだ。

　こうして科学上の驚くべき展望が開けてきた。嚢胞性線維症（のうほうせいせんいしょう）からがんまで、遺伝病を理解する手がかりが得られ、ＤＮＡ鑑定によって刑事裁判は一変した。先史時代の研究にＤＮＡをもちこむことで、人類の起源、すなわち、私たちは何者であって、どこから来たのかに関する理解も大きく修正されることになった。また、農業の観点から重要な品種を改良し、かつては夢でしかなかった結果が得られるようになった。

　しかし五十年におよぶＤＮＡ革命のクライマックスは、二〇〇〇年六月二十六日月曜日に行われた、ビル・クリントン合衆国大統領によるヒトゲノム概要解読完了宣言だった。「今日、私たちは、神が生命を創造するときに用いた言葉を知ろうとしています。この大いなる新知識によって、人類は計り知れない癒しの力を得ようとしているのです」

　ヒトゲノム計画は分子生物学の成熟を意味していた。分子生物学は、動く金も大きければ成果も大きいという〝ビッグ・サイエンス〟に成長したのである。それはテクノロジー上の大きな成果であるだけでなく（ヒトの二十三対の染色体から得られる情報量は莫大である）、ヒトであるとはどういうことかという点においても、画期的な計画だった。ＤＮＡこそが、私たちを他の生物と区別し、私たちを、創造的で、意識をもち、支配的で破壊的な生物にしているのである。そしていまやこのＤＮＡ、すなわちヒトの仕様書の全体が明らかになったのだ。

ケンブリッジ大学でのあの土曜の朝から、ＤＮＡは長い道のりを歩んできた。しかし分子生物学の、そしてＤＮＡの可能性の前には、この先まだ長い道のりが残されているのは明らかである。がんの治療、遺伝病に対する効果的治療法の開発、遺伝子工学による食物改良。これらはすべて、いずれ現実のものとなるだろう。

ＤＮＡ革命の最初の五十年間には、目を見張るばかりの科学的進歩があり、それがさまざまな問題に応用されてきた。これからもさらに多くの進展があるだろう。しかし今後は、ＤＮＡが人間の生き方そのものに及ぼす重大な影響へと、しだいに焦点が移っていくことだろう。

第1章　遺伝学の始まり——メンデルからヒトラーまで

私の母、ボニー・ジーンは遺伝子というものを信じていた。祖父がスコットランド出身であることを誇りとし、祖父の正直さ、勤勉さ、つましさを、スコットランド人にそなわる伝統的美徳と見ていた。母自身もそうした資質をもち、それは祖父から受け継いだものと考えていた。不幸にも祖父は早くに亡くなり、遺伝子以外に母が受け継いだものは、祖父がグラスゴーから母のために取り寄せてくれた、女の子用のかわいらしいキルトスカートだけだった。母が物質的な遺産よりも生物学的な遺産のほうを大切にしたのはそのせいだったのかもしれない。

私は思春期のころに、人を形成するのは「生まれか育ちか」という問題についてしょっちゅう母と議論したものだった。私は、生まれよりは育ちが大事だと思っていたが、それは「人は望めば何にでもなれる」という考えを支持することでもあった。遺伝子が大きな意味をもつなどと認めたくはなかった。父方の祖母が太っているのは食べ過ぎたせいだと思いたかった。もし祖母の体型が遺伝子のせいだとしたら、将来は私も太るかもしれないではないか。

11歳の私。妹のエリザベス、父のジェームズと一緒に。

とはいえ、ティーンエイジャーだった私も、親と子が似ているという、遺伝の明白な基本原理に異議を唱えるつもりはなかった。母とやり合ったのは、性格のような複雑な特徴についてであって、ごく単純な特徴は問題にならなかった。そういう特徴は何世代も受け継がれ、結果として親きょうだいが似ることぐらいは、強情っぱりな若者にも了解できたからである。私の鼻は母親似で、その鼻は、今は息子のダンカンに受け継がれている。

数世代のうちに現れたり消えたりする特徴もあるが、長く受け継がれていく特徴もある。有名な例が〝ハプスブルクの唇〟だ。独特の長い顎と垂れた下唇は、少なくとも二十三代にわたって受け継がれ、ヨーロッパを支配したハプスブルク家に仕えた宮廷肖像画家たちを悩ませた。

ハプスブルク家のこの遺伝的災いが高じたのは、血族結婚のためだった。一族間で婚姻関係を結び、さらに血縁の近い者同士で結婚することも多かった。血族結婚は、血縁によって王朝を確実に継承していくには役立ったかもしれないが、遺伝的な観点から見れば賢いやり方ではない。このような近親交配は遺伝病を招くことがあり、ハプスブルク家もそれに苦しめられることになったのである。

スペイン・ハプスブルク朝最後の王となったカルロス二世は、実にみごとなハプスブルクの唇をもっていただけでなく——彼はまともに食べ物を嚙むことすらできなかった——虚弱で、二度結婚したにもかかわらず子ができなかった。

遺伝病は昔から人類につきまとってきた。カルロス二世の場合のように、歴史に直接の影響を与えたケースもある。また、アメリカ独立戦争により植民地を失ったことで有名なイギリスのジョージ三世は、遺伝性のポルフィリン症に苦しみ、そのためにしばしば精神錯乱に陥った。歴史学者のなかには（主にイギリスの学者だが）、劣勢だったアメリカ軍が勝ったのは、病気が引き金となって起こるジョージ三世の錯乱のせいだったと言う者もいる。

遺伝病がこのような地政学に影響を及ぼすことはめったにないが、遺伝病に苦しめられる人々にとって、それは残酷な病であり、しばしば悲劇的な結果をもたらし、ときには何代も続く。遺伝学を理解するということは、なぜ子が親に似るのかを理解するにとどまらず、人類の仇敵、すなわち遺伝病を引き起こす遺伝子の欠陥を理解することでもあるのだ。

遺伝の謎

進化によって脳が発達し、問題を適切に捉えられるようになった私たちの祖先は、遺伝という現象について考えをめぐらせたに違いない。先祖たちがそうしたように、遺伝学の応用を家畜や植物の改良といった実用的な問題に限るならば（乳量を増やしたり、果実を大きくするなど）、近縁者同士は似るという、容易に見て取れる法則に気づくだけでも大きな進歩である。

私たちは何世代にもわたり、最初は目的にかなった種だけを飼い慣らし、次にはたくさん仔を産む牛や、大きな実のなる果樹を選抜して育てることにより、人間に都合のいい動物や植物を手に入れてきた。記録には残されていないこうした莫大な努力の根底にあるのは、たくさん仔を産む牛は、やはりたくさん仔を産む子孫を残し、大きな実のなる果樹の種からは、やはり大きな実をつける果樹が育つという、単純な経験則だった。

遺伝学はこの百年ほどのあいだに驚くべき進歩を遂げたが、遺伝学上の洞察は二十世紀、二十一世紀だけの専売特許ではない。なるほど、イギリスの生物学者ウィリアム・ベイトソンが〝遺伝学（genetics）〟という言葉を作ったのはようやく一九〇九年になってのことだし、DNA革命は計り知れないほどの新たな進歩の展望を開きはした。

しかし遺伝学を人類の幸福に役立てた最大の応用は、はるか昔の名もない農民たちによって成し遂げられたのである。穀物、果実、肉といった、私たちが口にするほとんどすべての食物は、古代に行われたもっとも初期の、そしてもっとも遠大な影響を及ぼすことになった遺伝子操作の遺産なのである。

しかし遺伝のしくみを実際に解明するのは、それよりもはるかに難しかった。グレゴール・メンデル（一八二二～一八八四）が遺伝のしくみに関する有名な論文を発表したのは、一八六六年のことである（その論文はさらにその後三十四年のあいだ学界から無視された）。なぜそれほど時間がかかったのだろうか？

遺伝は自然界の大きな特徴であり、さらに重要なことには、いたるところですぐに目にとまる。犬を飼っている人ならば、茶色の犬と黒い犬を交配させるとどうなるかを知っているし、親はみんな、自分の特徴が子に現れるということを、意識的にであれ無意識的にであれ気にかけている。それにもかかわらずこれほど時間がかかった理由のひとつは、単に、遺伝のしくみが複雑だからである。この問題に対するメンデルの答えは、直観的に理解できるようなものではなかった。子どもは単純に両親の特質を合わせたものではないのである。

しかしそれよりもいっそう大きな理由は、初期の生物学者たちが、根本的に異なるふたつのプロセス、すなわち〝遺伝〟と〝発生〟とを区別しそこねたことだろう。今日私たちは、受精卵の中に含まれる両親の遺伝情報により、たとえばポルフィリン症にかかるかどうかが決まることを知っている。これが〝遺伝〟である。そして、それに続く〝発生〟のプロセス、すなわち一個の細胞である受精卵というささやかな出発点から、新しい個体ができてゆくプロセスにおいて、この遺伝情報が実現される。

学問分野という見地から言うと、遺伝学は情報に注目し、発生生物学は情報の使われ方に注目する。遺伝と発生とをいっしょくたにしたせいで、初期の科学者たちは、遺伝の秘密へと目を向けさせてくれたかもしれない疑問をもたなかった。しかし遺伝の謎を解明しようという努力そのものは、西洋の歴史が始まって以来、さまざまな形で続いてきたのである。

ヒポクラテスをはじめとするギリシャ人たちは、遺伝についても深く考えた。彼らは〝パンゲネシス〟説（汎成説）を打ち出したが、それは性交によって体の微小な要素が運ばれるというものだった。運ばれるのは、「髪、爪、静脈、動脈、腱、骨などであり、その粒子は目に見えないほど小さい。成長するにつれ、それらは体の各器官に分散していく」

この説は、十九世紀の後半、チャールズ・ダーウィンにより一時復活を遂げた。ダーウィンは、進化は自然選択により起こるという自説を、遺伝についての説得力ある仮説によって強化したいと考え、新たなパンゲネシス説を提唱したのである。

ダーウィンの考えでは、目、腎臓、骨などの各器官から生じる〝ジェミュール〟が体内を循環し、性器に蓄えられ、最終的には生殖の過程において交換される。このジェミュールは、生物が生きているあいだはずっと製造されているので、たとえば高い位置にある葉を食べようとすることでキリンの首が伸びるように、生まれた後に起こった変化は次の世代に受け継がれるとダーウィンは主張した。

皮肉なことにダーウィンは、自然選択説を強化しようとして、獲得形質は遺伝するというジャン・バティスト・ラマルクの説（ダーウィンの進化論によって信用を失ったまさにその理論）を擁護することになったのである。ダーウィンはラマルク説のうち、遺伝に関するところだけを援用した。彼は、自然選択こそは進化を進める原動力だという考えは変えなかったが、その自然選択にはパンゲネシス説による変化がともなうと考えたのだった。もしもダーウィンがメンデルの研究を知っていたなら（メンデルは『種の起源』が世に出た直後に自分の研究結果を発表したが、ダーウィンはそれを知らずにいた）、晩年になってラマルクの説の一部を認めるような失態を演じずにすんだかもしれない。

パンゲネシス説では、胚は非常に小さな構成要素から成り立っているのに対し、〝前成説〟という考え方では、構成要素を組み立てるという段階がない。前成説によれば、卵子または精子（厳密には卵子なのか精子なのかという点も論争になった）の中に、〝ホムンクルス〟と呼ばれる、あらかじめできあがった完全な個体が入っている。したがって発生とは単に、それが十分な大きさに成長するだけのことになる。

前成説が唱えられた当時は、今日私たちが遺伝病と認めるものにさまざまな解釈が与えられていた。それは神の怒りの現れであったり、悪魔のいたずらであったり、父親の「種」の過剰または不足の証拠だとされたり、妊娠中の母親が「悪しき考え」を抱いたのが原因だとされたりした。妊婦の望みが叶えられず、いらいらしたり失望したりすると胎児が奇形になるという理由から、ナポレオンは妊婦の万引きを容認する法を作った。言うまでもないが、こうした説のどれひとつとして、遺伝病の理解を進展させるのには役立たなかった。

顕微鏡の性能が向上したおかげで、前成説は十九世紀初頭ごろには否定された。どんなに目をこらしても、精子や卵子の細胞の中に小さなホムンクルスがいるようには見えなかったのだ。一方のパンゲネシス説は、歴史の古い誤解であるが、その後も長らく生き延びた。ジェミュールが見えないのは、非常に小さいからだとされたのである。しかしこれもまた最終的に、アウグスト・

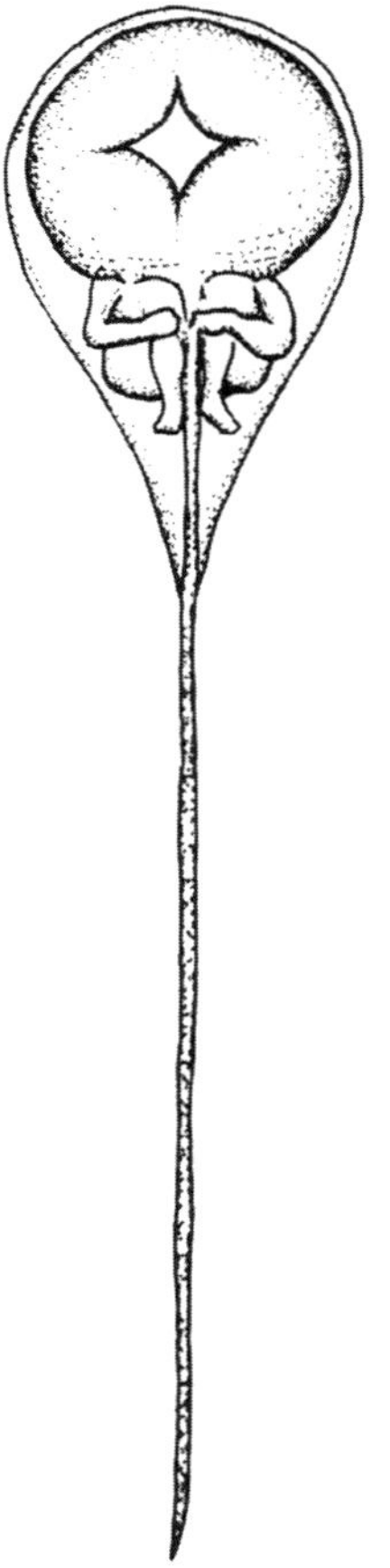

メンデル以前の遺伝学。精子の頭の部分に、あらかじめできあがったヒトのミニチュア、ホムンクルスが存在する。

ヴァイスマンにより否定された。

ヴァイスマンは、遺伝とは世代間で生殖質というものが連綿と受け継がれていくことであり、したがって個体が生きているあいだに起こった肉体の変化が次の世代へ受け継がれることはないと主張した。

彼の行った実験は、何世代ものネズミの尾を切るという単純なものだった。ダーウィンのパンゲネシス説によれば、尾のないネズミは「尾がないこと」を示すジェミュールを作り出し、その子孫の尾は短くなるか、まったくなくなるかしなければならない。ところが何世代たっても尾が消えないことをヴァイスマンは示し、パンゲネシス説は敗れ去った。

遺伝子の発見

遺伝のしくみを正しく捉えた人物こそグレゴール・メンデルである。しかし彼は、どう見ても科学界のスーパースターにはなりそうもない人物だった。現在のチェコ共和国で農業を営む家に生まれたメンデルは、村の学校で優秀な成績をおさめ、二十一歳のときにブルノのアウグスティノ修道会の修道院に入る。教区の司祭としては使いものにならないことを証明した後——神経質な彼には司祭職は向かなかったのだ——彼は教職に就くことにする。誰の目から見ても彼は良い教師だったが、全教科を教える資格を得るためには試験を受けなければならなかった。だがメンデルはその試験に失敗してしまう。

修道院長のナップはその後彼をウィーン大学へ送り出し、そこでメンデルは再試験のためにすべての時間を費やした。ウィーン大学では、どうやら物理学の成績は良かったようだが、教員試験には再び失敗し、彼はついに代理教師から昇格することはなかった。

一八五六年ごろ、メンデルは修道院長ナップの提案により遺伝に関する実験を始める。そこで彼が研究材料に選んだのが、修道院の庭の担当区域で育てていたエンドウの形質だった。一八六五年、メンデルはその結果にもとづいて地元の自然協会で二度の講演を行い、翌年、協会の雑誌にそれを発表した。その研究はたいへんな力作だった。実験はよく計画され、労を惜しまず遂行され、分析も巧みで洞察に満ちていた。

メンデルがここで大きな一歩を踏み出すにあたっては、物理学を学んだことが役立ったようである。なぜなら、当時の他の生物学者とは異なり、メンデルは問題に対して定量的なアプローチを取ったからである。赤い花と白い花を掛け合わせると白い花も赤い花もできることに気づくだけでなく、彼はその数を数え、赤と白の比が重要かもしれないと考えたのだ。実際、まさにそこが重要だったのである。

メンデルは論文を著名な学者たちに送ったが、学界からはまったく無視された。研究結果に注目してもらおうという試みも裏目に出た。彼は、当時の一流科学者のなかで伝(つて)のあったミュンへンの植物学者カール・ネーゲリに、追試をやってみてもらえないだろうかと手紙で頼み、注意深くラベルをつけた百四十もの種の小袋を送った。

ところがネーゲリは、逆にこの無名の修道士を利用してやろうと考え、自分の好みであるヤナギタンポポの種をメンデルに送りつけて、別の種で同じ結果を出してみろと言ったのだ。しかしさまざまな理由から、ヤナギタンポポは、メンデルがエンドウで行ったような交配実験には適していなかった。この一件はまったくもって時間の無駄だった。

修道士であり教師であり研究者でもあったメンデルの地味な生活は、一八六八年に唐突に終わりを迎えた。ナップの死にともない次の修道院長に選ばれたのである。メンデルは研究を続けたが——それはしだいに蜜蜂と気象に関するものに移っていった——滞納した税金に関する厄介な争いごとに巻き込まれるなど、修道院長としての仕事が重くのしかかっていた。

科学者としての彼の足を引っ張ったのはそれだけではなかった。太ったせいで野外での実験もしにくくなったのだ。丘に登るのは、「万有引力の働く世界では非常に困難になった」と彼は書いている。体重増加に歯止めをかけるため医者はタバコを勧め、メンデルは日に二十本もの葉巻を吸った——これはウィンストン・チャーチルと同程度である。しかし彼が倒れた原因は肺ではなかった。一八八四年、メンデルは心臓病と腎臓病を患い、六十一歳で亡くなった。

メンデルの研究成果は、無名の雑誌に埋もれてしまったが、いずれにせよ当時のほとんどの科学者にはその意味を理解できなかったろう。彼の慎重な実験と洗練された定量分析の組み合わせは、時代をはるかに先駆けていたのである。一九〇〇年まで科学界が彼に追いつけなかったのも、とくに驚くべきことではないのかもしれない。メンデルの業績の再発見は、同じ問題に興味をもった三人の植物遺伝学者によってなされ、生物学に革命を起こした。こうして科学界にはようやく、修道士のエンドウの意味を理解するための準備ができたのである。

メンデルは、特定の因子、後に〝遺伝子〟と呼ばれることになるものが、親から子へ渡されていくことに気づいた。そして、その因子はふたつ一組になっていて、子はそれを双方の親からひとつずつ受け取ることを突き止めたのだった。

エンドウがまったく異なるふたつの色、緑色と黄色になることに気づいたメンデルは、色を決める遺伝子が二種類あるに違いないと考えた。仮に、緑色の遺伝子をG、黄色の遺伝子をYとしよう。エンドウが緑色になるためには、Gという遺伝子をふたつもたなければならない。この場合、エンドウの色遺伝子はGGであると言われる。つまり、このエンドウはどちらの親からも色遺伝子Gを受け取ったわけだ。しかし黄色のエンドウは、YYとYGの組み合わせからもできる。黄色のエンドウになるには、Yがひとつあれば十分なのだ。YがGを打ち負かすのである。YGの場合、YがGよりも優位に働くことから、Yを〝優性〟と呼び、弱いほうの色遺伝子Gを〝劣性〟と呼ぶ。

エンドウの親もふたつの色遺伝子をもっているが、子に渡されるのはそのうちのひとつだけである。もうひとつは、もう一方の親から渡される。植物では、花粉に精子が含まれる——雄から次の世代に引き渡すのはこれである。そして各精子には、色遺伝子がひとつだけ含まれている。YGの遺伝子をもつ親は、YかGどちらかの遺伝子を含む精子を作る。メンデルは、そのプロセスはランダムに起こることを発見した。したがって、精子の五〇パーセントはY遺伝子をもち、五〇パーセントはG遺伝子をもつことになる。

突如として、遺伝をめぐるたくさんの謎が解けた。ハプスブルクの唇のような、高い確率（実際には五〇パーセント）で受け継がれる形質は優性なのである。系図の中で、しばしば世代を飛ばして散発的に現れる形質は、おそらくは劣性だと考えられる。遺伝子が劣性であるとき、それに対応する形質が外に現れるためには、その遺伝子がふたつそろわなければならない。その遺伝子をひとつしかもたない個体は保因者となる。保因者にその形質は現れないが、遺伝子は子へと伝えられる。

色素を作れないために皮膚や髪が白くなる色素欠乏症（アルビニズム）は、こうして伝えられる劣性形質の一例である。それゆえ色素欠乏症になるには、その遺伝子を双方の両親からひとつずつもらう必要がある。両親ともにこの遺伝子の兆候をまったく見せないが、どちらもその遺伝子をひとつずつもっていることもある。その場合、親たちは保因者である。したがってその形質は、少なくとも一世代は現れなかったわけである。

メンデルの研究では、ある〝もの〟(つまり物質)が、親から子へ伝えられるとされた。しかしその〝もの〟は、どんな性質をもつのだろうか?

メンデルの亡くなった一八八四年ごろには、科学者たちは日進月歩の光学機器を使って細胞の微細な構造を調べており、細胞の核の中にある細長いひも状の物体を指すために〝染色体〟という言葉を作った。しかしメンデルと染色体とが一緒に語られるようになるのは、ようやく一九〇二年になってからのことである。

コロンビア大学の医学生ウォルター・サットンは、染色体には、メンデルの言う謎の因子と多くの共通点があることに気がついた。バッタの染色体を研究していたサットンは、染色体はほとんどいつも二セットあることに注目した――これはメンデルの言う「ふたつ一組の因子」と同じである。彼はまた、生殖細胞では染色体が対になっていないことを突き止めた――バッタの精子は染色体を一セットしかもたないのだ。これもまたメンデルが説明しているとおりだった――エンドウの精子も、彼の言うふたつ一組の因子のうち一方しかもたなかったのである。メンデルの言う因子、今日では遺伝子と呼ばれるものが、染色体上にあることは明らかだった。

ドイツではテオドール・ボヴェリが、独自にサットンと同じ結論に達していた。このため、彼らが引き起こした生物学上の革命は、サットン-ボヴェリ染色体説と呼ばれることになる。こう

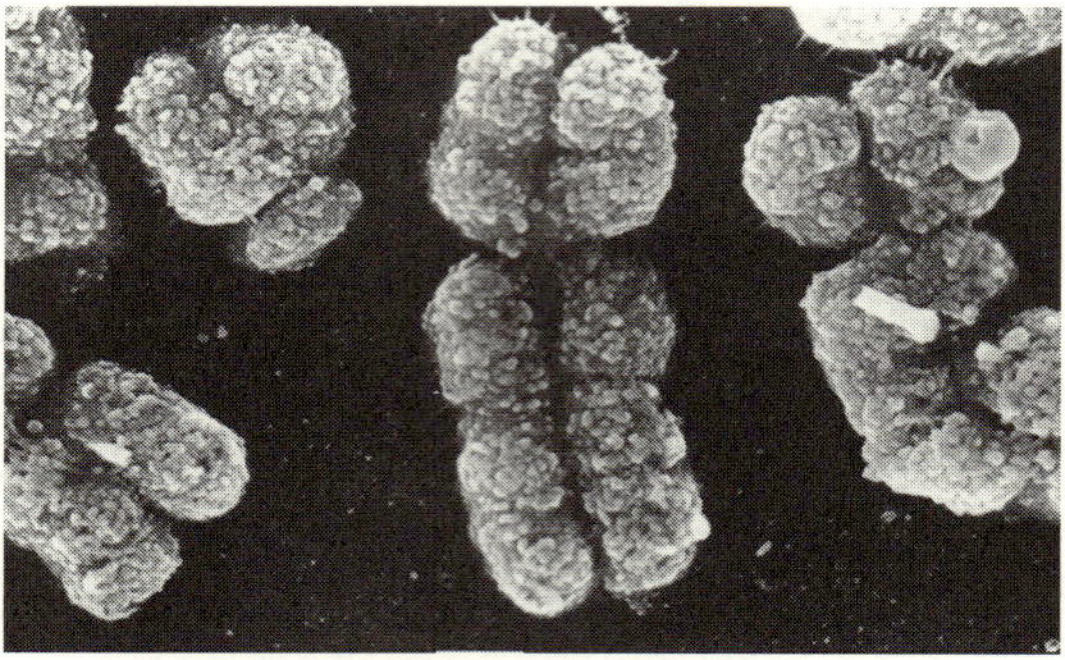

電子顕微鏡で見たヒトのX染色体。

して遺伝子は突如として現実のものとなった。遺伝子は染色体上にあり、染色体は顕微鏡で実際に見ることができたのだ。

ショウジョウバエと遺伝子地図

しかし誰もがサットン–ボヴェリ説に賛同したわけではなかった。懐疑的だった研究者のひとりが、サットンと同じコロンビア大学のトマス・ハント・モーガンである。彼は、顕微鏡を覗(のぞ)いてひも状の染色体を見ても、親から子へと伝わる形質のさまざまな変化をどう説明すればいいのかがわからなかったのだ。もしもすべての遺伝子が染色体上に並んでおり、染色体は親から子へとそのまま伝えられるのなら、多くの形質はまとめて受け継がれるはずである。

しかし経験的にはそうはなっていない。染色体説は、観察されているさまざまな変異を説明するには不十分のように思われた。しかし明敏な実験家だったモーガンは、この矛盾を解く方法を思いついた。彼が注目したのは、キイロショウジョウバエ（*Drosophila melanogaster*）だった。モーガン以降、鳶色をしたこの小さな生物は遺伝学者に大いに愛されることになる。

実を言えば、交配実験にキイロショウジョウバエを利用したのはモーガンが初めてではなかった。その栄誉は、一九〇一年に初めてそれを使ったハーバードの研究室のものである。けれどもキイロショウジョウバエの名を科学界に広めたのはモーガンだった。キイロショウジョウバエはとくに遺伝の実験に向いていた。

ショウジョウバエは手に入れやすく（夏、熟れすぎたバナナを放置したことのある者なら誰でも知っている）、育てやすく（餌はバナナでよい）、牛乳瓶一本に何百匹も飼うことができ（モーガンの学生は牛乳瓶を集めるのに何の苦労もしなかった。夜明けにマンハッタン近郊の家々から失敬してくればよかったからだ）、いくらでも増えた（一世代は約十日間で、メス一匹が何百個もの卵を産む）。

一九〇七年、ゴキブリが這い回り、バナナが悪臭を放つ不潔さで知られた研究室で（のちにその研究室は親しみを込めて「ハエ部屋」と呼ばれるようになった）、モーガンと学生たち（「モーガンズ・ボーイ」と呼ばれた）は、ショウジョウバエの実験を開始した。

メンデルとは違って、モーガンは、農民や庭師たちが長い時間をかけて分離してきた変異系統

（黄色いエンドウに対する緑色のエンドウ、皺がよったものとよっていないものなど）を利用することができなかったから、調べるべきショウジョウバエの遺伝的違いがあらかじめわかっていたわけではない。遺伝学をやるためには、何世代もさかのぼることのできる、他の形質とはっきり区別された形質が必要になる。それゆえモーガンの最初の目標は、〝突然変異体〟——黄色いエンドウや皺のよったエンドウに相当するもの——を見つけることだった。彼は遺伝的にめずらしい性質、集団の中にランダムに現れる変異を探した。

彼が初期に注目した突然変異のひとつが、きわめて有益であることがわかった。普通のショウジョウバエの眼は赤いが、この突然変異体は白い眼をもっていた。さらに、白い眼のハエは概してオスだったのだ。

ショウジョウバエの性別は——そして人間の性別も——染色体によって決定されることはわかっていた。メスはX染色体をふたつもち、オスはX染色体をひとつと、それよりもずっと小さなY染色体をひとつもつ。このことから、白い眼のハエは概してオスだという現象の意味が明らかになった。眼の色を決定する遺伝子はX染色体上にあり、白い眼になる突然変異は劣性なのである。

オスはX染色体をひとつしかもたないので、白い眼の遺伝子が劣性であっても、それを抑制する優性遺伝子は存在せず、自動的にその形質が現れることになる。白い眼をもつメスが少ないのは、たとえ一方の遺伝子はこの変異を受けていたとしても、メスはX染色体をもうひとつもつため、優性である赤い眼が発現するからなのだ。

遺伝子（この場合は眼の色を決める遺伝子）を、染色体（この場合はX染色体）と関連づけることにより、モーガンは当初疑っていたサットン-ボヴェリ説を事実上立証したのである。また彼は、特定の形質が一方の性に偏って現れる〝伴性遺伝〟の例を見つけたことになる。

モーガンのショウジョウバエと同様、ヴィクトリア女王も伴性遺伝の有名な例となっている。彼女は一方のX染色体上に突然変異した遺伝子をもっていた。それは血がうまく固まらない病気、血友病の遺伝子だった。もう一方の遺伝子は正常であり、血友病の遺伝子は劣性であるから、彼女自身はこの病気にはならなかった。彼女の娘たちも病気にはならなかった。娘たちは少なくともひとつは正常な遺伝子をもっていたからだ。

だが、ヴィクトリアの息子たちはそれほど幸運ではなかった。世の男性（ショウジョウバエのオスもこれに含まれる）と同様、彼らはX染色体をひとつしかもたず、必然的にそれはヴィクトリアに由来する（Y染色体はヴィクトリアの夫、アルバート公に由来する）。ヴィクトリアは突然変異した遺伝子をひとつ、正常な遺伝子をひとつもっていたから、息子たちは半分の確率でこの病気になった。

レオポルド王子は貧乏くじをひいた。血友病だった彼は、ちょっとした転倒による出血が原因で、三十一歳で亡くなった。ヴィクトリアのふたりの娘、アリス王女とベアトリス王女は保因者であり、突然変異した遺伝子を母親から受け継いでいた。ふたりの王女はそれぞれ保因者である娘と血友病の息子を産んだ。アリスの孫で、ロシア帝国の皇太子であったアレクセイも血友病で、ボルシェビキに殺されていなければ、この病気のために若くして亡くなっていただろう。

モーガンのショウジョウバエが解明した謎はこれだけではなかった。モーガンと学生たちは、同じ染色体上にある遺伝子を調べていて、精子と卵子の細胞が作られる際に、染色体は切断・再結合されることに気がついた。これは、サットン-ボヴェリ説に対するモーガンの当初の反論が、根拠のないものだったことを意味した。

切断・再結合（現代の遺伝学用語では「組み換え」という）により、対になっている染色体間で遺伝子が混ぜ合わされる。たとえば私が母親から受け継いだ十二番染色体（もうひとつはもちろん父親から受け継いだ）は、実際には、母が祖父母からひとつずつ受け継いだふたつの十二番染色体を混ぜ合わせたものである。母のふたつの十二番染色体は、卵細胞を作る際に組み換え（物質交換）を行い、その卵細胞が最終的には私になったのだ。

したがって、私が母から受け継いだ十二番染色体は、祖父と祖母の十二番染色体が混ざり合ったモザイクと考えることができる。もちろん、母が祖母から受け継いだ十二番染色体も、曾祖父母の十二番染色体のモザイクだったわけである。

モーガンと学生たちは、この組み換えを利用して、特定の遺伝子の染色体上の位置を地図にすることができた。組み換えでは、染色体の切断（および再結合）が起こる。遺伝子はひも状の染色体に添ってビーズのように並んでいるため、統計的にみて、分裂は染色体上で近い位置にあるふたつの遺伝子よりも、離れた位置にあるふたつの遺伝子間で起こりやすい（切断点がそのあいだに入りやすい）。

したがって、もしひとつの染色体上のふたつの遺伝子が何度も混ぜ合わされるのが観察されたなら、そのふたつの遺伝子は離れていることがわかる。混ぜ合わされる回数が少ないほど、ふたつの遺伝子は近いと考えられる。このことは、基本的かつきわめて強力な法則であり、あらゆる遺伝子地図作成の基礎となっている。

ヒトゲノム計画に携わる科学者たちや、最前線で遺伝病と戦っている研究者たちの主要な道具になっているこの法則は、今から何十年も前に、不潔で散らかったコロンビア大学のハエ部屋で開発されたものなのだ。昨今の新聞の科学欄によくある「遺伝子の位置判明」といった見出しは、モーガンと彼の学生たちの先駆的業績に対する賛辞なのである。

優生学の誕生

メンデルの業績の再発見とそれに続くいくつかの進展により、遺伝学の社会的重要性に対する関心は急激に高まった。科学者はすでに十八、十九世紀から、遺伝のメカニズムの解明に取り組んでいたが、一般大衆は、「変質した階級」と呼ばれる人々、つまり救貧院や教護院、精神病院の住人たちが社会の負担になっていることに関心を高めていた。こういう人たちにはどう対処すればいいのだろうか?

それは長年にわたり議論されてきた問題だった。慈悲の心で対処すべきか（この意見に対しては、こういう人々を慈悲深く扱えば、生活を保障されるがために自助努力をしなくなり、いつまでも国や民間団体の施しに依存し続けるという反論が出された）、あるいは放っておけばいいのか（この意見に対し、慈悲ある対処をすべきだと考える人たちは、それではいつまで経っても不幸な人々を荒廃した環境から救い出せないと主張した）。

ダーウィンの『種の起源』が一八五九年に出版されると、この問題にますます注目が集まった。ダーウィンは人間の進化については慎重に口をつぐんだが、それはすでに激しい論争になっている問題に対し、火に油を注ぐことになるのを恐れたためだった。

しかし、自然選択というアイディアを人間に当てはめるには、それほど大きな想像力の飛躍はいらなかった。自然選択は、自然界のあらゆる遺伝的変異（モーガンがショウジョウバエの眼の色の遺伝子に見いだした突然変異のようなもの）の行方を決定する力であるばかりか、おそらく個々の人間の生活能力の違いをも決定しているのではないかと考えられたのだ。

自然界における個体群は、潜在的には大きな繁殖力をもっている。たとえばショウジョウバエの場合、一世代わずか十日ほどのあいだに、メスはそれぞれ三百もの卵を産むから（そのうち半分がメスになる）、オスとメス一組のショウジョウバエが、一ヵ月（つまり三世代）後には、百五十×百五十×百五十、つまり三百万匹以上になる勘定だ。そのすべてが、たった一組のつがいから、わずか一ヵ月のあいだに生まれるのである。

ダーウィンは、繁殖に関してショウジョウバエとは正反対の位置にある種を例にとって次のように述べている。

ゾウはあらゆる既知の動物の中で、もっともゆっくり繁殖すると考えられている。私は苦心して、最小の自然繁殖率を推定してみた。標準より少なめに見積もって、ゾウが三十歳で繁殖を開始し、それを九十歳まで続け、その間オス・メス三組の仔を産むとする。すると五世紀目の終わりには、最初のペアを先祖にもつゾウが千五百万頭も存在することになる。

これらの計算は、生まれたショウジョウバエやゾウがすべて無事に成長することを前提としている。理論上、このように過剰な繁殖を維持するには膨大な量の餌と水が必要になる。もちろん実際には、餌や水には限りがあるし、生まれたショウジョウバエやゾウのすべてがうまく育つわけでもない。ひとつの種の中でも、餌や水をめぐる個体間の競争がある。そうした争いに勝つ個体を決定する要因は何だろうか？

ダーウィンは、遺伝的変異は、彼自身の言う〝生存競争〟において有利になる個体が生じることを意味すると指摘した。ダーウィンが紹介した有名なガラパゴス諸島のフィンチという鳥を例に取ると、遺伝的に有利な形質（もっとも豊富に存在する種子を食べるのに適した大きさのくちばしなど）をもつ個体は生き残りやすく、繁殖にも有利である。したがって、有利な遺伝的変異（この場合は適切な大きさのくちばしをもつこと）は、次の世代にも伝わりやすい。結果として、自然選択は有益な突然変異を次世代にもたらし、十分な世代数を経た後には、その種に属する個体はすべてその形質をもつようになる。

ヴィクトリア時代の人々は、その理屈を人間にも当てはめた。彼らは社会を見渡し、目にしたものに恐れおののいた。品が良く、道徳的で、勤勉な中流階級よりも、不潔で、不道徳で、怠惰な下層階級のほうがずっとたくさん存在していたからである。

当時の人々は、上品さ、高潔、勤勉といった美徳も、不潔、不貞、怠惰といった悪徳も、家系に伝わる特質であり、代々遺伝していくものと考えていた。彼らにとって道徳や不道徳は、ダーウィンの言う遺伝的変異の一例にすぎなかったのだ。もしも数において優る下層民がこのまま上層階級よりも増え続けていくなら、「不良」遺伝子が広がり、人間は滅んでしまうだろう、と人々は考えた。「不道徳」の遺伝子が増えるにつれ、人間はどんどん堕落するだろう、と。

フランシス・ゴールトンがダーウィンの著作に注目したのには十分な理由があった。ダーウィンは彼のいとこであり、友人でもあったからである。ダーウィンは彼よりも十三歳年上で、平坦とはいえなかったゴールトンの大学時代に導き手となってくれた。ダーウィンの『種の起源』に感銘を受けたゴールトンは、社会的・遺伝学的な改革運動に乗り出した。だがその運動は、悲惨な結果をもたらすことになる。一八八三年、ダーウィンの死の翌年、ゴールトンはその運動に〝優生学〟と名づけた。

優生学は、ゴールトンにとっては数ある関心事のひとつにすぎなかった。ゴールトンを熱烈に支持する人たちは彼を博識家と呼び、彼をけなす人たちはディレッタント（好事家）と呼ぶ。実際、彼は地理学、人類学、心理学、遺伝学、気象学、統計学に大きく貢献し、科学的根拠にもとづいた指紋分析法を確立することにより、犯罪学にも貢献した。

一八二二年、裕福な家庭に生まれたゴールトンは、医学や数学などの教育を受けたが、たいていはものにならなかった。二十一歳のときに父親が亡くなり、その束縛から解放されるとともに、かなりの遺産を手にした。若かった彼はそのいずれの条件をも存分に活用した。六年間好き放題に過ごした後、彼はヴィクトリア時代の支配者層の有能な一員となった。

一八五〇年から一八五二年にかけてゴールトンは探検隊を率い、南西アフリカの、当時まだほとんど知られていなかった地方へ赴いたことで名を成した。この探検の報告書を見ると、数多い彼の関心事をつなぐものが見いだせる――彼は何でも数え、計測したのである。彼はひとつの現象を一組の数字に還元できれば満足なのだった。

宣教のための拠点で、ゴールトンはみごとな脂肪臀に出くわした。脂肪臀とは、土地のナマ族の女性によく見られる著しく突き出た臀部である。当時ヨーロッパではそうしたスタイルが流行し、衣料メーカーは工夫を凝らして高価なドレスを作っていたのだ。ゴールトンはそのときのことをこう書いている。

私は科学者であるからして、彼女の正確なサイズを知りたくてたまらなかったが、しかしそれを知るのは難しかった。私はホッテントット族（ナマ族のオランダ名）の言葉などひとつも知らなかったから、その婦人に、物差しの使い道を説明することもできなかった。かと言って宣教師殿に通訳を頼むのも気がひけ、どうしたものかを案じながら彼女の姿を見つめていた。それは豊かな自然から寵愛する種族への贈り物だった。それを真似ようとして、腕の良い職人がどれほどクリノリン（芯）や詰め物を使ったとしても、作れるのはたかだか貧相な偽物だ。私の驚きの対象は木陰にたたずみ、ほめてもらいたがっている女性がよくやるように、あちこち体の向きを変えていた。私はふと自分の六分儀に目をやった。急にいい考えが浮かび、私は正面、背面、横、斜めなど、あらゆる向きの彼女の姿を観察した。そして少しも間違いのないよう、それを慎重に描いた。それから大胆にも巻き尺を取り出し、自分のいるところから彼女の立っている場所までの距離を測った。こうして底辺と角度の値を得、三角法と対数によって結果を導き出したのである。

ゴールトンは数量化することに情熱を傾け、その結果、現代の統計学の基本原理となるものをいくつも打ち立てた。また優れた所見も残している。

たとえば彼は、祈禱の効果を試してみた。もし祈禱に効果があるなら、もっとも多く祈りを捧げられた者が有利でなければならない。この仮説を試すために、彼はイギリスの君主たちの寿命を調べた。英国国教会の信者たちは日曜日ごとに、英国国教会祈禱書にあるとおり、「国王（または女王）に豊かな天の恵みがありますように。健康と富とが長く続きますように」と神に願う。こういう祈りが積もり積もって効果をもたらすはずだとゴールトンは考えた。

ところが実際には効果は認められなかったのだ。ゴールトンが調べたところ、国王・女王の平均寿命は、他のイギリス貴族よりもわずかながら短かったのである。

ダーウィンの血縁者だったために（共通の祖父であるエラズマス・ダーウィンも屈指の知識人だった）、ゴールトンは特定の家系に優れた人物が輩出しやすいことにとくに関心を寄せていた。

一八六九年には、優生学に関するその思想の土台となる『遺伝的天才：その法則と重要性に関する研究』（邦題『天才と遺伝』）を出版した。この中で彼は、〝ハプスブルクの唇〟のような単純な遺伝形質のように、才能もまたたしかに受け継がれていくと主張した。

たとえばゴールトンは、ある家系には何世代も続いて裁判官が出ているといったことを詳しく述べている。しかし彼はその分析を行うにあたり、環境の影響はほとんど考慮しなかった。実際には、著名な裁判官の息子は、少なくとも父親の伝のおかげで、農民の息子よりも裁判官になりやすいのである。

とはいえゴールトンも環境の影響をまったく無視したわけではない。実際、「生まれか育ちか（nature/nurture）」という二項対立に初めて言及したのはゴールトンなのである。この言葉は、「悪魔、生まれついての悪魔だ、あの性根（nature）ではいくら躾けても（nurture）身につかない」と言われた、シェイクスピア作品の救いがたい悪党、キャリバンに関するセリフから取ったのかもしれない。

しかしゴールトンは、自分の分析結果に疑問をもたなかった。

子どもを躾けるためのお話には、人は生まれたときはみな同じで、違いを生むのはたゆまぬ努力と精神的鍛錬だけだという仮説が置かれているが、私はあれに我慢がならない。私は誰はばかることなく、生まれついての平等という主張には断固として反対する。

形質は遺伝によって決まると確信したゴールトンは、優れた個人には優先的に子どもを作らせ、そうでない個人には子どもを作らせないようにすることにより、人間を「改良」できるだろうと主張した。

注意深く選択することにより、足が速いなど、優れた能力をもつ犬や馬ばかり生まれる血統を作り出すのは容易なことである。それゆえ人間においても、何世代かにわたり相手をよく選んだ結婚を続けることにより、優秀な血統を作り出すことが可能である。

ゴールトンは、農業における育種の基本原則を人間に応用するために、〝優生学〟(eugenics：字義どおりには「生まれつき優れた」)という言葉を導入した。やがて優生学は「人間が自ら進化の方向を決めること」という意味をもつようになる。少数の優れた中流階級の家系と下層階級の家系との結婚が非常に増えていたことから、ヴィクトリア時代の人々は、社会が「優生学的危機」に立たされていると思い詰めていた。そして優生主義者たちは、どんな人間が子をもつべきかを意識的に選択することにより、そんな事態を阻止できると信じたのである。

カリカク家

今日、「優生学」という言葉は、人種差別主義やナチスと結びつき（それは遺伝学史上の、できることならなかったことにしたい暗黒面である）、一種の禁句となっている。しかし、十九世紀から二十世紀初頭に限って言えば、優生学は汚れていたわけではなく、社会ばかりか社会構成員すべてが進歩するための遺伝学的可能性を与えるものと見なされていたのだ。この事実を知っておくことは重要だろう。今日ならば「自由主義的左翼」とでも呼ばれそうな人たちが、優生学を熱狂的に支持していたのである。

たとえばフェビアン協会には、当時もっとも革新的な思想家が集まっていたが、彼らもまた優生主義運動に群がった。そのひとりにジョージ・バーナード・ショーがいた。彼は「優生学の他にわれわれの文明を救えるものはないという事実に向き合うことを拒否する合理的理由はもはや存在しない」と書いている。優生学はやっかいな社会問題のひとつ、つまり施設の中でしか生きられない一部の人々への対処方法を示しているように思われたのだ。

ゴールトンが、遺伝的に優れた人々に子どもをもつよう奨励する「積極的優生学」を説いたのに対し、アメリカの優生運動では、遺伝的に劣る人々を生殖から遠ざける「消極的優生学」に関心が向けられた。どちらも、人間の遺伝的改良という目的は基本的に同じだったが、その方法はまるで違っていた。

アメリカでは、優れた遺伝子を増やすのではなく、悪い遺伝子を取り除くことが中心となった。この路線は「変質」と「知的障害」に関して多大な影響を及ぼすことになった大規模な家系調査に端を発していた（「変質」と「知的障害」というふたつの言葉は、遺伝的衰退に対するアメリカ人の強迫観念の特徴を端的に表している）。

一八七五年、リチャード・ダグデイルは、ニューヨーク州北部のジューク家に関する報告書を発表した。ダグデイルによれば、この一族には殺人者、アルコール中毒者、強姦者といった人間ばかりが何代も続いたのだという。ニューヨーク州の彼らの故郷近辺では、「ジューク」という名前は非難の言葉となっていた。

一九一二年には、これもまた大きな影響を及ぼすことになった、「カリカク家」と呼ばれる人々に関する調査が、心理学者であり、「魯鈍（ろどん）（moron）」という言葉を作った人物でもあるヘンリー・ゴダードにより発表された。その調査は、ひとりの男性を先祖とするふたつの家系についてのものだった。この男性は（アメリカ独立戦争中に陸軍の兵士だったころ、酒場で出会った「知的障害」の娘とのあいだに）庶子をもうけ、一方で正式な結婚による子ももった。

ゴダードによれば、庶子の系統は、厄介者ばかりの「欠陥のある変質者の家系」であり、一方嫡出子の系統からは、地域社会に貢献する立派な人物が出たのだという。ゴダードにとって、この「遺伝に関する自然な実験」は、良い遺伝子と悪い遺伝子とを対比できる典型的な一例だった。彼のこの考えは、この一族のために彼が選んだ名前にも現れている。「カリカク」はふたつのギリシャ語「kalos（美、名声）」と「kakos（悪）」との合成語なのである。

知能テストをヨーロッパからアメリカにもち込んだのは、このヘンリー・ゴダードだった。テストの結果は、人類が遺伝という堕落への坂道を転がり落ちているという一般的な印象を裏づけたように思われた。知能テストというものが生まれてまもないこの時期には、高い知性や明敏な頭脳は、大量の情報を吸収する能力を意味すると考えられていた。したがって知能指数は、知識の量によって測られるとされた。この理屈から、初期の知能テストには一般教養問題がたくさん含まれていた。

次に示すのは、第一次大戦中、アメリカ陸軍の新兵が受けた標準的な知能テストの問題である。


四つの選択肢からひとつを選べ。

ワイアンドットとは、【1．馬　2．鶏　3．牛　4．花崗岩】の一種である。

アンペアは、【1．風力　2．電気　3．水力　4．雨量】を計測するのに用いられる。

ズールーの足の数は、【1．二本　2．四本　3．六本　4．八本】である。

（答えは順に、2、2、1）

陸軍の新兵の半分ほどはこのテストに落第し、「知的障害」とみなされた。この結果はアメリカの優生運動に衝撃を与えた。遺伝的衰退を憂慮するアメリカ人の目には、遺伝子プールには知性の低い遺伝子があふれかえっているように見えたのである。

科学者たちは、優生主義政策を実施するためには、「知的障害」といった形質の根拠となる遺伝学をある程度は理解する必要があることに気づいた。メンデルの業績が再発見されたことで、実際、それを理解することは可能だと思われた。ロングアイランドでこの試みの先頭に立ったのが、コールドスプリングハーバー研究所の所長として私の先輩にあたる、チャールズ・ダヴェンポートだった。

一九一〇年、鉄道会社の相続人から資金提供を受け、ダヴェンポートはコールドスプリングハーバーに優生記録局を設立する。その目的は、てんかんから犯罪行為まで、さまざまな形質の遺伝に関する基本的情報、すなわち家系図を集めることだった。記録局はアメリカ優生運動の中枢となっていく。

コールドスプリングハーバーの使命は、当時も今もそれほど変わってはいない。現在私たちは、遺伝学研究の最前線に立とうと努力しているが、ダヴェンポートももちろん高い志をもっていた――しかしその当時、遺伝学研究の最前線は優生学だったのだ。ダヴェンポートによって始められたこの研究プログラムは当初から大きな欠陥を抱え、その意図はなかったとはいえ、恐ろしい結果をもたらしたことに疑問の余地はない。

優生思想はダヴェンポートの行動のすべてに染みわたっていた。たとえば彼は、慣例を破って女性を調査員に雇っている。女性のほうが男性よりも観察眼と社交能力に優れていると考えたからである。しかし、不良な遺伝子を減らし、優秀な遺伝子を増やすという優生主義最大の目的のため、彼女たちの雇用期間は最長でも三年だった。彼女たちは聡明で教養があり、明らかに優れた遺伝子のもち主だった。子どもを産み、その遺伝的財産を次代に伝えるという、彼女たちにふさわしい運命から長く遠ざけておくことは、優生記録局のなすべきことではなかったのである。

ダヴェンポートは、さまざまな形質をもつ家系にメンデル式の分析を当てはめた。当初それは、正しい遺伝型が確認されていた単純な形質（色素欠乏症〈劣性〉やハンチントン舞踏病〈優性〉など多数ある）に限られていた。しかしそれがうまくいくと、彼は人間の行動に関する遺伝学の研究に突き進んだ。事実上、あらゆることが研究対象になった。そして、系図と、その家系の歴史に関する情報（たとえば特別な形質が現れたと疑われる人物がいたかどうかなど）だけから、その根拠となる遺伝学的な結論が引き出されていった。

一九一一年に出版された著書『優生学に関する遺伝』をざっとめくってみただけでも、ダヴェンポートの計画がいかに広範なものだったかがわかる。彼は、音楽や文学の才能をもつ家系や、

「機械的創意、とくに造船にかかわる技能をもつ家系」の系図を示した（ダヴェンポートは明らかに、造船遺伝子が渡されていく道筋を追跡したつもりだった）。彼は、姓によって家系のタイプがわかるとまで言った。トワイニングスという姓をもつ人々は「肩幅が広く、黒髪をもち、鼻が高い。神経質で、せっかちであることが多いが執念深くはない。眉が太く、ユーモアがある。こっけいなところもあり、音楽と馬を愛する」などと。

こういう研究には何の意味もなかった。今日の私たちは、ここに述べられているような特徴はどれも環境要因に影響されやすいことを知っている。ダヴェンポートはゴールトンと同じく、生まれは間違いなく育ちに勝ると決め込んでいたのだ。

優生記録局のスタッフとコールドスプリングハーバー研究所の所員たち。写真中央に座るダヴェンポートは、遺伝的に見て女性は系図のデータ収集が得意だという自説にもとづいて女性を登用した。

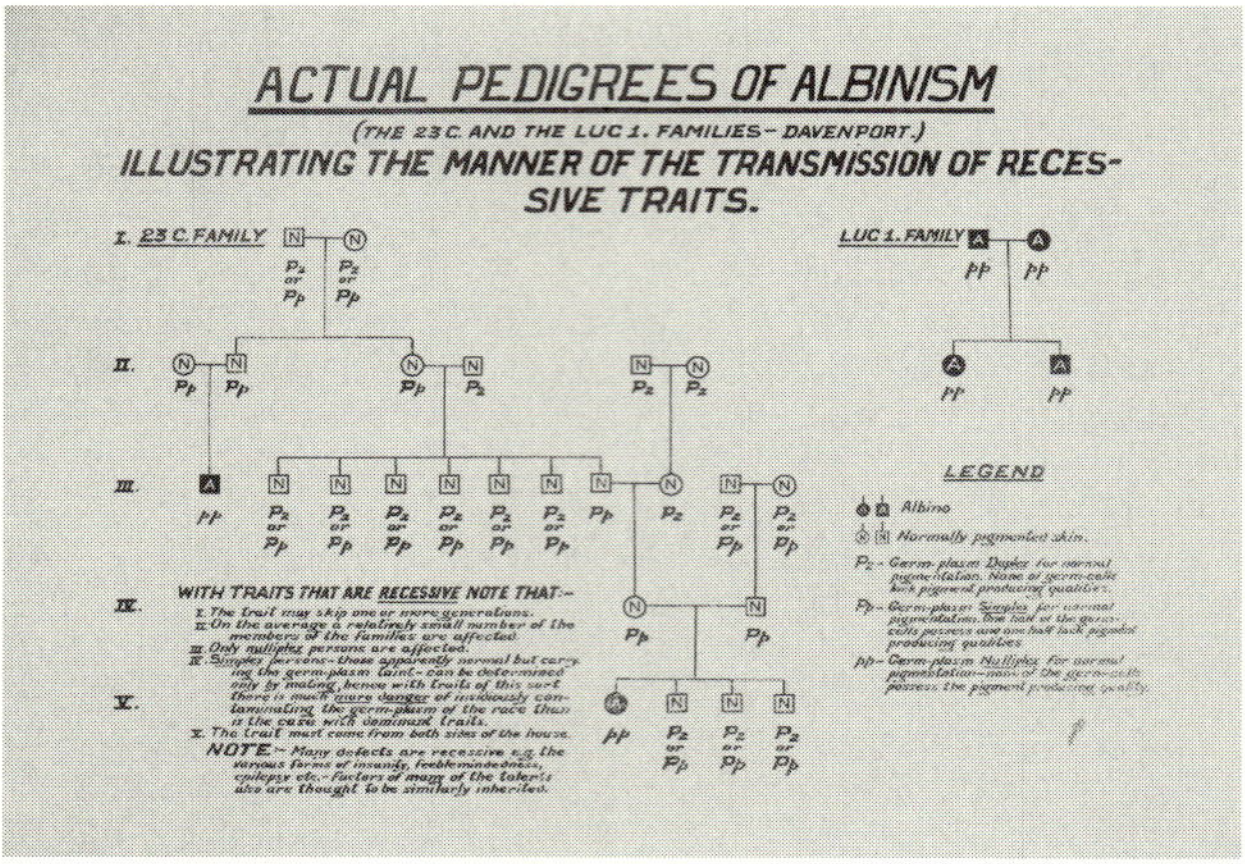

根拠のある遺伝学。色素欠乏症の伝わり方を示す家系図(ダヴェンポート作成)。

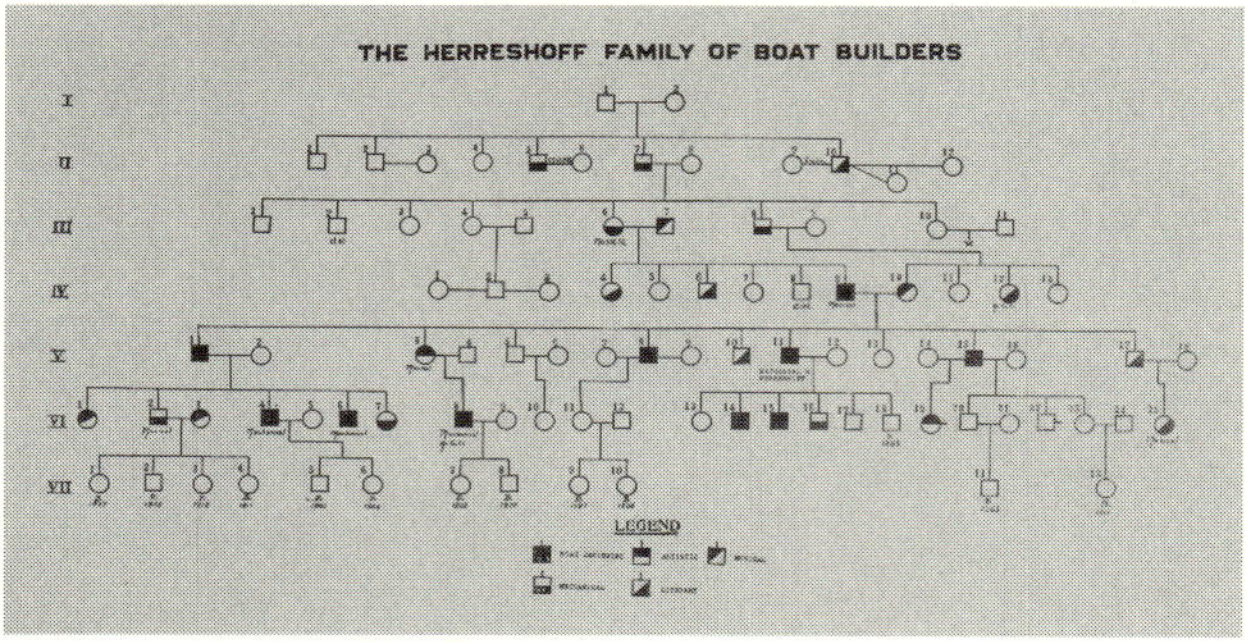

根拠のない遺伝学。造船能力の遺伝を示す家系図(ダヴェンポート作成)。ダヴェンポートは環境要因を考慮しなかった。実際には、造船業者の息子は家業を継ぐことが多い。

また、彼が最初に研究した色素欠乏症やハンチントン舞踏病には、単純な遺伝上の理由（特定の遺伝子の特定の突然変異）があるけれども、行動上の特徴に対する遺伝上の理由は——仮にそれがあったとして——たいていは複雑である。そうした特徴に関与する遺伝子は膨大であるうえに、個々の遺伝子はわずかな役割しか果たさないこともある。このため、ダヴェンポートのように系図を解釈することは事実上無理なのだ。

さらに言えば、特定の個人にみられる「知的障害」のように、まともに定義すらされていない特徴の遺伝的要因は、それこそ人によりさまざまで、基礎となる遺伝学上の一般法則を探しても無駄なのである。

断種法と科学的人種差別

ダヴェンポートの計画が成功したか失敗したかに関係なく、優生運動そのものはすでに盛り上がりを見せていた。優生協会の各支部では、ステートフェアー（州レベルの秋祭り）でコンテストを開催し、不良な遺伝形質をもたないように見える家族に賞を与えた。それまでは賞を取った牛や羊を展覧していた品評会には、「優良乳児」や「優良家系」のコンテストがお目見えした。これらは実質的に、優れた人間に子どもを作らせようという積極的優生学の試みだった。

また優生学は、初期のフェミニズム運動では不可欠ですらあった。イギリスの産児制限論者マリー・ストープスや、家族計画連盟を創設したアメリカのマーガレット・サンガーは、ともに避妊を優生学の一形態と捉えていたのだ。これについてサンガーは、一九一九年に次のように述べている。「しかるべき人物から生まれる赤ん坊を増やし、そうではない人物からは生まれないようにする。それが産児制限のもっとも重要な点なのです」

全般として見れば、不適切な人間が子どもを作らないようにするという、消極的優生学が盛んになったことのほうが悲惨な結果につながった。一八九九年、その分岐点となる出来事が起こった。クローソンという若い男が、インディアナ州の刑務所の医師ハリー・シャープの診察を受けた。クローソンの問題——当時の医療では問題とされたもの——は、自慰衝動だった。彼は十二歳のときからそればかり行ってきたと語っている。自慰は変質の一般的な兆候とされていたのだ。

シャープは従来の考えにもとづき（今の私たちから見ればおかしな考えに思えるが）、クローソンの知的欠陥（学校の成績はさっぱりだった）は、その衝動のせいだと考えた。では、それを解決するにはどうすればいいだろうか？　シャープは当時の最新技術であった精管切除を行い、それによってクローソンを「治した」と主張した。そしてシャープ自身、この手術を行いたいという、抑えがたい欲求にとりつかれたのである。

シャープは、クローソンが治癒したという事実により（ただしそれを確認するものはシャープ自身の報告しかないのだが）、クローソンのような人間、すなわちあらゆる「変質者」に対して、この治療法が有効だという証拠になると売り込んだ。

断種を支持する理由はふたつあった。ひとつは、シャープがクローソンのケースで成功したと主張するように、変質行為を防げるかもしれないことである。刑務所であれ精神病院であれ、監禁する必要のある者たちを、自由にしておいても「安全」な存在にすることにより、少なくとも多額の経費を節約することはできる。

ふたつめは、クローソンのような者たちが、不良な（変質した）遺伝子を次世代に伝えるのを防げることである。シャープは、断種こそ優生上の危機に対する申し分のない解決策であると考えた。

シャープは有能なロビイストだった。一九〇七年にはインディアナ州で最初の強制断種法が制定され、「犯罪者、白痴、強姦者、痴愚」と確認された者の断種が認められた。インディアナ州だけではない。最終的にはアメリカの三十の州で同様の法が制定され、一九四一年までに、アメリカ全体で約六万人が断種手術を受けている。そのうちの半分はカリフォルニア州で行われた。これらの法により、子をもてる、もてないを、事実上州政府が決めることになったのである。

裁判沙汰も起こったが、一九二七年、歴史的なキャリー・バック事件（キャリー・バックは強制断種第一号となった十七歳の少女）において、最高裁はヴァージニア州の法を支持した。最高裁判所判事オリヴァー・ウェンデル・ホームズは以下のような判決を残している。

変質した子孫が犯罪を犯して死刑になったり、痴愚のせいで餓死したりするのをただ待つよりも、社会によって、不適格であることが明らかな者に子孫を作らせないようにするほうが、全世界にとって望ましい。……痴愚は三代も続けば十分である。

断種はアメリカ以外の国でも受け入れられた。ナチスドイツだけではない。スイスやスカンジナビア諸国でも同様の法律が制定されたのである。

優生学そのものに人種差別が含まれているわけではない。優生学が奨励する優れた遺伝子は、原理的にどんな民族にも存在しうる。けれどもゴールトンが「下等人種」に対する偏見のもち主であることを裏づけたアフリカ探検報告書に始まり、優生学の熱心な実践者の多くは人種差別主義者でもあり、その人種差別的考えを「科学的」に正当化するために優生学を利用した。

カリカク家の研究で知られるヘンリー・ゴダードは、一九一三年、エリス島において、移民たちに知能テストを行い、アメリカ国民候補の約八〇パーセントは知能が低いという結果を得た。第一次大戦中に彼がアメリカ陸軍に対して行った知能テストでも同様の結果が得られた。外国生まれの徴集兵のうち四五パーセントは、精神年齢が八歳未満だったのだ（アメリカ生まれの兵士での範疇に入る者は二一パーセントにとどまった)。

しかしこのテストが不公平である点は問題にもされなかった——テストは英語で行われたのだ。人種差別主義者たちは求めていた武器を手に入れ、優生学はその根拠を提供させられたのである。

当時「白人優越主義者」という言葉はまだなかったが、二十世紀初頭のアメリカにはそういう考えをもつ人たちが大勢いた。セオドア・ローズヴェルトを典型とするアングロサクソン系の白人新教徒(WASP)たちは、彼らの楽園であるべきアメリカが移民によって損なわれていくことを憂慮していた。

一九一六年には、裕福なニューヨーク市民で、ダヴェンポートやローズヴェルトと交友のあったマディソン・グラントが『偉大な人種の消滅』という本を出版し、北方人種こそ他のヨーロッパ民族を含めた世界中のどの民族よりも優れていると主張した。グラントは、合衆国の北方人種の優良な遺伝的財産を守るために、非北方人種の移民の制限を求めて運動を起こした。彼は人種差別主義者が掲げる優生政策を擁護したのである。

現在の状態で、もっとも現実的かつ有望な人種改良の方法は、後の世代に影響を及ぼす能力を奪うことにより、望ましくない要素をこの国から排除することである。畜産家にはよく知られているように、不必要な色合いを継続的に排除することで牛の色を変えることができる。黒い羊は、何代にもわたってその色の羊を取り除くことにより、事実上姿を消した。もちろん色以外の特徴についても同様である。

意外に思われるかもしれないが、グラントの本は、変わり者が出したマイナーな出版物などではなかった。それは大きな影響力をもつベストセラーだったのである。後にはドイツ語にも翻訳されてナチスにも影響を与えたが、それも驚くにはあたるまい。グラントにとって、ヒトラーから手紙をもらったことは悦ばしい出来事だった。その手紙には、この本を自分のバイブルにすると書かれていたという。

グラントほど目立ちはしなかったものの、このころ「科学的」人種差別主義を唱えた人物の中で、おそらくもっとも影響力があったのは、ダヴェンポートの右腕と言われたハリー・ラフリンだろう。ラフリンの父親はアイオワ州の牧師だったが、彼自身は血統の良い競走馬と鶏の繁殖を専門としていた。ラフリンは優生記録局の活動を監督した人物であるが、しかし彼はむしろロビイストとしてその手腕を発揮した。優生学の名において、彼は強制的断種処置と、遺伝的に芳しくない外国人（すなわち北方系ヨーロッパ人以外）の流入を制限するよう熱心に運動した。

わけても歴史的に重要なのは、移民に関する議会公聴会における鑑定人として果たした彼の役割である。ラフリンは自分の偏見をまったく隠すことなく、そのすべてを「科学」で飾りつけた。都合の悪いデータがあればでっちあげもやった。都合の悪いこと、たとえば移民ユダヤ人の子どものほうが、アメリカ生まれの子どもよりも公立学校での成績が良いことがわかると、彼は初めに設定したカテゴリーを変え、ユダヤ人をそれぞれの出身地に混ぜ込んで、彼らの優れた能力が見えにくいようにした。

ヨーロッパ南部および他の地域からの移民を厳しく制限するジョンソン・リード移民法が一九二四年に制定されると、マディソン・グラントのような者たちはそれを大いに歓迎した。それはハリー・ラフリンにとって最良の時代だった。それより数年前、副大統領だったカルヴィン・クーリッジは、アメリカ先住民の存在や、この国が移民によって建てられたという歴史を無視して、「アメリカはアメリカ人のものでなければならない」と宣言したが、今度は大統領としてこの移民法に署名し、自分の望みを法律にしたのだった。

グラント同様、ラフリンもまたナチスの熱心な支持を得た。ナチスは、ラフリンが推進したアメリカの法律を参考にした法制定を行っている。一九三六年、ラフリンはハイデルベルク大学から名誉学位を贈られて大いに喜んだ。ハイデルベルク大学は、「アメリカの人種政策において先見の明のある代表的な人物」として彼を選んだのである。だが、遅発性のてんかんを発症した彼の晩年は哀れなものだった。彼自身、遺伝的な変質であるという理由から、てんかん患者の断種

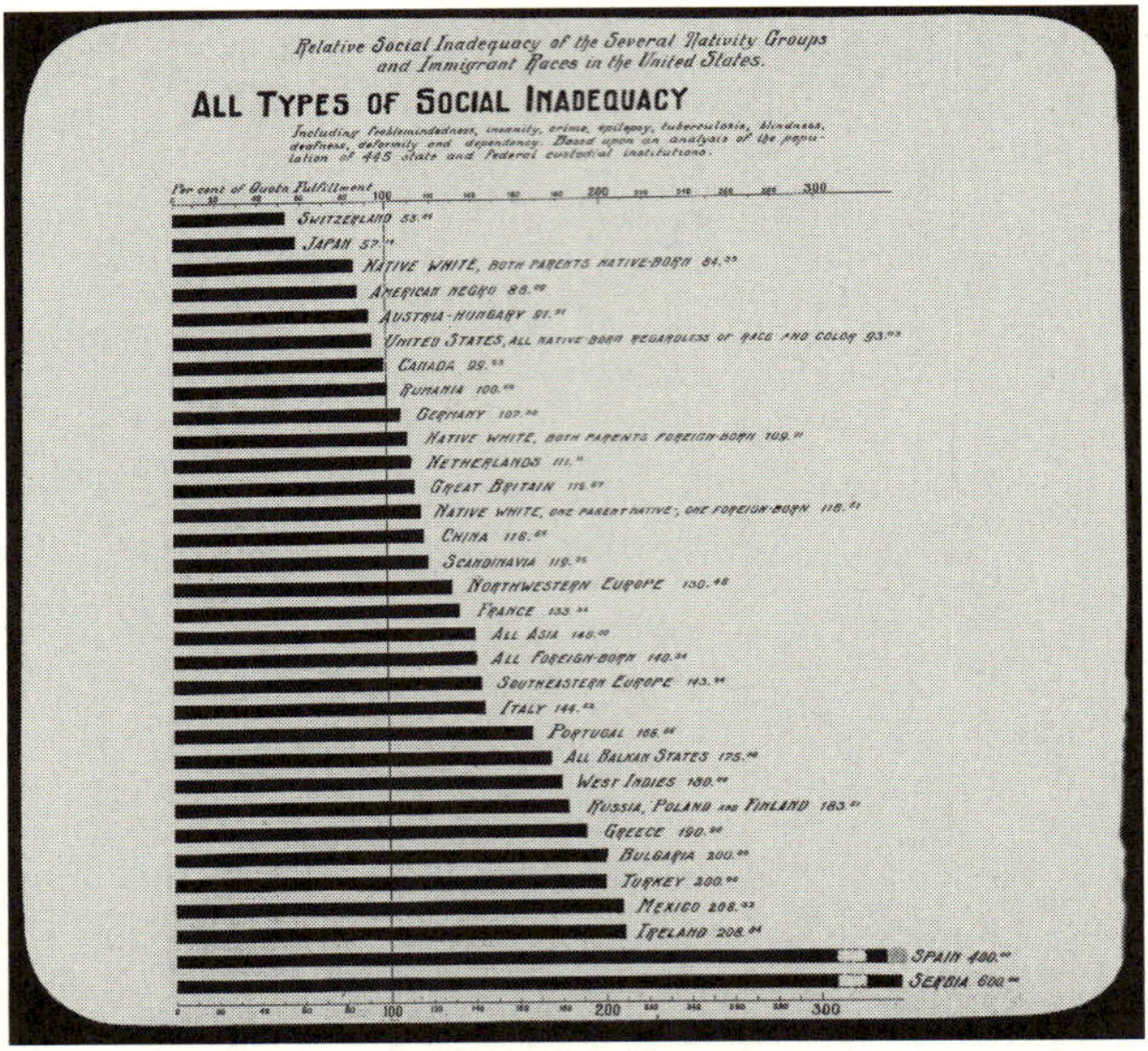

科学的人種主義。国ごとに分析された合衆国の社会的不適格者。ここでハリー・ラフリンは社会的不適格者という言葉を、知的障害や結核などを含めた包括的な意味で使っている。ラフリンは、合衆国の人口に対する各集団の人口比にもとづき、施設に収容される人数の「割り当て」を計算した。図中の数字はパーセントであり、各集団中施設に収容されている人数を、その集団の「割り当て」数で割ったものである。100パーセントを超える集団は、「割り当て」以上の収容者を出していることになる。

を行うよう説いてきたのだから。

遺伝学史上最大の汚点

ヒトラーの『我が闘争』は、似非科学にもとづいた人種差別主義者の大言壮語であふれかえっている。それは、ドイツ民族は優秀だという古くからの主張と、アメリカの優生運動の醜悪な一面とから生まれたものだった。ヒトラーは、国家は「はっきりと病だとわかる者、病気を受け継いでいて、それを次世代に伝える可能性のある者はすべて子どもを作る資格はないと宣言し、またそれを実地に移さなければならない」と書き、また別の個所では、「肉体的・精神的に不健康で価値のない者は、己の苦しみを子孫にまで与えてはならない」と書いている。

一九三三年に権力を握ってまもなく、ナチスは包括的な断種法（「遺伝性疾患子孫防止法」）を成立させた。それは明らかにアメリカの法律を手本とするものだった（ラフリンは誇らしげにこの法を翻訳して出版した）。そして三年間に断種手術を受けた者は二十二万五千人に達した。

ナチスドイツでは、「しかるべき」人々が子どもをもつよう奨励する積極的優生学も盛んになった。「しかるべき」とは、とりもなおさずアーリア人のことだった。親衛隊（ナチスの精鋭部隊）の隊長であったハインリヒ・ヒムラーは、自分の任務を優生学的に解釈した。それによれば、親衛隊の将校はできるだけ多くの子どもをもち、ドイツの遺伝的な将来をゆるぎないものにしなければならない。一九三六年には、ヒムラーは親衛隊員の妻たちが妊娠したとき、可能な限り良い待遇を受けられるよう特別な産院を作った。

一九三五年のニュルンベルク党大会では、「ドイツ人の血統と名誉を保護する法」が公布された。これはドイツ人とユダヤ人との結婚を禁じ、さらには「ユダヤ人と、ドイツ市民またはその血縁者との、婚姻外の性交渉」までも禁じた。子をもつことに関して、あらゆる抜け穴は完璧にふさがれたのである。

悲惨だったのは、ハリー・ラフリンが熱心に画策したアメリカのジョンソン・リード移民法にも抜け穴がなかったことだった。ナチスの迫害から逃れようとしていた多くのユダヤ人にとって、本来ならばアメリカはまず第一に目的地に選ばれる国のはずだったが、人種差別的で制限された移民政策のせいで、多くの人々が追い返されてしまった。ラフリンの断種法がヒトラーの恐ろしい計画の模範になったばかりか、彼が移民法にまで影響力をふるった結果、事実上アメリカはドイツのユダヤ人の運命をナチスの手に渡すことになったのである。

第二次大戦が始まった一九三九年、ナチスは「安楽死」を導入した。断種は手間がかかりすぎたからである。それに、なぜ食糧を無駄にしなければならないのか、というわけだ。保護施設収容者は、「無駄飯食らい」と言われた。精神病院には調査票が送られ、「生きる価値がない」と思われる患者に十字の印をつけるよう指示された。七万五千人が印をつけられ、大量殺人技術としてガス室が開発された。

その後ナチスは、「生きる価値がない」とする対象を少数民族全体にまで拡張し、その中にはロマ（ジプシー）やユダヤ人が含まれていた。のちに〝ホロコースト〟と呼ばれるものは、ナチス優生思想の頂点だったのである。

こうして、優生学は人類にとって悲劇であることが証明された。また優生学は、遺伝学という新しい科学にとっては災難であり、消すことのできない汚点となった。実際、優生学者のなかにはダヴェンポートのように優秀な学者もいたが、科学者の多くは優生運動を批判し、関係を絶った。

ダーウィンの自然選択を独自に発見したもう一人の科学者、アルフレッド・ラッセル・ウォレスは、一九一二年に、「傲慢な科学者の余計なおせっかいにすぎない」として優生学を非難している。ショウジョウバエで有名なトマス・ハント・モーガンは、「科学上の理由」から、優生記録局の科学理事を辞任している。ジョンズ・ホプキンス大学のレイモンド・パールは一九二八年に、「正統派優生学者たちは、遺伝学により確立された事実に背く行いをしている」と書いている。

ナチスの恐ろしい目的のために利用されるずっと以前から、優生学は科学界での信用を失っていたのである。優生学を裏づけていた科学はでたらめであり、優生学にもとづいて立てられた社会計画は唾棄すべきものだった。

一方、根拠の確かな科学である遺伝学、わけてもヒトの遺伝学は、二十世紀の半ばには苦境に立たされていた。一九四八年、私は初めてコールドスプリングハーバーを訪れた。そこはかつて優生記録局の置かれていた場所だったが、その件については誰も一言も触れようとしなかった。図書館の棚には、ドイツで出版された『民族衛生学誌』の古い号がまだ残っていたというのに、過去を語ろうとする者は一人もいなかったのである。

それ以降、遺伝学は人間の行動の特徴（それがダヴェンポートの言う「知的障害」であれ、ゴールトンの言う「天才」であれ）を探るという大それた調査は行わなくなった。そうした調査の目的が科学的ではないことに気づいたからである。

代わりに遺伝学が注目したのは、遺伝子と、細胞内におけるその機能だった。一九三〇年代から四〇年代にかけて効率の良い技術が開発されると、生体分子を、それ以前とは比較にならないほど詳しく調べられるようになった。こうしてついに、生物学上の最大の謎、すなわち「遺伝子とは、化学的には何なのか？」という問題に取り組める時代が到来したのである。

第2章　二重らせん——これが生命だ

私が遺伝子に夢中になったのは、シカゴ大学の三年生のときだった。それまでは、将来は博物学者になろうと思い、自分の育ったシカゴの下町、サウスサイドの喧騒とはまったく違った環境で研究するのを楽しみにしていた。

そんな私が心変わりしたのは、忘れがたい教師がいたからというわけではなく、一九四四年に出た『生命とは何か』という小さな本に感動したからだった。著者は、オーストリア生まれで、波動力学の父と言われるエルヴィン・シュレーディンガーである。その本は、彼が前年にダブリン高等研究所で行ったいくつかの講演をまとめたものだった。偉大な物理学者がわざわざ時間を割いて生物学の本を書いたということに、私は興味をひかれた。当時の私は、たいていの人がそうだったように、化学と物理学こそが「本物の」科学であり、理論物理学者は科学者の頂点に立っていると考えていたのだ。

シュレーディンガーは、生命とは生物学的情報を蓄えたり、それを伝えたりするものとして考えられると論じていた。その立場から見れば、染色体は情報の運び手にすぎない。ひとつひとつの細胞に詰め込まれた情報は膨大な量にのぼるはずだから、情報は染色体という分子の線維に埋め込まれた、シュレーディンガー言うところの「遺伝暗号文」になっていなければならない。そうだとすれば、生命を理解するためには、染色体の分子を突き止め、暗号を解読する必要がある。

彼はさらに、生命を理解することにより（そのためには遺伝子を発見することも必要だ）、当時理解されていた物理法則を超えることになるかもしれないとさえ考えていた。彼の本の影響力は絶大だった。フランシス・クリック（彼も元は物理学者だった）をはじめ、分子生物学という壮大なドラマの第一幕で重要な役を演じることになった人々の多くは、私と同様、この『生命とは何か』を読んで感銘を受けていたのである。

私について言えば、シュレーディンガーの本が心の琴線に触れたのは、私もまた生命の本質に惹かれていたからだった。当時はまだ科学者のなかにも、生命が存在するのは全能の神に由来する生命力のおかげだと考える者が、少数ながらいた。だが私は、私を教えてくれた先生たちのほとんどと同様、生気論などまったく馬鹿にしていた。そんな「生命力」が自然界を支配しているなら、科学的方法によって生命を理解できる見込みはまずない。

それに対して私が魅力的だと思ったのは、「生命は、秘密の暗号で書かれた仕様書に従って引き継がれていく」という考え方だった。では、どんな分子ならば、生命の世界に満ちている不思議のすべてを伝えられるほど精巧な暗号になれるのだろう？　どんな分子のしくみなら、染色体が複製されるたびに、その暗号を正確に複製することができるのだろう？

シュレーディンガーがダブリンで講演を行った当時、ほとんどの生物学者は、遺伝仕様書の主要な運び手はタンパク質だろうと考えていた。タンパク質は、二十種類のアミノ酸を構成要素とする分子の鎖である。この鎖に沿ってアミノ酸を配列していく並べ方はほとんど無限にあるため、タンパク質ならば、生命の驚異的な多様性を支えている情報を暗号化することも、原理的には容易にできるはずだった。一方のＤＮＡは染色体上にしか見られず、七十五年ほど前からその存在を知られてはいたものの、暗号の運び手として有力視されてはいなかった。

一八六九年、ドイツで研究していたスイス人生化学者フリードリヒ・ミーシャーは、近くの病院から膿のついた包帯をゆずってもらい、そこから分離した物質に〝ヌクレイン〟（「核から見つかった物質」の意）と名づけた。膿にはたくさんの白血球が含まれている。しかも赤血球とは異なり、白血球は細胞内に核をもち、それゆえＤＮＡを含む染色体をもつ。ミーシャーは偶然にも、ＤＮＡを取り出すよい材料に出会ったのである。

やがてミーシャーは、ヌクレインは染色体にしか見られないことに気づき、自分は重大な発見をしたことを悟った。一八九三年、彼は次のように書いている。「次の世代へと形質を伝えている遺伝は、分子よりも深いところ、分子を構成する微小な物質群の中で起こっている。この意味

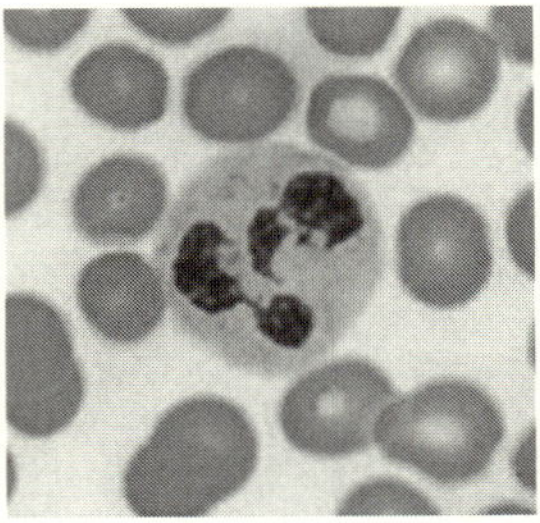

DNAに色をつける化学物質で処理された血球を顕微鏡で見たもの。酸素輸送量をできるだけ増やすため、赤血球には核がなく、それゆえDNAもない。一方、侵入者を捜して血液中をパトロールする白血球は、染色体を含む核をもつ（写真中央）。

において、私は化学的な遺伝理論を支持する」

ところがその後何十年ものあいだ、化学には力が足りず、DNA分子の大きさや複雑さを分析することができなかった。ようやく一九三〇年代に入り、DNAが、アデニン（A）、グアニン（G）、チミン（T）、シトシン（C）という、四つの異なる塩基を含む長い分子であることが解明された。

しかしシュレーディンガーが講演を行った当時は（一九四〇年代前半）、DNA分子のサブユニット（「デオキシヌクレオチド」と呼ばれるもの）が化学的にどう結合しているのかは未解明だった。それどころか、DNA分子ごとに四種類の塩基の並び方が違うのかどうかもわかっていなかったのだ。もしDNAが本当にシュレーディンガーの言う暗号文なら、その分子には膨大な種類がなければならない。しかし当時はまだ、たとえばAGTC（アデニン・グアニン・チミン・シトシン）のような一種類の配列が、DNA鎖の全長にわたって繰り返されている可能性もあると考えられていたのである。

DNAが一躍注目されるようになったのは、一九四四年、ニューヨークのロックフェラー研究所のオズワルド・エーヴリーの研究室から、肺炎を起こす細菌の表面を覆っている膜の組織が変化するという報告が出たときのことだった。その結果は、エーヴリー自身にとっても、彼の年下の同僚であるコリン・マクラウドやマクリン・マッカーティーにとっても予想外のものだった。

エーヴリーのグループはそれまで十年以上にわたり、イギリス保健省の科学者だったフレッド・グリフィスにより一九二八年に見いだされた意外な結果をさらに深く追究していた。グリフィスは肺炎に興味をもち、その病原体である肺炎双球菌を調べていた。この細菌には、顕微鏡で見たときの形状から、表面がなめらかなタイプsmooth（S）と粗いタイプrough（R）の二系統があった。

このふたつの系統は外見だけでなく、毒性においても異なっていた。S型をネズミに注射すると、数日内にそのネズミは死ぬが、R型を注射してもネズミは発病しない。S型の細胞には、侵入者がいることをネズミの免疫システムに気づかせないための膜がある。R型の細胞にはそのような膜はないため、ネズミの免疫システムの攻撃を受けやすいのだ。

公衆衛生に携わっていたグリフィスは、ひとりの患者からいくつもの系統の菌が分離される場合があることを知っていた。そこで彼は、系統の異なる菌同士が、不運なネズミの体内でどんな相互作用をするかに興味をもった。ある組み合わせを試してみたとき、彼は注目すべき発見をした。加熱殺菌したS型（無害）と、通常のR型（こちらも無害）の両方をネズミに注射したところ、そのネズミは死んだのである。無害のはずの二種類の菌が、なぜ致死性をもつようになったのだろうか？

グリフィスは、死んだネズミから肺炎双球菌を回収し、この謎を解く手がかりを得た。そこに生きたS型が見つかったのである。生きている無害なR型が、死んだS型から何かを獲得したらしかった。何かが、死んだS型と混ぜ合わされたR型を、致死性をもつ生きたS型に転換させたのである。

グリフィスはこの変化が本物であることを確かめるために、死んだネズミのS型を数世代培養してみた。この菌からは、通常のS型と同様、S型の性質が正しく子孫に伝えられた。ネズミに注射されたR型には、たしかに遺伝的な変化が起こったのである。

この転換現象はまったく理解を超えたものに思われたが、当初、グリフィスの観察結果に対して科学界からはほとんど反応がなかった。その理由のひとつは、グリフィスが人前に出ることを極度に嫌い、人の集まるところには行きたがらず、科学者の会議にもめったに出席しなかったからだった。あるとき彼は、ほとんど無理やり講演をさせられることになった。タクシーに押し込まれ、会場まで同僚に付き添われていった彼の講演は聞き取りづらい一本調子で、微生物学における彼の仕事の中でもとくにわかりにくいことばかり話し、細菌の形質転換についてはひとことも触れなかった。しかし幸いにも、グリフィスの偉業に注目した人物がいた——オズワルド・エーヴリーである。

エーヴリーもまた、肺炎双球菌の糖衣のような膜に興味をもっていた。彼はグリフィスの実験の追試をし、R型をS型に変えるものを分離したうえで、その特徴を明らかにしようとした。一九四四年、エーヴリー、マクラウド、マッカーティーはその結果を発表した——その巧みな実験は、形質転換を引き起こしているのはDNAだということを疑問の余地なく示すものだった。

まず彼らは菌を、ネズミの体内ではなく、試験管で培養した。そうすることで、加熱殺菌したS型細胞の中にある形質転換物質の化学的実体を突き止めやすくなった。エーヴリーらは、加熱殺菌したS型細胞内の生化学的成分をひとつずつ壊してゆき、そのつど形質転換が起こるかどうかを観察した。初めはS型菌の糖衣のような膜を取り除いてみたが、それでも形質転換は起こった。膜は形質転換を引き起こすものではなかったのだ。

次に彼らはタンパク質を破壊する二種類の酵素、トリプシンとキモトリプシンの混合物を用い、S型細胞内のほとんどすべてのタンパク質を分解した。驚いたことに、それでもなお形質転換は起こった。その次に、DNAに似た別のタイプの核酸で、タンパク質合成に関係している可能性のあるRNA（リボ核酸）を分解する酵素（リボヌクレアーゼ）を使ってみた。このときも形質転換は起こった。

最後に試したのがＤＮＡだった。Ｓ型菌の抽出物を、ＤＮＡ分解酵素であるデオキシリボヌクレアーゼにさらしたのだ。これが大当たりだった。Ｓ型菌への転換を促す活動はすべて完全に停止した。形質転換を起こさせていたのは、ＤＮＡだったのである。

一九四四年にエーヴリー、マクラウド、マッカーティーが発表した論文は、衝撃的な内容だったこともあり、賛否両論を巻き起こした。遺伝学者の多くはその結果を受け入れた。なんといってもＤＮＡはどの染色体にも存在しているのだ。それが遺伝物質であって何が悪いだろうか？

しかしその一方で、ほとんどの生化学者は、ＤＮＡが膨大な生物学的情報の収納庫になれるほど複雑な分子かどうかを疑った。彼らは、これもまた染色体の構成要素であるタンパク質こそ遺伝物質であることがそのうち判明するに違いないと信じていたのだ。なるほど生化学者が言うように、ＤＮＡを構成するヌクレオチド（四つのアルファベットをもつ）を使うよりも、タンパク質を構成するアミノ酸（二十のアルファベットをもつ）を使ったほうが、複雑で膨大な情報を暗号化するのはずっと容易なはずだった。

遺伝物質としてのＤＮＡをとりわけ強く否定したのが、ロックフェラー研究所におけるエーヴリーの同僚で、タンパク質を専門に研究する化学者のアルフレッド・マースキーだった。しかしそのころにはもう、エーヴリーは研究活動を止めていた。ロックフェラー研究所は規定どおりに、彼を六十五歳で退職させたのである。

エーヴリーは同僚からの攻撃に応戦できなかったばかりか、ノーベル賞も受賞できなかった。DNAが形質転換を引き起こす要因であることを突き止めた彼には、間違いなくその資格があったはずである。ノーベル賞委員会はそれぞれの受賞から五十年経つと情報を公開するため、エーヴリーの受賞はスウェーデンの物理化学者アイナー・ハンマルステンによって阻まれたことがわかっている。ハンマルステンは、画期的に品質の高いDNAサンプルを作ったことにより主に評価されているが、しかし彼は、遺伝子は未発見のタンパク質だと考えていた。実際、二重らせんが発見されてからでさえ、ハンマルステンは、DNAによる形質転換のしくみが完全に解明されるまでエーヴリーは受賞すべきではないと言って譲らなかった。

エーヴリーは一九五五年に亡くなった。もし彼があと数年長生きしていれば、ほぼ確実にノーベル賞を受賞していただろう。

DNAの構造をつきとめる

一九四七年の秋、私が博士論文の研究では遺伝子をやろうという計画を胸にインディアナ大学へ到着したころ、エーヴリーの論文はたびたび話題にのぼっていた。そのころには、彼の研究成果の再現性を疑う者はいなくなっていた。また、少し前にロックフェラー研究所で行われた研究により、細菌の形質転換においてタンパク質が遺伝に関わる役割を果たしている可能性はまったくなくなっていた。こうしてDNAはついに、次の大発見を狙う化学者たちの注目する物質となったのだ。

イギリスのケンブリッジでは、抜け目のないスコットランド人化学者アレクサンダー・トッドが、DNA中のヌクレオチドをつないでいる化学結合の解明という難題に挑戦した。一九五一年の初めには、その結合は常に同じであり、DNA分子の骨格は非常に規則的であることがわかった。同じころ、オーストリア生まれの亡命科学者エルヴィン・シャルガフは、コロンビア大学医学部でペーパークロマトグラフィーという新技術を用い、脊椎動物や細菌から取り出したDNAサンプル中の四つのDNA塩基の相対量を計測した。アデニンとチミンが多い種もあったが、グアニンとシトシンの多い種もあった。こうしてDNA分子には、ふたつとして同じ組成をもつものがない可能性が出てきた。

インディアナ大学で私が参加した研究グループには、先見性のある人たちが集まっていた。メンバーはおおむね物理学者か化学者で、細菌を攻撃するウイルス（バクテリオファージ、略して「ファージ」と呼ばれる）の生殖過程を調べていた。このファージ・グループができたのは、私の博士論文の指導教官で、イタリアで学んだ医師サルバドール・ルリアと、ルリアの親友でドイツ生まれの理論物理学者マックス・デルブリュックが、アメリカ人物理化学者アルフレッド・ハーシェイと組むことになったからだった。

第二次世界大戦中、ユダヤ人であるルリアはフランスを去ってニューヨークへ渡ることを余儀なくされ、デルブリュックはナチスに反対してドイツから亡命していた。それにもかかわらず両者とも敵国人と見られ、科学者としてアメリカに戦争協力することはできなかった。ルリアはインディアナ大学、デルブリュックはヴァンダービルト大学で研究を続けていたが、毎年夏になるとコールドスプリングハーバーで一緒にファージの研究をするようになった。一九四三年、セントルイスのワシントン大学で独自にファージを研究していた、頭は切れるが寡黙なハーシェイも共同研究に加わった。

ファージ・グループの計画の根底にあったのは、他のすべてのウイルスと同様、ファージがいわば裸の遺伝子であるという信念だった。この考えは、一九二二年、想像力豊かなアメリカ人遺伝学者ハーマン・J・マラーが最初に提示したものである。マラーはその三年後に、X線によって突然変異が起こることを示すことになる。彼がようやくノーベル賞を受賞したのは、一九四六年、インディアナ大学に移った直後のことだった。

実を言うと、私がインディアナ大学へ行くことにしたのはそこにマラーがいたからだった。T・H・モーガンの指導下に研究を始めたマラーは、二十世紀前半の五十年間に遺伝学がいかに進化したかを誰よりもよく理解していたし、私は最初の学期に聴いた彼の講義に夢中になった。

しかし、彼のショウジョウバエに関する研究はすでに過去のものであるように思え、彼の指導下に博士論文の研究をしようという考えはすぐになくなった。代わりに私は、ショウジョウバエよりもさらにすばやく実験できるルリアのファージを選んだ。ファージの遺伝子交雑は、翌日にはもう分析できたのである。

博士論文の研究として、ルリアは私に、自分がやってきたのと同じ、X線がファージを殺す過程をテーマとして与えた。はじめ私は、ファージのDNAへのダメージによりウイルスが死ぬことを示したいと考えた。だが結局、私の実験方法では、化学的に明快な解答はとうてい得られそうにないと認めざるを得なくなった。たとえファージが実質的に裸の遺伝子であっても、ファージ・グループが求めている意味深い解答は、当時の化学のレベルでは得られないことに気づいたのである。どうにかしてDNAを、単なる頭文字の並びという身分から昇格させなければならなかった——それを分子構造として理解し、その化学的詳細を明らかにする必要があったのだ。

論文を書き上げた私は、DNAを研究できる研究室に移ろうと決めた。だが、純粋な化学というものをほとんど知らなかった私は、有機化学または物理化学の高度な実験をやっている研究室にはついて行けそうになかった。

そこで一九五〇年の秋、私はポスト・ドクトラル・フェローとして、コペンハーゲンにある生化学者ハーマン・カルカーの研究室に行くことにした。彼が研究していたのは、DNAを構成する微小な分子の合成だったが、私はすぐに、カルカーの生化学的なやり方では遺伝子の本質は理解できないだろうと思った。彼の研究室で一日過ごすごとに、ＤＮＡがどのように遺伝情報を運ぶのかを知るのが一日ずつ遅れていくように思えた。

それでもコペンハーゲンでの日々は前向きな終わり方をした。私は寒いデンマークの春を避け、四月と五月はナポリにある臨海実験所へ行くことにした。そこで過ごした最後の週、私は分子の三次元構造を決定するためのＸ線回折法に関する小さな会議に出席した。Ｘ線回折は、結晶化可能な分子の微細な構造を調べるための方法である。結晶にＸ線が当たると、Ｘ線は原子にぶつかってはね返る。そのはね返り方が分子の構造に関する情報となるのだが、それだけでは構造を解明するには足りなかった。そのために必要なのは、分子の波動的性質に関わる「位相の決定」だった。位相の問題は容易には解決できず、当時それに取り組んでやろうという無謀な科学者はほとんどいなかった。この回折法でうまくいった分子のほとんどは比較的単純なものだった。

私はたいして期待もせずその会議に出た。というのも、タンパク質を――さらに言えばＤＮＡを――三次元的に理解するには、あと十年はかかるだろうと思っていたからだ。初期の出来の悪いＸ線写真を見れば、Ｘ線を使った方法でＤＮＡの謎が解明されるとは思えなかった。写真の出来が悪いのは当然だと思われた。なぜなら、ＤＮＡの正確な配列は、個々のＤＮＡ分子ごとに異なると考えられていたからである。そうだとすれば表面形状は不規則になるだろうから、細長いＤＮＡ鎖をきちんと並べて、Ｘ線回折を成功させるために必要な規則的パターンを作れるはずがなかったのだ。

そんなわけで、ロンドン大学のキングスカレッジにある生物物理学研究室からやってきた、モーリス・ウィルキンスという三十四歳のイギリス人が最後に付け足すように話したDNAに関する結果を聞いたとき、私は驚くとともに大いに喜んだ。

ウィルキンスは戦争中、物理学者としてマンハッタン計画に参加していた。研究の最大の成果と思われた原爆が、広島と長崎に対して実際に使われたことにより、計画に携わった他の科学者たちと同様、彼もまた深い幻滅を味わった。彼は科学と縁を切り、パリで画家になろうかと考えたが、それを止めたのが生物学だった。彼もまたシュレーディンガーの本を読み、X線回折法を使ってDNAに取り組むようになったのだ。

ウィルキンスは、最近撮ったというX線回折パターンの写真を示した。はっきりとしたいくつもの反射像は、きわめて規則的な結晶構造を示していた。DNAは規則的な構造をもっているに違いなく、それを解明すれば遺伝子の本質が明らかになるかもしれない——そう思わせるような写真だった。

私はすぐにでもロンドンに引っ越してウィルキンスがその構造を発見する手助けをしたいと思った。そこで発表の後で彼と話そうとしたのだが、それはかなわなかった。ウィルキンスから聞き出せたのはただ、この先まだ多くの仕事が必要だという、きっぱりとした言葉だけだった。

私が袋小路に突き当たってばかりいたころ、アメリカでは、世界有数の化学者であるカリフォルニア工科大学（カルテック）のライナス・ポーリングが大きな成果を得たと発表していた。タンパク質を構成するアミノ酸の鎖（ポリペプチド）の正確な配列を発見したというのだ。彼はその構造を〝アルファらせん〟と呼んだ。

この大発見をしたのがポーリングだったのはとくに意外ではなかった。彼は科学界のスーパースターだったからである。彼の著書『化学結合論』は現代化学の基礎を築き、当時の化学者にとってはバイブルだった。ポーリングは早熟な才能を示した。ポーリングが九歳のとき、オレゴン州で薬剤師をしていた彼の父親は地元紙『オレゴニアン』に手紙を書き、読書好きの息子に向くような記事を載せてくれるよう頼み、息子がすでに聖書やダーウィンの『種の起源』を読んだことも書き添えた。だがその父親が早くに亡くなり、ポーリング家は困窮した。そんななかで前途ある若者がどうにか教育を受けられただけでも驚くべきことである。

モーリス・ウィルキンス。ロンドン、キングスカレッジの彼の研究室にて。

私はコペンハーゲンに戻るとすぐに、ポーリングのアルファらせんの論文を読んだ。すると驚いたことに、彼のモデルは、実験で得られたX線回折データから演繹的に得た着想によるものではなかった。ポーリングは構造化学者としての長年の経験に勇気づけられ、基本的なポリペプチド鎖の化学的性質に対して、もっとも矛盾の少ないらせんの形状はどういったものだろうかと、大胆な推測に及んだのである。

ポーリングは、タンパク質分子のさまざまな部分について模型を作り、合理的と思われる三次元構造を考え出した。模型を作るという、単純ではあるが優れた方法により、彼はこの問題を一種の三次元ジグソーパズルに変えたのだった。

問題は、アルファらせんが単によくできた構造だというだけでなく、正しいかどうかだった。わずか一週間後、私はその答えを得た。X線結晶学の発明者で、一九一五年にノーベル物理学賞を受賞したイギリス人、ローレンス・ブラッグ卿がコペンハーゲンにやってきて熱心に語ったところによれば、ブラッグの後輩であるオーストリア生まれの化学者マックス・ペルツが、合成ポリペプチドをうまく使ってポーリングのアルファらせんの正しさを確かめたという。

それはブラッグのキャベンディッシュ研究所にとってはほろ苦い勝利だった。前年、彼らはポリペプチド鎖のらせん形状として可能なものを調べ上げて論文にしていたのだが、そのときアルファらせんを見逃していたのである。

ローレンス・ブラッグ（左）と、アルファらせんの模型を運ぶライナス・ポーリング。

クリックとの出会い

　ちょうどそのころ、サルバドール・ルリアは私のために、科学界ではもっとも有名なキャベンディッシュ研究所で研究員になれるよう手配してくれていた。アーネスト・ラザフォードがはじめて原子構造を解明したのもこの研究所だった。現在はブラッグの領土であるこの研究所で、私はイギリス人化学者ジョン・ケンドルーの下につくことになった。彼が関心をもっていたのは、タンパク質ミオグロビンの三次元構造の決定だった。

ルリアは私に、できるだけ早くキャベンディッシュに行ったほうがいいと言った。ケンドルーはアメリカに滞在していたが、マックス・ペルツが迎えてくれるとのことだった。これより先、ケンドルーとペルツはケンブリッジ大学に、「生物学的系構造研究室」（以下、構造研究室）を立ち上げていた。

一ヵ月後、私はケンブリッジにいた。ペルツは、必要なX線回折理論はすぐに覚えられるだろうし、構造研究室はこぢんまりしているから、仲間ともすぐにうちとけられるだろうと請け合ってくれた。私がもともと生物学をやっていたことは気にかけていないようで、それにはほっとさせられた。私のようすを見に少しだけ姿を見せたローレンス・ブラッグも、その点は同じようだった。

十月の初めにケンブリッジの構造研究室に到着したとき、私は二十三歳だった。ここでは元物理学者で三十五歳のフランシス・クリックと同じ部屋を使うことになった。クリックは第二次大戦中、海軍省で磁気機雷の開発に従事していた。戦後は軍の研究所にとどまるつもりだったが、彼もまたシュレーディンガーの『生命とは何か』を読み、生物学に移ってきたのだった。このころ彼は博士号取得のためにキャベンディッシュでタンパク質の三次元構造を研究していた。

クリックは、問題が重大で複雑なほど熱くなる男だった。際限なく質問をしてくる我が子にうんざりしたクリックの両親は、少年だった彼の好奇心を満足させようと、子ども向けの百科事典を買い与えた。それを見た彼は不安になり、自分が大きくなるまでに謎がみんな解かれてしまうのではないかと母親に打ち明けた。母親は、クリックの解く分もひとつかふたつは残っているよと言って安心させたのだった（実際、そのとおりになった）。

話し上手なクリックは、どんな集まりでも注目の的だった。キャベンディッシュの廊下にはいつも彼の笑い声が響いていた。彼はこの構造研究室きっての理論家であり、月に一度は新しいアイディアを思いつき、耳を傾けてくれる相手を探しては、最新の理論をこと細かに話して聞かせるのだった。

キャベンディッシュ研究所でのフランシス・クリック。

私たちが初めて会った朝、私がケンブリッジへ来たのはＤＮＡの構造を解明するために結晶学を学ぶのが目的だと知って、クリックは目を輝かせた。まもなく私は、直接モデルを作って構造を調べるというポーリングの手法をまねてみてはどうだろうかと、クリックに尋ねてみた。実際にモデルを製作するまでには、これからまだ何年も回折実験を続けなければならないのだろうか？　DNA構造研究の現状を知るために、クリックは戦争中に友だちになっていたロンドンのモーリス・ウィルキンスを日曜日の昼食に招いた。こうして私たちは、ウィルキンスがナポリでの発表以降どんな進展を遂げていたかを知ることができた。

ウィルキンスは、DNAはらせん構造をしており、そのらせんは互いに絡み合ったヌクレオチドの鎖からできていると思うと語った。あとはその鎖の数を決めるだけだ、と。そのころウィルキンスは、DNA線維の密度から、鎖は三本ではないかと考えていた。彼はモデルの製作に取りかかりたいと思っていたが、その彼の前に、キングスカレッジの生物学研究室に新しく入ってきた、ロザリンド・フランクリンという障害が立ちはだかったのだ。

フランクリンはケンブリッジ大学で学んだ三十一歳の物理化学者で、プロの研究者として自己を確立することに執念を燃やしていた。二十九歳の誕生日に彼女が望んだことはただひとつ、自分専用に、研究分野の専門誌『アクタ・クリスタログラフィカ』を購読契約してもらうことだった。

彼女は論理的で几帳面で、自分と同じようにできない者には我慢がならないというタイプだった。またはっきりとした意見をもつことが多く、彼女の博士論文指導教授で、のちにノーベル賞を受賞するロナルド・ノリッシュのことを、「愚かで偏狭で嘘つきで不作法で横暴」と評したこともある。研究室の外では、強い意志をもつ勇敢な登山家だった。またロンドンの上流階級出身である彼女は、研究室での仕事に疲れると、白衣から優雅なイブニングドレスに着替えて夜の街に姿を消すこともあった。

フランクリンがキングスカレッジのＤＮＡプロジェクトに参加することになったのは、ちょうどウィルキンスが留守中のことだった。不幸にも、このふたりはまるで反りが合わなかった。フランクリンは単刀直入にものを言い、データを重視するのに対し、ウィルキンスは内省的だった。ふたりが協力し合う日は決して来ないように思われた。

ロザリンド・フランクリン。大好きだった山歩きのひとこま。

ウィルキンスが私たちの昼食の招待を受ける直前、ふたりは大げんかをしていた。そのときフランクリンは、もっと回折データを集めてからでないとモデルの製作など始められないと言い張ったという。その後ふたりはまともに口もきかなくなり、十一月の初めにフランクリンが研究室でのセミナーを行うまで、ウィルキンスは彼女の研究の進展具合を知ることができなかったのだ。ウィルキンスは、もしよければと私たちをそのセミナーに招いてくれた。

クリックは都合が悪かったので、私はひとりでセミナーに出席し、結晶DNAに関して重要だと思われるところを後でクリックに説明することになった。私はとくに、結晶DNAの反復に関するところと、水分含有量の測定結果のところをクリックに説明した。彼はそれを聞くなり、紙にらせんを描きはじめた。そして、いまに私にも回折パターンから分子モデルがイメージできるようになるよと言ってくれた——彼は、ビル・コクランやヴラディミール・ヴァントとともに、らせんのX線解析に関する新理論を作っていたのである。

ケンブリッジに帰ると私はすぐに、キャベンディッシュ研究所の工作部門に頼んで、リンの原子モデルを作ってもらうことにした。DNAに見られる糖とリン酸の骨格を作る部品として、リンの原子モデルが必要だったからだ。それができあがると私たちは、その骨格がDNA分子の中心部でどんなふうに絡み合っているのかを突き止めようと、さまざまな配列を試してみた。それは、どの原子も矛盾なく繰り返し並ぶような、規則的な構造でなければならなかった。ウィルキンスの直感に従い、私たちは鎖が三本あるモデルに注目した。たぶんこれだろうと思えるモデルができあがると、クリックはウィルキンスに電話をかけ、DNAかもしれない構造のモデルができたと知らせた。

翌日、ウィルキンスとフランクリンが私たちのモデルを見にやってきた。思ってもいなかった競争相手の出現という脅威の前に、同じ目的をもつふたりは一時的に和解したようだった。しかしフランクリンはモデルを一目見るなり、私たちの考え方は基本的に間違っていると指摘した。私の記憶によれば、フランクリンのセミナーでは、結晶ＤＮＡには水はほとんど含まれていないという話になっていたはずだった。ところがそれは完全に私の勘違いだったのだ。結晶学に関して初心者だった私は、「単位胞（unit cell）」と「非対称単位（asymmetric unit）」を混同していたのである。

結晶ＤＮＡには実際には水分がたっぷり含まれていた。それゆえ、彼女が結晶中に見いだした水分子を収めるためだけでも、糖とリン酸からなる骨格は外側に存在しなければならず、私たちのモデルのように中央にあってはならないとフランクリンは指摘したのだった。

十一月のこの悲惨な出来事は、後々まで尾を引くことになった。フランクリンは、モデルを作ることにますます強固に反対するようになった。玩具のような原子モデルで遊んでいる暇があったら、しっかり実験をするべきだというのが彼女の考えだった。

さらに悪いことに、クリックと私はローレンス・ブラッグ卿から、ＤＮＡモデルの製作から手を引くようにと言い渡されたのだ。しかも、ＤＮＡ研究はキングスカレッジの研究室に任せて、ケンブリッジではタンパク質だけをやるようにとまで言われてしまった。たまたま同じ機関から助成金を受けていたふたつの研究室が互いに争っても無意味だというのである。その意見に対抗できるほどの良案も浮かばなかったクリックと私は、いやいやながら当面はそれに従わざるをえなかった。

二重らせんの発見

指をくわえてＤＮＡ研究を見ているのは楽しいことではなかった。ライナス・ポーリングはウィルキンスに手紙を出し、結晶ＤＮＡの回折パターンを見せてほしいと言ってきた。ウィルキンスはもう少し自分で分析したいからと言ってそれを断ったが、ポーリングは別にキングスカレッジのデータに頼る必要もなかった。その気になれば、彼はカルテックで本格的なＸ線回折の研究をすぐにも始められるはずだったからだ。

その春、しかたなくＤＮＡから離れることになった私は、キャベンディッシュの新しい強力なＸ線を使い、鉛筆のような形をしたタバコモザイクウイルスに関する戦前の研究を発展させる仕事に取りかかった。この実験はさして難しいものではなかったので、私は空いた時間にケンブリッジ大学内のあちこちにある図書室を訪れてみた。動物学棟ではエルヴィン・シャルガフの論文を読んだが、そこにはＤＮＡ塩基のアデニンとチミンがほぼ等量であり、グアニンとシトシンも同様であると書いてあった。

この一対一の比率のことをクリックに話すと、彼は、ＤＮＡ複製のとき、一方の鎖に残ったアデニンがチミンに引きつけられるか、あるいはその逆が起こり、同じことがグアニンとシトシンとのあいだでも起こるのではないかと言った。もしそうだとすれば、「親」の鎖上にある塩基配列（たとえばATGC）は、「娘」の鎖上のそれと相補的（この場合TACG）になるはずだ。

この考えはそれっきりになっていたが、一九五二年の夏、エルヴィン・シャルガフその人が、パリで開かれる国際生化学会議へ行く途中にケンブリッジへ立ち寄った。シャルガフは、クリックと私がふたりとも、四つの塩基の化学構造など知らなくてもいいと思っていることに不快感を露（あらわ）にした。必要になったら教科書を調べればいいと言うと、ますます腹を立てた。私は、塩基の比率には関わらずにすむことを願いながらその場を去った。一方、クリックは発奮して、溶液中でアデニンとチミン（またはグアニンとシトシン）が混ざったときに何ができるかを調べる実験に取りかかった。だが、その実験からは何の成果も得られなかった。

シャルガフと同様、ライナス・ポーリングもパリの会議に出席した。会議での大きなニュースは、ファージ・グループによる最新の研究結果だった。コールドスプリングハーバー研究所のアルフレッド・ハーシェイとマーサ・チェイスが、エーヴリーの形質転換の原則を確認したのである。遺伝物質はＤＮＡだったのだ。

ハーシェイとチェイスは、ファージ・ウイルスのＤＮＡだけが細菌の細胞に入り、タンパク質の膜は外に残されたままであることを立証した。これにより、遺伝子の本質を明らかにしようと思えば、分子レベルでＤＮＡを理解しなければならないことがはっきりした。ポーリングはハーシェイとチェイスの研究結果を受けて、その恐るべき知力と化学の知識を傾けてＤＮＡ問題に取りかかるに違いないと私は思った。

そして実際ポーリングは、一九五三年に入るとまもなく、ＤＮＡのおおまかな構造に関する論文を発表した。その論文をおそるおそる読んでみると、彼が提示していたのは、糖とリン酸の骨格が、中心部分で密度の高い芯になっている三重鎖のモデルだった。一見すると、私たちが十五ヵ月前に失敗したモデルとよく似ていた。しかしポーリングのモデルでは、なんとリン酸基がイオン化していなかった――各リン酸基には水素原子がくっつき、その水素原子による水素結合によってリン酸が保持される構造になっていたのだ。

そんな水素結合が安定であるためには強い酸性条件が必要になるが（それぐらいは生物学者の私にもわかった）、細胞中ではそれほどの酸性は決して見られない。私は近くにあるアレクサンダー・トッドの有機化学研究室に駆け込み、そして確信した。ありえないことが起こったのだ。世界一とは言わないまでも世界屈指の化学者が、専門の領域でミスを犯したのである。私たちが解明すべきはデオキシリボ核酸なのに、ポーリングの提案した構造は酸ですらなかった。

私はその論文をもってロンドンに急行し、ウィルキンスとフランクリンにゲームはまだ終わっていないことを知らせた。ＤＮＡはらせんではないと確信していたフランクリンは論文を読もうとすらせず、私がらせん構造を支持するクリックの理論を説明しても、ポーリングの考えはおかしいと言うばかりだった。

しかしウィルキンスは私の知らせにとても興味を示し、ＤＮＡがらせんであるという確信をこれまでになく強くしたようすだった。そしてウィルキンスはらせん説の正しさを示そうと、フランクリンの指導している大学院生レイモンド・ゴスリングが六ヵ月以上前に撮った写真を私に見せてくれた。

それはＢ型ＤＮＡと言われるものの写真だった。当時の私はＢ型の存在すら知らなかった。フランクリンはＢ型を重視せず、Ａ型からのほうが役に立つデータを得られそうだと考えてＡ型にばかり注目していたからである。Ｂ型のＸ線パターンははっきりした十字形だった。そのような反射パターンがらせんによって作られるということは、クリックや他の学者たちによってすでにわかっていたから、この写真からＤＮＡがらせんで

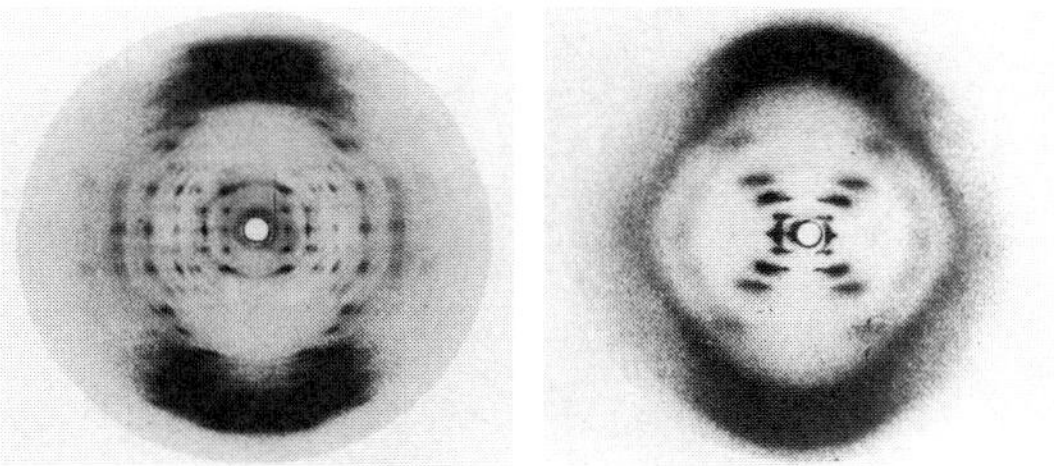

モーリス・ウィルキンスによるA型DNAのX線写真（左）と、ロザリンド・フランクリンによるB型DNAのX線写真。分子構造の違いは、各DNA分子に含まれる水の量による。

あることは明らかだった！

フランクリンはまったく取り合わなかったが、考えてみれば、らせんになるのは当然とも言えた。ＤＮＡのヌクレオチドのように、ある構成単位を繰り返す細長い物質にとって、もっとも合理的な配列がらせんであることは、幾何学的な考察からも示唆されるからである。だが、そのらせんがどのような姿をしているのか、鎖は何本あるのかは、まだわからなかった。

ついにＤＮＡのらせんモデルを作るべきときがきた。ポーリングはすぐに自分の考えが誤りだったことに気づくに違いない。私はウィルキンスに、時間を無駄にするなと言った。だが彼は、その春遅くにフランクリンが他の研究室へ移るのを待ちたいようすだった。彼女はキングスカレッジでの不愉快な状態から抜け出すべく、自分からよそへ移ることを決心したのだ。その前に、彼女はＤＮＡに関する研究をやめるよう命じられており、多くの回折画像をすでにウィルキンスに譲っていた。

ケンブリッジへ戻ってＤＮＡのＢ型のことを知らせると、ブラッグとしても、もはやクリックと私がＤＮＡを研究するのを止める理由はなくなった。彼はイギリスでＤＮＡの構造が解明されることを強く願っていたのである。

私たちはすぐにモデル製作に復帰し、すでにわかっているＤＮＡの基本的構成要素――ＤＮＡ分子の骨格と四つの塩基、アデニン、チミン、グアニン、シトシン――が、どんなふうにらせんを形成しているのかを模索した。私はキャベンディッシュの工作室にブリキで塩基模型を作ってくれと依頼したが、それには多少時間がかかりそうだった。そこで私は丈夫な厚紙を切ってそれに近いものを作ることにした。

そのころまでに私は、DNAの密度の測定から、三本鎖より二本鎖のほうがわずかに有利だということに気づいていた。私は、どんな二重らせんならうまくいきそうかを探ってみることにした。生物学者としては、遺伝分子を構成する要素が三よりは二であるほうが好ましく思われた。染色体にしても、細胞同様二倍ずつ増えていくのであって、三倍ではないのだから。

私たちが以前作った、骨格が中心にあり、それに塩基がぶら下がる構造は誤りであることがわかっていた。私はそのときまで、ノッティンガム大学で得られた化学的な証拠をずっと無視していたが、それは塩基が互いに水素結合していなければならないことを示していた。もしも塩基が分子の中心にあるなら、あのX線回折データが示す規則的な配列で結合しているはずである。だが、どういう組み合わせならそれが可能になるだろうか?

それからの二週間、私は無駄にそのことを考え続けた。というのも、私のもっていた核酸の教科書が間違っていたからだ。幸いにも二月二十七日、キャベンディッシュを訪れたカルテックの理論化学者ジェリー・ドナヒューがそのことを教えてくれ、私は厚紙製の分子の水素原子の位置を変更した。

翌朝、一九五三年二月二十八日、ついにＤＮＡモデルの鍵となる特徴が明らかになった。二本の鎖を保持していたのは、アデニンとチミン、グアニンとシトシンという組み合わせによる強力な水素結合だった。前年、シャルガフの研究にもとづいてクリックが推測したことは正しかったのだ。アデニンはチミンと、グアニンはシトシンと結合する――しかしそれは分子の面が上下に重なるのではない。研究室にやってきたクリックはたちまちすべてを理解し、塩基を対にするという私の案に同意した。彼はすぐに、二本の鎖が互いに逆方向に伸びていることに気がついた。

それは最高の瞬間だった。私たちはそれが正解だと確信した。これほど単純明快な構造は正解に決まっていた。いちばん興奮させられたのは、二本の鎖に沿って並ぶ塩基配列の相補性だった。一方の鎖の塩基配列がわかれば、自動的にもう一本の配列がわかる。細胞分裂に先立って起こる染色体の分裂の際、遺伝子の遺伝情報がなぜあれほど正確に複製されるのかが、これで明らかになったのだ。分子はファスナーを開くようにして二本の鎖に分かれ

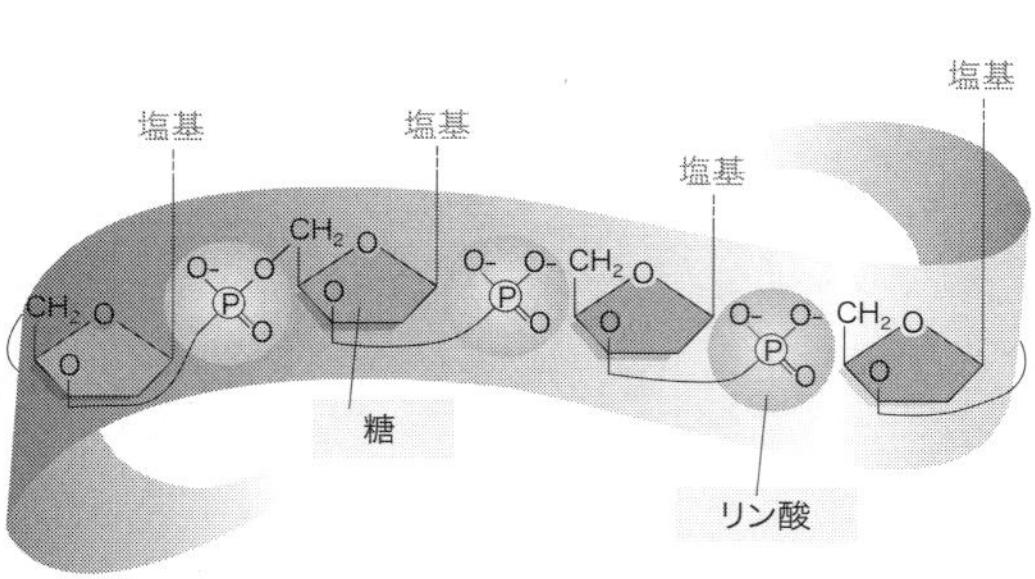

DNAの化学的骨格。

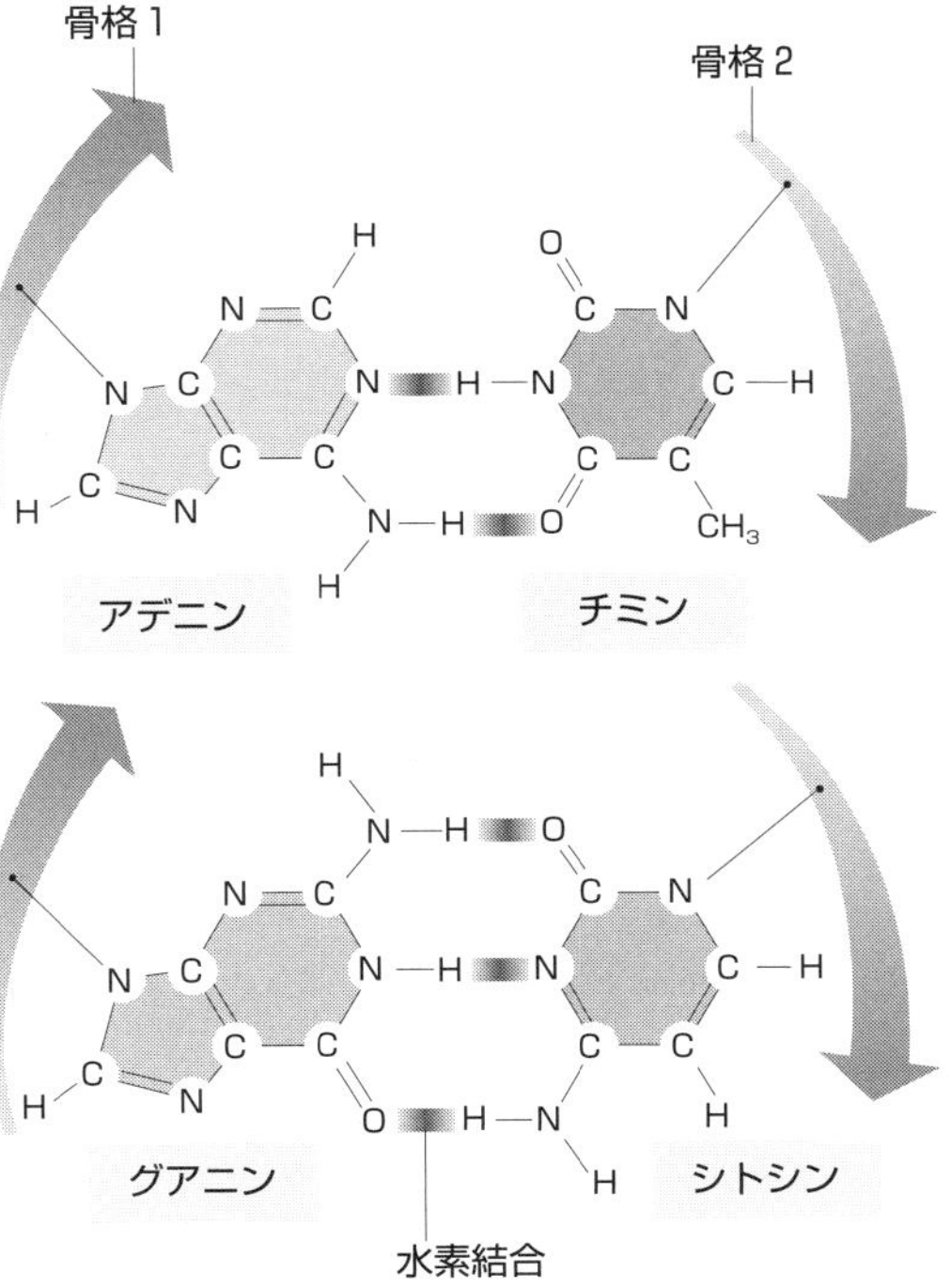

塩基の相補的組み合わせに気づいたことで、パズルのピースはすべて合った。

る。そしてそれぞれの鎖が、新しく作られる鎖を作るための鋳型となり、ひとつだった二重らせんがふたつになるのである（口絵①）。

興奮とやっかみのはざまで

『生命とは何か』の中でシュレーディンガーは、生命を作り出す言語は点と線で表されるモールス信号のようなものかもしれないと述べていた。それはあながち的はずれではなかった。DNAの言語は、アデニン、チミン、グアニン、シトシンが直線的に並んだものだった。そして、たとえば本を書写しようとすれば思いがけない書き間違いが起こるように、染色体上でアデニン、チミン、グアニン、シトシンが複製されるときにも、ごくたまにミスが起こる。

このミスこそが、遺伝学者が五十年近く問題にしてきた突然変異なのである。英語では「i」が「a」に変わると、「Jim」が「Jam」になってしまうが、DNAの世界では、チミンがシトシンに変わると、「ATG」が「ACG」になってしまうのだ。

二重らせんは化学的にも生物学的にも理にかなっていた。遺伝暗号文がどのように複製されるかを理解するためには、新しい物理学法則が必要かもしれないというシュレーディンガーの言葉を気にかける必要はもはやなくなった。遺伝子と既存の化学のあいだには、何の矛盾も存在しなかったのだ。

その日、キャベンディッシュ研究所近くの居酒屋イーグル亭で昼食をとっているとき、おしゃべり好きなクリックは、そこらじゅうの人に自分たちが「生命の神秘」を解明したのだと話さずにはいられなかった。私もそうしたくてたまらなかったが、それでも人に見せられるだけのちゃんとした三次元モデルを作るまではがまんした。

証拠のモデルを最初に目にした人たちのひとりに、化学者のアレクサンダー・トッドがいた。

遺伝子の本質がこれほど単純だったということに、彼は驚き、喜んだ。だが彼はその後、ＤＮＡ鎖のおおまかな化学的構造を明らかにした自分の研究室が、なぜ鎖の三次元構造を解明しなかったのかと自問したに違いない。ＤＮＡ分子の本質は、彼らではなく、大学生レベルの化学の知識すらもたない生物学者と物理学者の二人組によって発見されてしまったのである。

しかし逆説的ではあるが、少なくとも部分的には、無知は成功の鍵だった。最初に二重らせんにたどりついたのがクリックと私だったのは、当時の大多数の化学者が、ＤＮＡ分子は大きすぎるため化学的分析では理解できないと考えていたからなのだ。

ＤＮＡの三次元構造を解明しようと考えた化学者はふたりだけだったが、その人たちも戦術的に大きな間違いを犯した。ロザリンド・フランクリンはモデル製作を拒み、ライナス・ポーリングはＤＮＡに関する既存の文献、とくに塩基の組成に関するシャルガフのデータを読むのを怠った。皮肉なことに、一九五二年に開かれたパリ国際生化学会議の後、ポーリングとシャルガフは同じ船で大西洋を渡ったのだが、ふたりは反りが合わなかった。

ポーリングは常に正しく、そのことに慣れきっていた。彼は、第一原理から出発して自力で解けないような化学上の問題などないと思っていた。そしてたいていの場合、この自信は的はずれではなかった。冷戦時代、アメリカの核兵器開発計画に対して鋭い批判をしたポーリングは、講演後にＦＢＩから取り調べを受けたことがあった。原子爆弾に使われているプルトニウムの量をどうやって知ったのかと問われて、ポーリングはこう答えた。「誰にも聞いていないさ、自分で突き止めたんだ」

発見から数ヵ月のあいだ、クリックと、彼ほどではないが私も、次々とやってくる好奇心でいっぱいの科学者たちに喜んでこのモデルを見せた。だが、ケンブリッジの生化学者たちが、生化学科で開かれる正式な講演に私たちを招くことはなかった。連中は私たちふたりのイニシャルと、イギリスでトイレを指す言葉をかけて、このDNAモデルのことを「WC」と呼んだ。私たちが実験もせずに二重らせんを発見したのが気に入らなかったのだろう。

四月の初めに『ネイチャー』誌へ送った原稿は、約三週間後の一九五三年四月二十五日号に発表された。それにはフランクリンとウィルキンスによる二篇の長い論文も添えられていた。どちらも私たちのモデルがおおむね正しいことを裏づける内容だった。

六月にコールドスプリングハーバーで開かれたウイルスに関するシンポジウムで、私は初めて自分たちのモデルについて発表した。シンポジウム直前に、マックス・デルブリュックが、私を招くよう取りはからってくれたのだ。キャベンディッシュで製作した、アデニンとチミンの塩基対を赤、グアニンとシトシンの塩基対をグリーンで表した三次元モデルをもって、私は知的刺激に満ちた会合へと出かけていった。

そのとき聴衆のなかにシーモア・ベンザーがいた。彼もまたシュレーディンガーの著作に影響

No. 4356 April 25, 1953 NATURE 737

MOLECULAR STRUCTURE OF NUCLEIC ACIDS

A Structure for Deoxyribose Nucleic Acid

WE wish to suggest a structure for the salt of deoxyribose nucleic acid (D.N.A.). This structure has novel features which are of considerable biological interest.

A structure for nucleic acid has already been proposed by Pauling and Corey[1]. They kindly made their manuscript available to us in advance of publication. Their model consists of three inter-twined chains, with the phosphates near the fibre axis, and the bases on the outside. In our opinion, this structure is unsatisfactory for two reasons: (1) We believe that the material which gives the X-ray diagrams is the salt, not the free acid. Without the acidic hydrogen atoms it is not clear what forces would hold the structure together, especially as the negatively charged phosphates near the axis will repel each other. (2) Some of the van der Waals distances appear to be too small.

Another three-chain structure has also been suggested by Fraser (in the press). In his model the phosphates are on the outside and the bases on the inside, linked together by hydrogen bonds. This structure as described is rather ill-defined, and for this reason we shall not comment on it.

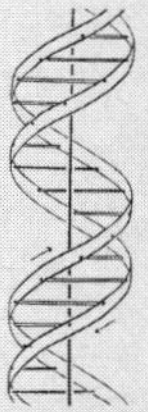

This figure is purely diagrammatic. The two ribbons symbolize the two phosphate—sugar chains, and the horizontal rods the pairs of bases holding the chains together. The vertical line marks the fibre axis

We wish to put forward a radically different structure for the salt of deoxyribose nucleic acid. This structure has two helical chains each coiled round the same axis (see diagram). We have made the usual chemical assumptions, namely, that each chain consists of phosphate diester groups joining β-D-deoxyribofuranose residues with 3′,5′ linkages. The two chains (but not their bases) are related by a dyad perpendicular to the fibre axis. Both chains follow right-handed helices, but owing to the dyad the sequences of the atoms in the two chains run in opposite directions. Each chain loosely resembles Furberg's[2] model No. 1; that is, the bases are on the inside of the helix and the phosphates on the outside. The configuration of the sugar and the atoms near it is close to Furberg's 'standard configuration', the sugar being roughly perpendicular to the attached base. There is a residue on each chain every 3·4 A. in the z-direction. We have assumed an angle of 36° between adjacent residues in the same chain, so that the structure repeats after 10 residues on each chain, that is, after 34 A. The distance of a phosphorus atom from the fibre axis is 10 A. As the phosphates are on the outside, cations have easy access to them.

The structure is an open one, and its water content is rather high. At lower water contents we would expect the bases to tilt so that the structure could become more compact.

The novel feature of the structure is the manner in which the two chains are held together by the purine and pyrimidine bases. The planes of the bases are perpendicular to the fibre axis. They are joined together in pairs, a single base from one chain being hydrogen-bonded to a single base from the other chain, so that the two lie side by side with identical z-co-ordinates. One of the pair must be a purine and the other a pyrimidine for bonding to occur. The hydrogen bonds are made as follows: purine position 1 to pyrimidine position 1; purine position 6 to pyrimidine position 6.

If it is assumed that the bases only occur in the structure in the most plausible tautomeric forms (that is, with the keto rather than the enol configurations) it is found that only specific pairs of bases can bond together. These pairs are: adenine (purine) with thymine (pyrimidine), and guanine (purine) with cytosine (pyrimidine).

In other words, if an adenine forms one member of a pair, on either chain, then on these assumptions the other member must be thymine; similarly for guanine and cytosine. The sequence of bases on a single chain does not appear to be restricted in any way. However, if only specific pairs of bases can be formed, it follows that if the sequence of bases on one chain is given, then the sequence on the other chain is automatically determined.

It has been found experimentally[3,4] that the ratio of the amounts of adenine to thymine, and the ratio of guanine to cytosine, are always very close to unity for deoxyribose nucleic acid.

It is probably impossible to build this structure with a ribose sugar in place of the deoxyribose, as the extra oxygen atom would make too close a van der Waals contact.

The previously published X-ray data[5,6] on deoxyribose nucleic acid are insufficient for a rigorous test of our structure. So far as we can tell, it is roughly compatible with the experimental data, but it must be regarded as unproved until it has been checked against more exact results. Some of these are given in the following communications. We were not aware of the details of the results presented there when we devised our structure, which rests mainly though not entirely on published experimental data and stereochemical arguments.

It has not escaped our notice that the specific pairing we have postulated immediately suggests a possible copying mechanism for the genetic material.

Full details of the structure, including the conditions assumed in building it, together with a set of co-ordinates for the atoms, will be published elsewhere.

We are much indebted to Dr. Jerry Donohue for constant advice and criticism, especially on inter-atomic distances. We have also been stimulated by a knowledge of the general nature of the unpublished experimental results and ideas of Dr. M. H. F. Wilkins, Dr. R. E. Franklin and their co-workers at King's College, London. One of us (J. D. W.) has been aided by a fellowship from the National Foundation for Infantile Paralysis.

J. D. WATSON
F. H. C. CRICK

Medical Research Council Unit for the Study of the Molecular Structure of Biological Systems,
Cavendish Laboratory, Cambridge.
April 2.

[1] Pauling, L., and Corey, R. B., *Nature*, 171, 346 (1953); *Proc. U.S. Nat. Acad. Sci.*, 39, 84 (1953).
[2] Furberg, S., *Acta Chem. Scand.*, 6, 634 (1952).
[3] Chargaff, E., for references see Zamenhof, S., Brawerman, G., and Chargaff, E., *Biochim. et Biophys. Acta*, 9, 402 (1952).
[4] Wyatt, G. R., *J. Gen. Physiol.*, 36, 201 (1952).
[5] Astbury, W. T., Symp. Soc. Exp. Biol. 1, Nucleic Acid, 66 (Camb. Univ. Press, 1947).
[6] Wilkins, M. H. F., and Randall, J. T., *Biochim. et Biophys. Acta*, 10, 192 (1953).

発見を発表する非常に短い私たちの論文。同じ号にはロザリンド・フランクリンとモーリス・ウィルキンスの長い論文も掲載された。

を受けた元物理学者のひとりだった。ウイルスの突然変異を研究していた彼は、私たちの開けた突破口がどれほど大きな意味をもつかを即座に理解した。彼は、モーガンズ・ボーイたちが四十年前にショウジョウバエの染色体で行ったのと同じことを、バクテリオファージの短いDNA上で行えることに気がついた。そして、ショウジョウバエを使ったパイオニアたちが染色体上に遺伝子を位置づけたように、彼は遺伝子上に突然変異を位置づける（つまり並び方を決定する）ことになるのである。

モーガンと同様、ベンザーもまた遺伝子の新しい組み合わせを作るために組み換え現象を利用した。ところが、モーガンはあらかじめ存在する組み換えのメカニズム（ショウジョウバエの生殖細胞の生成）を利用できたのに対し、ベンザーは細菌の宿主細胞にバクテリオファージの二種類の変種を同時に感染させることにより、自ら組み換えを引き起こさなければならなかった。二種類の変種はそれぞれ、調べている領域にひとつ以上の突然変異をもっていた。細菌の細胞内では、別々のウイルスのDNA分子間でときおり組み換え（分子の断片の交換）が起こり、新しい突然変異の配列、いわゆる「組み換え体」が作り出される。

パルデュー大学の研究室で、彼はそれからわずか一年のあいだに驚くべき研究成果をあげ、バクテリオファージのひとつの遺伝子について遺伝子地図を作り上げた。その地図は、一連の突然変異（すなわち遺伝暗号文中の異常のすべて）が、ウイルスのDNA上でどんな順序で並んでいるかを示すものだった。

コールドスプリングハーバーで行われた二重らせんに関する私の講演に対し、ハンガリーの物理学者レオ・シラードはあまり学問的ではない反応を示した。彼は、「特許は取れるのか？」と尋ねたのである。シラードは、アインシュタインと共同で取った特許が主な収入源だった時期があり、一九四二年にエンリコ・フェルミと一緒にシカゴ大学で作った原子炉で特許を取ろうとして失敗していた。当時も今も、特許は実用的な発明にのみ与えられるものであり、そのころは誰もＤＮＡの実用化など考えもしなかった。おそらくあのときシラードは、著作権を取っておくべきだと言いたかったのだろう。

ＤＮＡ複製の証明

二重らせんという名のジグソーパズルには、ひとつだけ欠けているピースがあった。ＤＮＡが複製されるとき、ファスナーを開くようにほどけるという考えは、まだ実験によって確かめられていなかったのである。たとえばマックス・デルブリュックはこれに懐疑的だった。彼は二重らせんモデルは気に入っていたが、それがファスナーのように開いたら、きれいに分かれずにこんがらがってしまうのではないかと心配していた。

だがそれから五年後、ポーリングの学生だったマット・メセルソンと、彼に負けず劣らず優秀

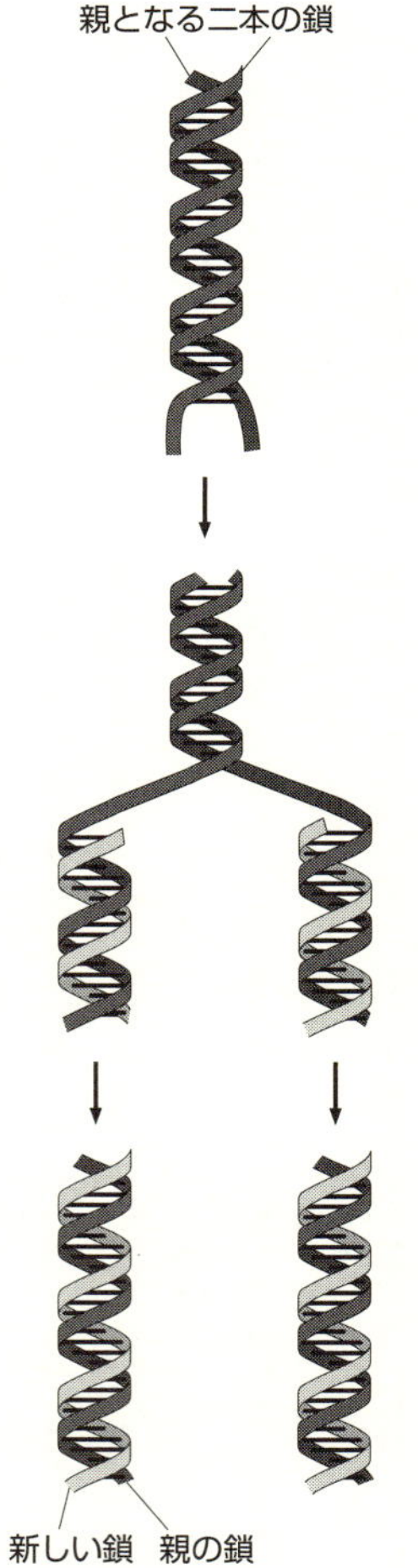

DNAの複製。二重らせんがほどけ、それぞれの鎖が複写される。

な若いファージ研究者フランク・スタールが明快な実験結果を発表し、そんな心配は無用であることを証明した。

ふたりは一九五四年の夏、ちょうど私が講演を行っていたマサチューセッツ州のウッズホール臨海実験所で出会い、ともにマティーニを楽しみ、意気投合して一緒に研究することにした。ふたりの研究成果は、「生物学でもっとも美しい実験」と言われている。

彼らは遠心分離のテクニックを使い、重量のわずかな差によって分子を選り分けた。遠心分離器で回転させると、重い分子は軽い分子よりも試験管の底のほうへ落ちていく。窒素原子（N）はDNAの成分のひとつであり、しかも軽いものと重いものとの二種類あるので、メセルソンとスタールはそれを目印にDNAの断片を識別し、細菌の内部で行われる複製のプロセスを追跡し

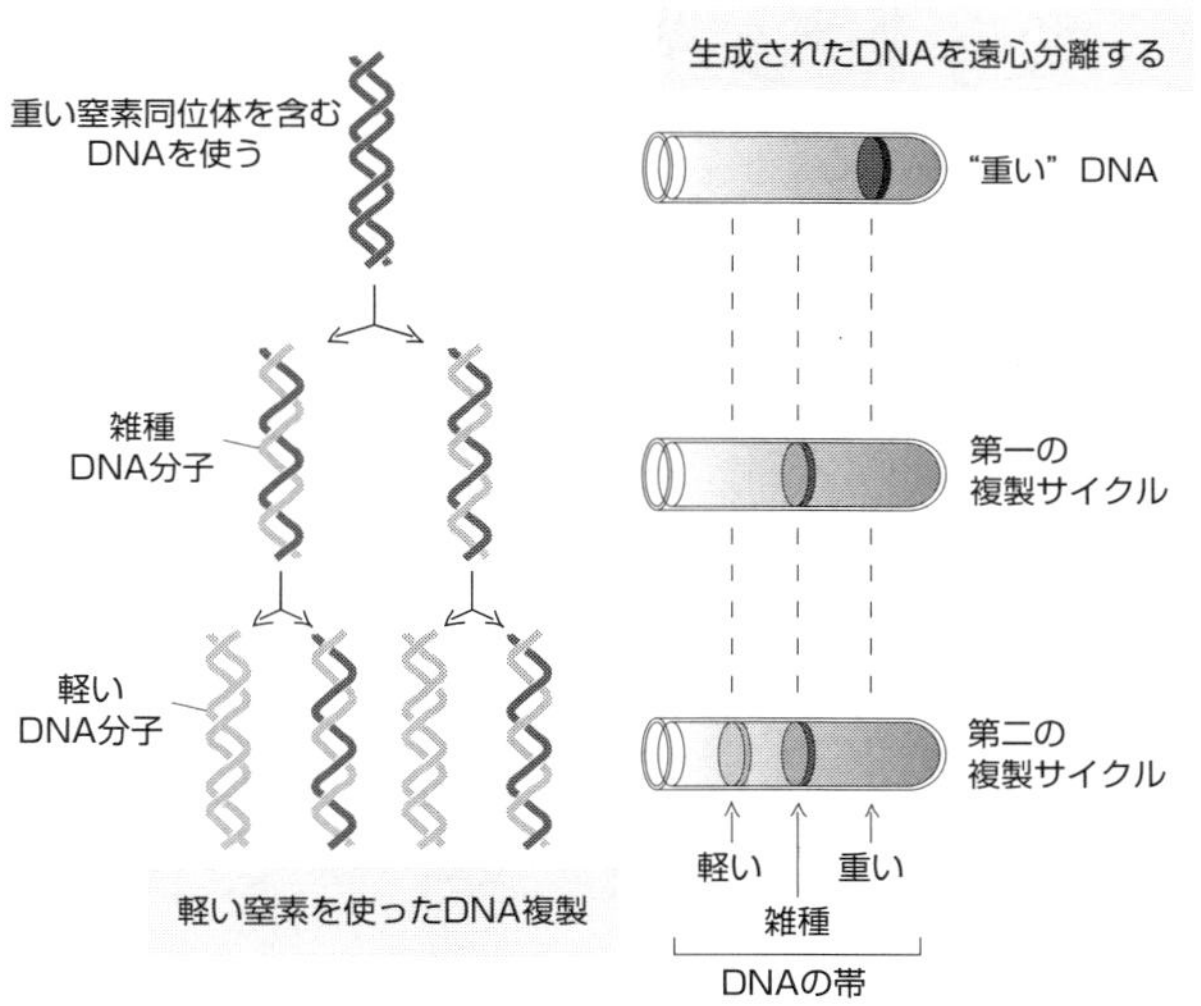

メセルソン-スタール実験。

た。

初め、細菌のすべてを重いほうの窒素を含む培地で育てると、重い窒素はDNAのどちらの鎖にも含まれた。培養された細菌からサンプルを取り、それを軽いほうの窒素だけを含む培地へ移し、次にDNAの複製が起こったときは必ず軽い窒素が利用されるようにする。クリックと私が予測したように、もしDNAの複製のときに二重らせんがファスナーのように開いて、それぞれの鎖が複写されるのであれば、この実験で得られるふたつの「娘」DNA分子は雑種となり、それぞれが、重い窒素をもつ鎖（「親」分子から得られ、鋳型となる鎖）と、軽い窒素をもつ鎖（新しい培地で作られた新しい鎖）とから構成されるはずだった。

マット・メセルソン。傍らの装置は、「生物学におけるもっとも美しい実験」を支えた超遠心分離器。

メセルソンとスタールは遠心分離処理により、この予測を精密に証明した。遠心分離管の中には三つの帯ができた。すなわち、二本鎖の両方が重い窒素を含むサンプル、両方が軽い窒素を含むサンプル、そしてその中間の、重い窒素を含む鎖と軽い窒素を含む鎖とから成るサンプルである。ＤＮＡの複製は、私たちのモデルが示唆するとおりに行われていたのだ。

ＤＮＡ複製の生化学的な要点については、ほぼ同じころ、セントルイスにあるワシントン大学のアーサー・コーンバーグの研究室で分析されていた。ＤＮＡ合成のための〝無細胞系〟（生きた細胞を使わない方法）を開発することにより、コーンバーグはＤＮＡの構成要素をつなげ、ＤＮＡ骨格の化学結合を促す酵素（ＤＮＡポリメラーゼ）を発見した。ＤＮＡが酵素によって合成されるという発見は誰も予期しなかった重大な出来事だったため、それから二年も経たない一九五九年に、彼はノーベル医学・生理学賞を受賞した。受賞が発表された後、私が一九五三年にコールドスプリングハーバーへもっていった二重らせん模型の複製を手にするコーンバーグの写真が撮影されている。
フランシス・クリック、モーリス・ウィルキンス、そして私がノーベル医学・生理学賞を受賞したのは、ようやく一九六二年のことだった。その四年前、ロザリンド・フランクリンは、卵巣がんのために三十七歳の若さで亡くなっていた。クリックと親しくなったフランクリンは、二度の手術の後、クリックと彼の妻オディールとともにケンブリッジで療養していたが、結局、がんの進行を止めることはできなかった。

ノーベル賞受賞当時のアーサー・コーンバーグ。

ノーベル賞委員会では、ひとつの賞を同時に受賞できるのは三人までとされてきた。もしフランクリンが生きていたら、彼女とモーリス・ウィルキンスのどちらに賞を与えるかという問題が起きていただろう。ひょっとしたら、ふたりにはノーベル化学賞が与えられていたかもしれない。しかし実際には、ノーベル化学賞は、ヘモグロビンとミオグロビンそれぞれの三次元構造を解明したマックス・ペルツとジョン・ケンドルーのものとなった。

二重らせんの発見は生気論を葬り去った。まっとうな科学者ならば、たとえ宗教的な傾向をもつ人であっても、生命をすっかり理解するためには新しい自然法則など必要ないことを理解した。生命とは、このうえなく精妙に秩序立てられているとはいえ、要するに物理学と化学の問題にすぎなかったのだ。

次なる課題は、ＤＮＡという生命の暗号文がいかに機能するかを明らかにすることだった。細胞はいかなるしくみでＤＮＡ分子のメッセージを読み取っているのだろうか？　次章で明らかになるように、メッセージを読み取るしくみは思いがけず複雑であり、生命の誕生についても深い洞察をもたらすものとなった。

第3章　暗号の解読——DNAから生命へ

オズワルド・エーヴリーの実験により、DNAは形質転換物質としてスポットライトを浴びることになった。しかし遺伝学者たちはそれよりはるか以前から、遺伝物質（その正体が何であれ）が、生物のさまざまな特徴に影響を及ぼすしくみを理解しようとしてきた。メンデルの言う「因子」は、いかにしてエンドウを丸くしたり皺をよせたりするのだろうか？

最初の手がかりが得られたのは、メンデルの研究が再発見されてまもない十九世紀末のことだった。イギリスの医師アーチボルド・ガロッドは、医学校時代の成績もぱっとせず、入院患者への対応も下手だったため、患者を診るのはやめて研究の道に入ったという人物である。ガロッドは、尿に奇妙な色がつくという、ごく稀にしか見られない一群の病気に興味をもった。そのひとつであるアルカプトン尿症は、患者の尿が空気に触れると黒く変色するため、「黒いおむつ症候群」と呼ばれていた。症状だけを見るとぎょっとさせられるが、通常この病気は致命的なものではない。ただし成人後、尿の黒い色素が関節や脊椎に蓄積し、関節炎のような症状を引き起こすことがある。

当時は、色が黒ずむのは内臓に棲みついている細菌が作り出す物質のためだと考えられていたが、ガロッドは、まだ細菌の棲みついていない新生児にもこの症状が見られることから、原因物質を作り出しているのは体そのものだろうと論じた。彼はこの病気が、体の化学的メカニズムの欠陥、彼の言うところの「代謝異常」のせいで起こると考えたのだ。

ガロッドはさらに、アルカプトン尿症が（全体としては稀な病気ではあるが）、血族結婚で生まれた子どもによく見られることに気づいた。一九〇二年、彼はこの現象を、再発見されたメンデルの法則によって説明することができた。劣性遺伝子は次のようなパターンで子孫へと伝えられていく。たとえば、いとこ同士のふたりが、共通の祖父母からアルカプトン尿症の遺伝子を受け継いだとしよう。するとそのふたりを親とする子どもには、四分の一の確率で劣性遺伝子がふたつそろうことになる。このときアルカプトン尿症が発症する。そしてガロッドは、生化学的分析と遺伝学的分析を組み合わせることにより、アルカプトン尿症は「先天性代謝異常」であると結論づけた。

次に重要な進展が起こったのは、一九四一年のことだった。この年、ジョージ・ビードルとエド・テータムは、人工的に引き起こしたアカパンカビ（*Neurospora crassa*）の突然変異に関する研究結果を発表した。

ネブラスカ州ワフーのはずれで育ったビードルは、そのままでは家業の農業を継ぐことになったはずだが、高校の化学教師が勉強を続けるようにと励ましてくれた。一九三〇年代には、まずショウジョウバエで有名なT・H・モーガンとともにカルテックで、次いでパリの生物物理化学研究所で、遺伝子がショウジョウバエの眼の色などに影響を与えるしくみを研究した。

一九三七年にスタンフォード大学へやってきたビードルは、エド・テータムをこの分野に勧誘し、テータムは指導教授の反対を押し切って研究に加わった。彼は学部と大学院はウィスコンシン大学で修了し、牛乳の中にいる細菌の研究をしていた（ウィスコンシンは酪農が盛んな州なので、研究材料はふんだんにあった）。ビードルとの研究は知的にはやりがいがあるだろうが、経済面を考えれば酪農関係の職に就いたほうがいいというのが、ウィスコンシン大学の教授たちの助言だった。科学にとって幸いなことに、テータムは牛よりもビードルを選んだ。

ビードルとテータムは、自分たちの研究にはショウジョウバエは複雑すぎると考えた。ショウジョウバエのように複雑な生物を使って単一の突然変異の影響を調べるのは、干し草の山の中から一本の針を探し出すようなものだからだ。

ふたりがもっと単純な生物として選んだのは、熱帯地方の国々でパンに生えるオレンジ色のカビ、アカパンカビだった。その実験計画はごく簡単なものである。マラーがショウジョウバエでやったのと同じように、カビにX線を当てて突然変異を起こさせ、その突然変異の影響を調べるのだ。

ふたりが突然変異の影響を調べた手順は次のようなものである。まず、正常な（つまり突然変異していない）アカパンカビは、いわゆる〝最少培地〟で生き延びることがわかっていた。つまり、最低限の栄養さえ与えられれば、カビは生きていくために必要な大きい分子を自力で合成できるということだ。ビードルとテータムは、X線をカビに照射することで、合成経路のどれかが使えなくなるような突然変異が起これば、最少培地では育たなくなるだろうと考えた。しかしその育たないカビも、アミノ酸やビタミンなど、生存に必要な分子すべてを含んだ「完全食」の培地でならどうにか育つはずである。つまり、重要な養分を合成できなくさせる突然変異が起こっても、培地から直接その養分をとることができれば実害はないわけだ。

ビードルとテータムは、およそ五千の試料にX線を照射し、それぞれの試料が最少培地で生きられるかどうかを調べた。一番めの試料は生き延びた。二番め、三番めも生き延びたが、二百九十九番めの試料に至って初めて、最少培地では生きられないものが見つかった。そしてそのカビは予想どおり、完全な培地でならば生きることができたのである。その後、二百九十九番のような振る舞いをするカビが続々と見つかった。

次の問題は、突然変異を起こした株がどんな能力を失ったのかを突き止めることだった。二百九十九番は、必須アミノ酸の合成ができないものと思われた。ビードルとテータムは最少培地にアミノ酸を加えてみた。しかし二百九十九番はそれでも育たなかった。ではビタミンは？　培地にさまざまなビタミンを加えると、今度は育った。次はビタミンをひとつずつ別個に加え、二百九十九番の成長の度合いを測定した。ナイアシンもリボフラビンも効果はなかった。だがビタミンB₆を加えると、二百九十九番は最少培地（にビタミンB₆を加えたもの）でも育った。X線照射により二百九十九番に引き起こされた突然変異は、ビタミンB₆の形成に関わる合成経路を妨げていたのである。だがどうやって？

このような生化学的合成のプロセスは、その経路に含まれる個々の化学反応を促進するタンパク質酵素に支配されていることから、ビードルとテータムは、見つかった突然変異はそれぞれ、どれかの酵素を働かなくさせるものだと考えた。突然変異が起こるのは遺伝子だから、遺伝子が酵素を作っているに違いなかった。この結果が一九四一年に発表されると、遺伝子の働きを標語的に表す「一遺伝子一酵素」という言葉が生まれた。

しかし、すぐに次のような疑問が生じた。細胞内には酵素ではないタンパク質もたくさん含まれているが、それらもやはり遺伝子によって暗号化されているのだろうか？

まずカルテックのライナス・ポーリングの研究室が、遺伝子にはすべてのタンパク質を作る情報が含まれているとの考えを示した。ポーリングと、彼が指導していた大学院生ハーヴィー・イタノは、赤血球に含まれるヘモグロビンというタンパク質に注目した。肺から筋肉などの組織へ酸素を運んでいるのはこのタンパク質である。二人がとくに関心をもったのは、鎌状赤血球病もしくは鎌状赤血球貧血と呼ばれる、アフリカ人に多い(それゆえアフリカ系アメリカ人にも多い)遺伝病をもつ人たちのヘモグロビンだった。この病気をもつ患者の赤血球は変形しやすく、顕微鏡で見ると独特の「鎌」のような形をしている。そのため毛細血管が詰まりやすく、患者はひどい痛みを感じ、ときには死に至ることもある。その後の研究により、この病気がアフリカ人に多い理由が進化論的に明らかになった。マラリア原虫はそのライフサイクルの一時期を赤血球内で過ごすが、鎌状赤血球ヘモグロビンのもち主は、マラリアに罹っても重症になりにくいのである。つまり人類は進化の過程で、鎌状赤血球病の苦しみを受ける代わりに、マラリアによる惨事を軽減するという苦肉の取引をしたらしいのだ。

イタノとポーリングは、鎌状赤血球病患者のヘモグロビンを正常な赤血球をもつ人のそれと比較し、それらの分子の電荷が異なることに気がついた。

ちょうどそのころ、つまり一九四〇年代後半に、遺伝学者たちは、鎌状赤血球病が古典的なメンデルの劣性形質として遺伝することを明らかにした。そこでイタノとポーリングは、遺伝子の突然変異によりヘモグロビンの化学組成が変わり、鎌状赤血球病が起こるのに違いないと考えた。そして実際、分子が(電荷の違いという形で)変化していることが示されたわけである。こうしてポーリングは、ガロッドの「先天性代謝異常」という概念を精密化し、そのなかには「分子病」と呼ぶべきものがあると考えた。鎌状赤血球病は、まさにその分子病だったのである。

一九五六年、ヴァーノン・イングラムにより鎌状赤血球の研究はさらに進展した。当時イングラムは、フランシス・クリックと私がかつて二重らせんを発見したキャベンディッシュ研究所にいた。彼は、タンパク質の鎖の中でそれぞれのアミノ酸の位置を突き止める最新の方法を使って、イタノとポーリングが発見した分子の電荷の違いは、具体的に分子のどこが違うのかを明らかにした。それはたったひとつのアミノ酸の違いだった。正常なタンパク質鎖の6の位置(下の図参照)にあるグルタミン酸が、鎌状赤血球のヘモグロビンではバリンに置

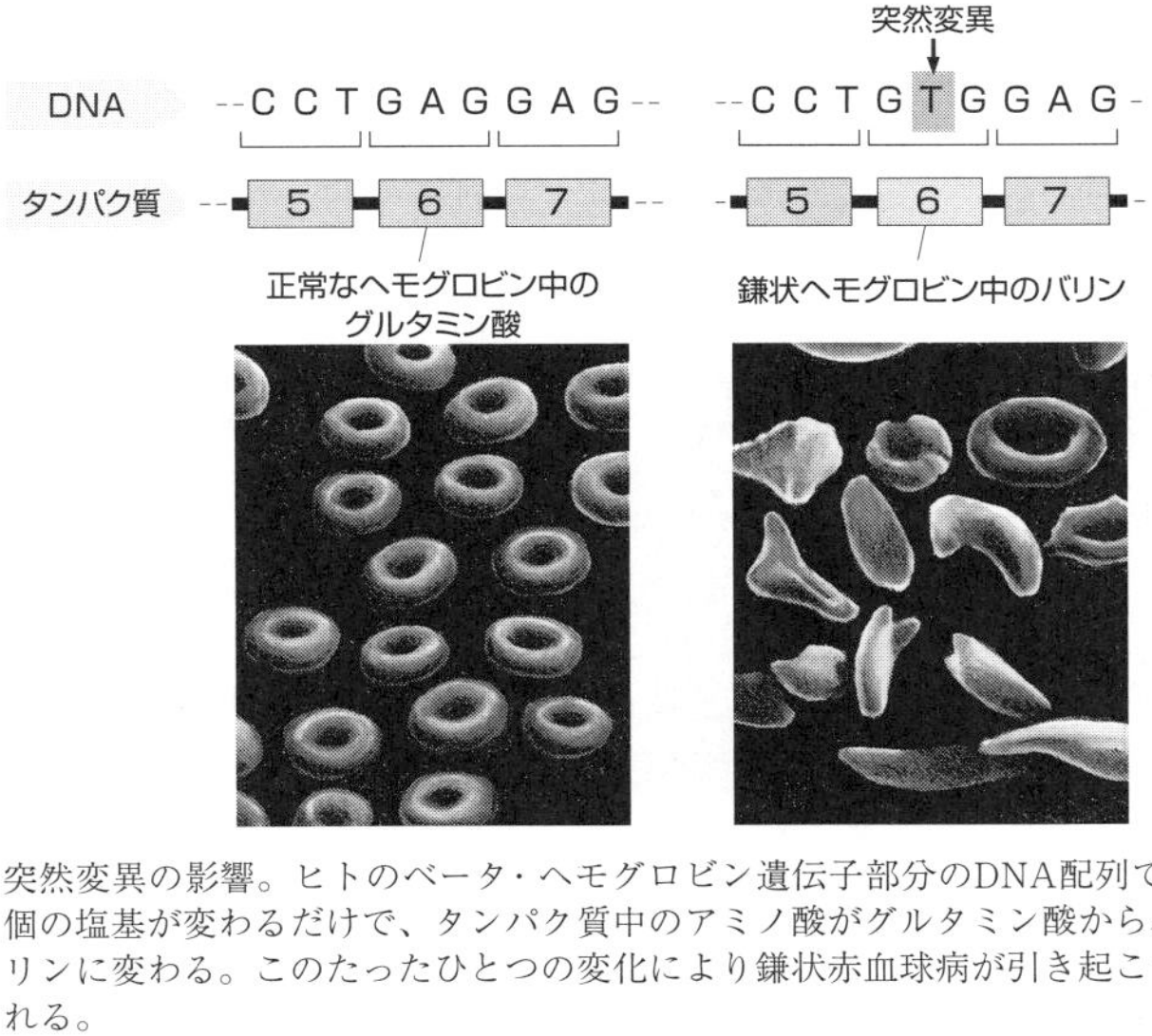

突然変異の影響。ヒトのベータ・ヘモグロビン遺伝子部分のDNA配列で1個の塩基が変わるだけで、タンパク質中のアミノ酸がグルタミン酸からバリンに変わる。このたったひとつの変化により鎌状赤血球病が引き起こされる。

き換わっていたのである。

これはまさに、遺伝子の突然変異（アデニン、チミン、グアニン、シトシンの配列の変化）が、そのままタンパク質のアミノ酸配列の違いになることを示す決定的証拠だった。タンパク質は、生命という舞台で活躍する分子である——それは生化学的反応を触媒する酵素にもなれば、皮膚や髪や爪の材料であるケラチンといった体の主成分にもなる。つまりＤＮＡはタンパク質を介して、細胞や発生など生命全体を支配していたのである。

それでは、ＤＮＡの中に暗号化されている情報は、いかにしてタンパク質、つまりアミノ酸の連なりに変換されるのだろうか？

セントラル・ドグマ

二重らせん構造を発表してまもなく、フランシス・クリックと私は、ロシア生まれの著名な理論物理学者、ジョージ・ガモフから手紙をもらうようになった。彼の手紙はいつも手書きで、落書きやらごちゃごちゃした書き込みやらがしてあった。そしていつも「Geo」（「ジョー」と読むことを後で知った）とだけ署名してあった。

ガモフはＤＮＡに興味をもち、イングラムがＤＮＡ塩基の配列とタンパク質のアミノ酸配列との決定的関係を明らかにする以前から、ＤＮＡとタンパク質の関係に関心を寄せていた。生物学がついに精密科学になりつつあると感じたガモフは、アデニン、チミン、グアニン、シトシンを意味する一、二、三、四という数字の長い羅列だけによって、あらゆる生物が遺伝学的に説明される日が来るだろうと予想した。

最初、私たちは彼が冗談を言っているものと思い、一通めの手紙を無視した。だが数ヵ月後、クリックがニューヨーク市でガモフに会い、その才能の大きさがよくわかったので、私たちはDNAという時流に乗ってきた最初の人物として彼を歓迎することにした。

ガモフは一九三四年に、スターリン独裁下のソ連からアメリカへ亡命してきた。そして一九四八年には、宇宙全体に存在するさまざまな元素の量を、ビッグバンの初期に起こった核融合反応と関係づけて説明した。ガモフと彼の学生だったラルフ・アルファーによるこの仕事は、本来ならば「アルファー、ガモフ」の連名で発表すべきものだった。ところがガモフはその論文の著者に、友人である物理学者ハンス・ベーテの名前を勝手に付け加えたのだ。「アルファー、ベーテ、ガモフ」と署名された論文が、しかもたまたま四月一日に発表されたことは、こうしたおふざけが大好きなガモフをいたく喜ばせた。今日でも宇宙論研究者たちはこの論文のことを、「αβγ（アルファ・ベータ・ガンマ）論文」と呼んでいる。

私がガモフと初めて会ったのは一九五四年のことだったが、そのころ彼はすでに、「重なり合う三つ組み塩基」（オーバーラッピング・トリプレット）がアミノ酸を指定するという考え方の枠組みを打ち出していた（GATTACAという配列なら、GAT、ATT、TTA、TAC、ACAがそれぞれアミノ酸を指定することになる）。そのアイディアの基礎にあるのは、塩基対それぞれの表面には、いずれかのアミノ酸の表面の一部と噛み合うような形のくぼみがあるという考えだった。

私はガモフに、それはおかしいと言った。なぜなら、ＤＮＡそのものを鋳型としてアミノ酸が並んでいき、それがつながってポリペプチド鎖（つながったアミノ酸のこと）になることはありえないからだ。タンパク質（つまりポリペプチド鎖）は、ＤＮＡの存在する場所（すなわち核内）で合成されるわけではないことは、すでに示されていた。物理学者であるガモフは、それを証明した論文を読んでいないのだろうと私は思った。実際、細胞から核を取り除いても、タンパク質が作られるペースに直接的変化はないことが知られていたのである。

現在では、タンパク質が作られるのは細胞内のリボソームという微粒子であることがわかっている。そのリボソームには、ＲＮＡという、ふたつめの核酸が含まれている。

ＲＮＡが生命というパズルのなかでどんな役割を果たしているのかは、当時はまだよくわかっていなかった。タバコモザイクウイルスなどいくつかのウイルスでは、ＲＮＡはその生物に固有のタンパク質を暗号化しており、他の生物におけるＤＮＡのような役割を果たしているように見えた。ＲＮＡが細胞内でのタンパク質合成に関与しているのは確実だった。なぜなら、タンパク質をたくさん作り出す細胞には必ず、ＲＮＡもたくさん含まれていたからである。

私は二重らせんを発見する以前から、染色体上のＤＮＡがもつ遺伝情報によって、それと相補的な配列のＲＮＡ鎖が作られ、そのＲＮＡ鎖が各タンパク質におけるアミノ酸の順序を決める鋳型になっているのではないかと考えていた。もしそうなら、ＲＮＡはＤＮＡとタンパク質とを媒介していることになる。

フランシス・クリックは後に、ＤＮＡ→ＲＮＡ→タンパク質という情報の流れを〝セントラル・ドグマ〟と呼んだ。この考えはその後一九五五年に、ＲＮＡポリメラーゼという酵素が発見されたことにより裏づけられた。ＲＮＡポリメラーゼは、ほとんどすべての細胞で、鋳型となる二本鎖のＤＮＡから一本鎖のＲＮＡを作り出すための触媒となっている。

タンパク質形成のプロセスを探るためには、ＤＮＡではなくＲＮＡを研究するほうがよさそうに思われた。そこでこの「暗号解読」運動を推進しようと、ガモフと私はＲＮＡタイ・クラブというものを作った。会員は、二十種類あるアミノ酸に合わせて二十人に限定した。ガモフはクラブのネクタイをデザインし、アミノ酸の種類分だけタイピンを作らせた。そのタイピンは会員バッジであり、各会員が担当するアミノ酸を表す三つの文字がついていた。私のはプロリンを示すＰＲＯ、ガモフのはアラニンを示すＡＬＡだった。

当時、タイピンの文字と言えば、もち主のイニシャルを表すのが普通だったから、ＡＬＡと記されたタイピンを見て人々が戸惑うのをガモフは面白がっていた。だが彼のおふざけはしっぺがえしを受けることになった。ホテルで小切手を切ろうとしたとき、サインとタイピンのイニシャルが違うことに気づいた従業員に受け取りを拒否されたのだ。

この暗号解読に関心をもつ科学者が、二十人というメンバーにほぼ収まってしまったことからもわかるように、当時、DNA・RNAの世界は狭かった。ガモフは友人の物理学者エドワード・テラー(LEU：ロイシン)を会員にするのになんの苦労もいらなかったし、私もまた、ずば抜けた想像力をもつカルテックの物理学者リチャード・ファインマン(GLY：グリシン)をクラブに誘った。ファインマンは、原子内部で働く力の研究に行き詰まると、当時私がいた生物学の研究棟へよく遊びに来ていたのである。

ガモフが一九五四年に提案した枠組みには、検証が可能だという長所があった。遺伝暗号がオーバーラッピング・トリプレットなら、タンパク質の鎖の中で、決して隣り合わせにならないアミノ酸が多数存在するはずだからである。そこでガモフは新たなタンパク質の配列が判明するのを心待ちにしていた。だが残念ながら、どのアミノ酸も他のアミノ酸と隣り合うことが次々と明らかになり、ガモフの説は次第に支持を失っていった。決定的だったのは、一九五六年に、シドニー・ブレナー(VAL：バリン)が、当時入手できたかぎりのアミノ酸配列をすべて分析したことだった。

ブレナーは南アフリカのヨハネスブルク郊外の小さな町に育った。父親が経営する靴屋の奥のたった二部屋が、家族みんなの生活の場だった。リトアニア移民の父親は文字も読めなかったが、早熟な息子は四歳で読書の楽しみを覚え、やがて『生命の科学』という教科書を読んで生物学に興味をもった。後年彼は、その本は図書館から盗んだものであることを白状するのだが、窃盗の罪も貧困も、ブレナーの歩みを阻止することはできなかった。彼は十四歳にしてヴィトヴァーテルスラント大学の医学課程に入学した。その後オックスフォード大学の博士課程に移った彼がケンブリッジを訪れたのは、私たちが二重らせんを発見した一ヵ月後のことだった。彼は私たちのモデルを見たときのことをこう述べている。「見た瞬間、それが正解だということがわかった。そして、それが非常に基本的なものだということも」

失敗したのはガモフだけではない。私自身もそうだった。二重らせん発見の直後にカルテックに移った私は、RNAの構造を明らかにしたいと考えていた。だがアレクサンダー・リッチ（ARG：アルギニン）と私はじきに、RNAのX線回折パターンは到底解読できそうにないと思うようになった。RNAの分子構造が、DNAほど美しくも規則的でもないことは明らかだった。

また、一九五五年の初めにRNAタイ・クラブのメンバー全員に送付された手紙の中で、フランシス・クリック（TYR：チロシン）は、DNAからタンパク質を作るプロセスを解明する手がかりは、RNAの構造にはないと予測したが、これも私をがっかりさせた。クリックの考えは、

RNAタイ・クラブ第一回会報。ガモフらしい手書きのメモが見える。右の写真はガモフ本人。左は1955年のクラブ集会（フランシス・クリック、アレクサンダー・リッチ、レスリー・オーゲル、私）。

-2-

and mail to G. Gamow, M. L. B., Woods Hole, Mass. For a negative vote: do not do anything.

If the amount of collected dollars is sufficient to buy an RNA tie and a special base pin for the proposed candidates (for, of course, ... they will be considered elects.

...ing the votes is September 1st, 1955.

...erely yours, *Ala,*

The Synthesizer

...f. next week, and untill ...en will be: San Diego. Calif. ...be probably droping ...ften, will you ... the adress of ...asher. I may have more ties.

Yours Geo.

Rnatie Club

"Do or die, or don't try"

Officers
Geo Gamow - Synthesizer
George Washington University
Jim Watson - Optimist
Harvard University
Francis Crick - Pessimist
Cambridge University
Martinas Ycas - Archivist
Quartermaster R. & D. Labs.
Alex Rich - Lord Privy Seal
Nat. Inst. Mental Health

July 4, 1955

Dear *Pro,*

This is the first official club circular. First, the assignments of tie pins (which, as you know, were randomized):

1) ALA - G. Gamow	8) GLY - R. Feynman	15) PRO - J. Watson
2) ARG - A. Rich	9) HIS - M. Calvin	16) SER - H. Gordon
3) ASP - P. Doty	10) ISO - N. Simons	17) THR - L. Orgel
4) ASN - R. Ledley	11) LEU - E. Teller	18) TRY - M. Delbrück
5) CYS - M. Ycas	12) LYS - E. Chargaff	19) TYR - F. Crick
6) GLU - R. Williams	13) MET - N. Metropolis	20) VAL - S. Brenner
7) GLN - A. Dounce	14) PHE - G. Stent	

From this list, 13 members have obtained their tie pins while the remaining 7 are still stubbornly holding out.

For RNA ties, please write to Jim Watson at ~~Harvard~~ *Cambridge* University.

The first matter of business is the election of honorary base members. The organization committee proposes two candidates out of the maximum possible number of four:

1) Dr. Fritz Lipmann for: CY
2) Dr. Albert Szent-Gyorgyi for: AD

(These assignments of bases were made by random choice)

Each of the 20 members of the club is welcome to send his vot... both of these two candidates.

For a positive vote: include $1.00 for each candidate (if onl... is included, please specify for which of the two candidates you a...

アミノ酸ごとに特定の「アダプター分子」があり、それによってアミノ酸がタンパク質合成現場に運ばれるのではないかというものだった。

彼はこのアダプターそれ自体が、ごく小さなRNA分子かもしれないと予想していた。私は彼の理論に二年のあいだ抵抗した。だがその後、まったく思いがけない生化学上の発見によって、彼のアイディアは正しいことが証明されたのである。

その発見がなされたのは、ボストンのマサチューセッツ総合病院だった。ポール・ザメチニックは数年をかけて、タンパク質合成を研究するための無細胞系を開発していた。細胞は、非常に細かく区分された小部屋のようなものの集まりである。ザメチニックは、細胞内で起こっていることを調べるには、さまざまな膜のために生じる複雑さを取り除く必要があると正しく認識していた。

そこでザメチニックと彼の共同研究者たちは、ラットの肝臓組織から得られる物質を使い、試験管の中に単純化された細胞内部を再現して、放射性元素で標識したアミノ酸がタンパク質に組み込まれていくようすを追跡することに成功した。ザメチニックはこの方法により、リボソームがタンパク質合成の場であることを明らかにしたのだった。

それからまもなくザメチニックは、同僚のマーロン・ホーグランドとともに、アミノ酸がポリペプチド鎖（タンパク質）になる前に、小さなRNA分子と結びつくという、さらに思いがけない発見をした。この結果に彼らは首を傾げたが、私からクリックのアダプター理論のことを聞くとすぐに、アミノ酸それぞれに特定のＲＮＡアダプター（トランスファーＲＮＡ、転移ＲＮＡ、ｔＲＮＡ）が存在するというクリックの説を証明した。また、これらトランスファーＲＮＡ分子も表面に固有の塩基配列をもち、鋳型となるＲＮＡ断片と結びつく。こうしてアミノ酸が並べられ、タンパク質合成がなされるのだ。

トランスファーＲＮＡが発見されるまで、細胞のＲＮＡはすべて鋳型の役割をもつものと考えられていた。だがこの発見により、ＲＮＡにはさまざまな種類があることがわかった。なかでも注目されたのが、リボソームの二本のＲＮＡ鎖だった。当時問題になったのは、この二本のＲＮＡ鎖の長さが常に一定であることだった。もしこの鎖がタンパク質合成のための鋳型だとしたら、タンパク質のサイズに合わせて長さが変化するはずだからである。

もうひとつの問題は、この鎖が非常に安定していることだった。ＲＮＡの鎖は、一度合成されるともう分解することはない。ところがパリのパスツール研究所での実験では、細菌性タンパク質合成の鋳型はその多くが短命だったのだ。さらにおかしなことに、リボソームの二本のＲＮＡ鎖の塩基配列は、染色体ＤＮＡ分子の塩基配列とは何の相関関係もなかったのである。

この矛盾は、一九六〇年に第三のＲＮＡ、メッセンジャーＲＮＡ（伝令ＲＮＡ、ｍＲＮＡ）が発見されたことにより解決した。これがタンパク質合成の本当の鋳型だったのだ。ハーバード大学の私の研究室の他にも、カルテックやケンブリッジで、マット・メセルソン、フランソワ・ジャコブ、シドニー・ブレナーが実験を行い、リボソームが事実上、分子の工場であることが示された。旧式のコンピューターに飲み込まれていく紙テープのように、メッセンジャーRNAはリボソームを構成するふたつのサブユニットのあいだに入っていく。リボソーム内のメッセンジャーRNAに、特定のアミノ酸が結びついたトランスファーRNAが結合することによって、アミノ酸が適切な順序に並べられ、化学的に連結してポリペプチド鎖（タンパク質）になるのである（口絵②）。

塩基配列からアミノ酸へ

だが、核酸の塩基配列をアミノ酸の並びに変える規則、すなわち遺伝暗号はまだ不明だった。一九五六年、RNAタイ・クラブの文書で、シドニー・ブレナーは理論上の問題点を整理した。それをひとことで言えば、DNAにはたった四つの文字、A、T、G、Cしかないというのに、タンパク質の各位置に二十種類あるアミノ酸のどれを組み入れるべきかをどうやって指定するのかということだった。

塩基ひとつでは四種類しかないから、二十種類を区別するには足りない。塩基ふたつを使っても、組み合わせは四×四で十六だからやはり足りない。ひとつのアミノ酸を表すには、最低でも三つの塩基（トリプレット）が必要になる。しかしトリプレットでは、組み合わせは四×四×四で六十四になるから、今度は余ってしまう。必要な暗号は二十種類だけなのだ。ということは、アミノ酸の多くは複数のトリプレットに対応しているのだろうか？　そう考えれば、トリプレットでなくともよい。四つで一組の暗号ならば四×四×四×四で二百五十六の組み合わせになり、これもありえることになる。

一九六一年、ケンブリッジ大学でブレナーとクリックは、暗号がトリプレットであることを示す決定的な実験を行った。彼らは、突然変異を引き起こす化学物質を巧みに使い、ＤＮＡ塩基対を取り外したりつけ加えたりすることに成功した。そして、塩基対をひとつ取り去ったり付け加えたりすると、有害な「フレームシフト（暗号を読み取る際の枠の移動）」が起こることを発見したのである。これは、突然変異が起こった位置から先、暗号が乱れてしまうことだ。

たとえば、JIM ATE THE FAT CAT（ジムはその太ったネコを食べた）という三文字単語からなる文字列を考えてみよう。最初の「T」を取り去り、しかも三文字ずつの構成を維持すれば、この文字列はJIM AET HEF ATC ATとなり、文字を取り去ったところから先は意味をなさなくなる。塩基対をふたつ取り去ったり挿入したりした場合にも同じことが起こる。最初の「T」と「E」を取り去ると、文字列はJIM ATH EFA TCA Tと、さらに意味不明になる。

では三文字を取り去る（あるいは挿入する）とどうなるだろうか？　最初の「A」「T」「E」

を取ると、文字列はJIM THE FAT CATとなる。ATEというひとつの「単語」は失われたが、それでも残りの文字列は意味をなす。たとえ複数の単語にまたがって文字を取り去った場合でも——たとえば最初の「T」と「E」とふたつめの「T」を取った場合でも——おかしくなるのはそのふたつの単語だけで、JIM AHE FAT CATというように、それ以降の文字列は前と同じである。

DNA配列でもこれと同じことが言える。塩基対ひとつを取り去ったり挿入したりすると、フレームシフトが起こり、そこから先のアミノ酸がすべて変わってしまい、タンパク質はめちゃくちゃになる。ふたつの塩基対を換えても同じことだ。しかしDNA分子上に並んだ三つの塩基対を取り去ったり挿入したりした場合は、必ずしも取り返しがつかないような結果にはならない。アミノ酸がひとつ付け加わったり、取り除かれたりはするが、生物学的活性がすべて失われるとは限らないのである。

クリックはある晩遅く、同僚のレスリー・バーネットと研究室にやってきて、三つの塩基対を取り去った実験の最終結果を確かめた。そしてすぐさまことの重大さに気づき、バーネットにこう言った。「暗号がトリプレットだと知っているのは、ぼくたちふたりだけだ！」クリックは私とともに二重らせんという生命の秘密を最初に垣間見たが、いまや彼は、その秘密が三文字単語で書かれていることを確かめた最初の人となったのである。

こうして、暗号はトリプレットになっていること、そしてDNAとタンパク質を結びつけているのはRNAであることはわかった。しかしまだ暗号を解読するという仕事が残されていた。たとえばATA TATやGGT CATといった配列をもつDNAは、どのようなアミノ酸の組み合わせを指定しているのだろうか？　その答えの最初の手がかりは、一九六一年にモスクワで開かれた国際生物学会議で行われた、マーシャル・ニーレンバーグの講演にあった。

NIH（米国立衛生研究所）のニーレンバーグは、メッセンジャーRNAが発見されたというニュースを聞いた後、無細胞系でタンパク質を合成する際、試験管で合成されたRNAも、天然のメッセンジャーRNAと同じように機能するのだろうかと疑問をもった。それを知るために彼は、それより六年前、フランス人生化学者マリアンヌ・グリュンベール＝マナゴがニューヨーク大学で開発した方法を使ってRNAを合成してみた。

グリュンベール＝マナゴは、RNAだけに作用し、AAAAAやGGGGGといった塩基配列を作り出せる酵素を発見していた。RNAとDNAとの大きな違いは、DNAのチミン「T」がRNAではウラシル「U」になっていることだが、この酵素を使えば、UUUUU……という、ウラシルがつながったもの（生化学用語で〝ポリU〟という）を作ることもできた。

ニーレンバーグとその共同研究者であるドイツ人ハインリヒ・マッテイは、一九六一年五月二十二日、無細胞系にポリUを加え、驚くべき結果を得た。リボソームが作りだしたのは、ただ一種類のアミノ酸、フェニルアラニンが並ぶだけの単純なタンパク質だったのだ。つまりポリUは、ポリフェニルアラニンの暗号だったのである。

一九六一年夏の国際会議では、分子生物学の主要な研究者が一堂に会した。無名の若手科学者にすぎなかったニーレンバーグの発表には、わずか十分の時間しか与えられていなかった。そして私を含め、誰も彼の発表には注目していなかった。けれどもこの驚くべき発見のニュースが広まるとすぐに、クリックは会議後に行われるセッションのメンバーに彼を加えた。そしてニーレンバーグは今度こそ、期待に満ちた大勢の聴衆を前に研究結果を発表することができた。物静かで内気そうな無名の若者が、生物学界の著名人たちに示したのは、遺伝暗号の完全解読への道筋だった。

とはいえ、ニーレンバーグとマッテイが解決したのは問題の六十四分の一でしかなかった。わかったのはUUUという暗号がフェニルアラニンを表していることだけで、残る六十三種類のトリプレット（これをコドンという）はまだ謎のままだったのだ。私たちはそれからの数年間、残るコドンがどのアミノ酸を表すかを突き止めることに熱中した。なかなか解明できない配列も少なくなかった。ポリUは比較的容易に作り出せたが、ではAGGはどうだろう？　この難問を解くには独創的な発想が必要だった。配列の多くはウィスコンシン大学のゴビンド・コーラナによって解読された。一九六六年までには六十四種類のコドンがすべて解読され、コーラナとニーレ

遺伝暗号	
アミノ酸	RNAコドン
アラニン	GCA GCC GCG GCU
アルギニン	AGA AGG CGA CGC CGG CGU
アスパラギン	AAC AAU
アスパラギン酸	GAC GAU
システイン	UGC UGU
グルタミン酸	GAA GAG
グルタミン	CAA CAG
グリシン	GGA GGC GGG GGU
ヒスチジン	CAC CAU
イソロイシン	AUA AUC AUU
ロイシン	UUA UUG CUA CUC CUG CUU
リシン	AAA AAG
メチオニン	AUG
フェニルアラニン	UUC UUU
プロリン	CCA CCC CCG CCU
セリン	AGC AGU UCA UCC UCG UCU
トレオニン	ACA ACC ACG ACU
トリピトファン	UGG
チロシン	UAC UAU
バリン	GUA GUC GUG GUU
停止コドン	UAA UAG UGA

チミン(T)　DNAで使用

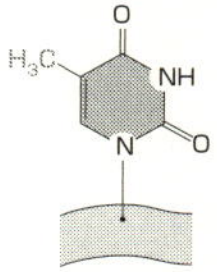

ウラシル(U)　RNAで使用

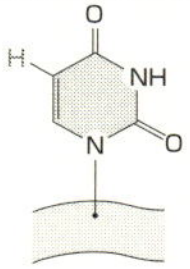

遺伝暗号。メッセンジャーRNAのトリプレットを示す。DNAとRNAの重要な違いは、DNAではチミンが使われるのに対し、RNAではウラシルが使われることだ。どちらの塩基もアデニンと対になる。停止コドンは、遺伝子の暗号部分の終わりを示す。

フランシス・クリック(中央)とゴビンド・コーラナ、マリアンヌ・グリュンベール=マナゴ。ニーレンバーグが最初の突破口を開き、その後コーラナが多くの遺伝暗号を解読した。グリュンベール=マナゴによる先駆的研究が、ニーレンバーグの仕事の基礎となった。

ンバーグは一九六八年にノーベル医学・生理学賞を受賞した。

分子レベルで生命をとらえる

ではこれまでの話にもとづいて、具体的にヘモグロビンというタンパク質がどのように形成されるかを見ておこう。

赤血球は、酸素の輸送を専門とする細胞である。ヒトの赤血球の中には、容量にして三〇パーセントほどのヘモグロビンが含まれており、このタンパク質が肺から組織へと酸素を運んでいる。

ヘモグロビン（タンパク質）が必要になると、ＤＮＡの該当部分（ヘモグロビン遺伝子）がファスナーのように開く。このときコピー（専門用語では転写）されるのは二本のＤＮＡ鎖のうち一本だけである。こうしてヘモグロビン遺伝子に対応する一本鎖のメッセンジャーＲＮＡができる。ＲＮＡは、ＲＮＡポリメラーゼの働きによって作られる。もとのＤＮＡはふたたび閉じる。

メッセンジャーＲＮＡは細胞核の外に運び出され、ＲＮＡとタンパク質から成るリボソームまで運ばれる。このリボソームの場所で、メッセンジャーＲＮＡの情報が使われ、新しいタンパク質分子が作られる（このプロセスを翻訳という）。

一方、アミノ酸はトランスファーＲＮＡに結びついてここまで運ばれてくる。トランスファー

RNAの一端は特定のトリプレット（図の場合はCAA）になっており、これがメッセンジャーRNAのトリプレット、GUUを識別する。反対側の端には適合するアミノ酸、この場合はバリンが結合している。メッセンジャーRNA上の次のトリプレットには、元のDNAの配列がTTCなので（これはリシンを指定する）、リシンのトランスファーRNAが来る。あとは、ふたつのアミノ酸を生化学的に結びつければよい。

これを百回繰り返せば、百個のアミノ酸がつながったタンパク質の鎖ができあがる。アミノ酸の順序は、DNAのアデニン、チミン、グアニン、シトシンの順序によって指定され、それに従ってメッセンジャーRNAが作られる。ヘモグロビンの鎖にはふたつのタイプがあり、ひとつはアミノ酸が百四十一個、もうひとつは百四十六個つながったものである。

しかしタンパク質は、アミノ酸がただ直線的につながっただけのものではない。鎖ができあがると、タンパク質は複雑な形に折り畳まれる。自分自身の力でそうすることもあれば、「ヘルパー」分子の力を借りることもある。タンパク質はこの形状になったときだけ、生物学的活性をもつ。ヘモグロビンの場合には、一方のタイプの鎖が二本、もう一方のタイプの鎖が二本できあがると準備完了だ。そしてねじれた鎖それぞれの中心に、酸素の運搬に重要な役割を果たす鉄原子が配置される。

今日では、遺伝学の古典的な例も、分子生物学の手法によって見直されている。メンデルにと

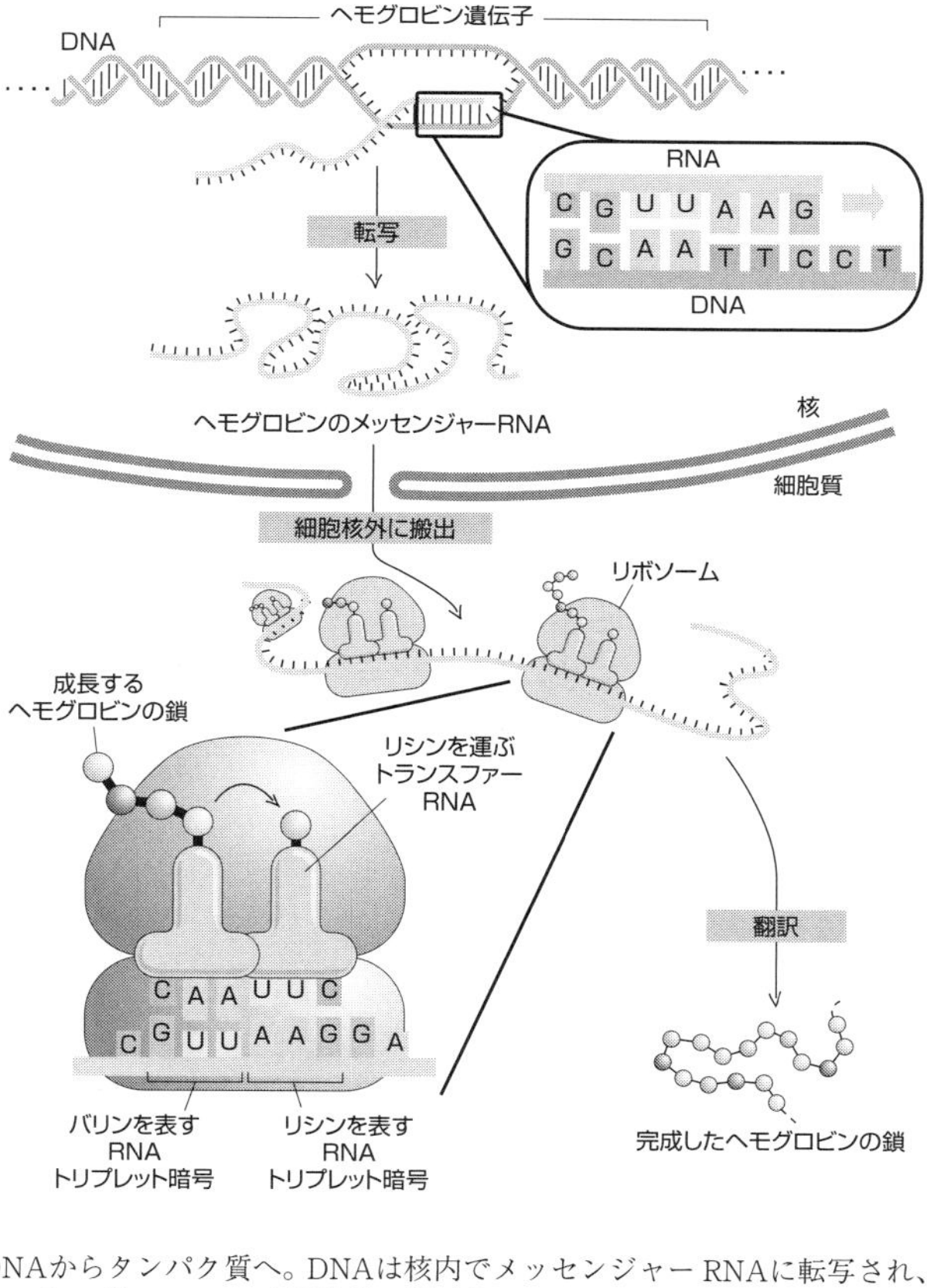

DNAからタンパク質へ。DNAは核内でメッセンジャーRNAに転写され、メッセンジャーRNAは細胞質に運び出されてタンパク質に翻訳される。

って、エンドウに皺がよったり丸くなったりするしくみは謎だった。しかし今では、分子レベルでその違いが解明されている。

一九九〇年にイギリスの科学者たちは、皺のよったエンドウには、でんぷんの処理に関係する酵素がひとつ欠けていることを発見した。皺のよったエンドウでは、この酵素の遺伝子が突然変異を起こし（無関係なDNA断片が遺伝子の真ん中に割り込んでしまう）機能しなくなっていたのだ。そうなると、豆にはでんぷんが少なく、ショ糖が多くなる。ショ糖が多くなると浸透圧が上がり、豆は水分を吸い込んで膨らむ。その後、豆が水分を失うにつれて皺がよってしまうのである。

本章の初めに述べたアーチボルド・ガロッドのアルカプトン尿症も、今日では分子レベルで解明されている。一九九五年、菌類を研究していたスペインの科学者たちが、ある菌の遺伝子に突然変異が起こると、アルカプトン尿症患者の尿に見られる物質と同じものが溜まってくることを突き止めた。この遺伝子が正常なときに作る酵素は多くの生物にとって基本的なものであり、人間ももっていることがわかった。そこで、その菌の遺伝子の塩基配列をもとに人間の遺伝子を探したところ、人間の遺伝子はホモゲンチジン酸ジオキシゲナーゼという酵素を暗号化していることが明らかになった。

次に、健康な人とアルカプトン尿症患者とでこの遺伝子を比較してみると、患者の遺伝子は、ひとつの塩基対に突然変異があるために機能しなくなっていることがわかったのだ。ガロッドの「先天性代謝異常」は、ＤＮＡ配列のたったひとつの違いによって引き起こされていたのである。

遺伝子のスイッチ

一九六六年にコールドスプリングハーバーで開かれた遺伝暗号に関するシンポジウムでは、もうやるべきことはやってしまったという雰囲気が漂っていた。暗号は解読され、ＤＮＡがタンパク質を介して生命活動を制御するしくみもおおよそは解明された。この分野に初めから関わっていた研究者のなかには、遺伝子そのものの研究はそろそろ切り上げる潮時だと考える人たちもいた。

フランシス・クリックは神経生物学の分野に移ることにした。好んで難問に取り組もうとする彼は、人間の脳の働きを解明することに強い興味を覚えたようだった。シドニー・ブレナーは発生生物学へ移り、線虫の研究に専念することにした。ブレナーは、遺伝子と発生のつながりを知るためには、単純な生物を調べるのがよいと考えたのだ。実際、それから今日に至るまで、生物の成り立ちに関する研究成果の多くは線虫から得られている。二〇〇二年、ノーベル賞委員会は、ブレナーと、やはり長年線虫を研究してきたケンブリッジ大学のジョン・サルストン、マサチューセッツ工科大学（ＭＩＴ）のボブ・ホルビッツにノーベル医学・生理学賞を与えることで、線虫の貢献を認めた。

とはいえ、ＤＮＡ研究のパイオニアたちの大半は、遺伝子の働きの基本的なしくみをさらに追究することを選んだ。タンパク質のなかにも、大量に存在するものとそうでないものがあるのはなぜなのか？　遺伝子の多くは、特定の細胞でだけ、あるいはその生物の一生のうち特定の時期にだけスイッチが入るが、その切り替えはどんなしくみで起こるのだろうか？

筋肉の細胞と肝臓の細胞とでは、機能も、顕微鏡で見たときの形状も著しく異なっている。これだけの多様性が、遺伝子の発現のしかたから——つまり作るタンパク質の違いから——生じるのである。細胞ごとに作るタンパク質が違うためには、細胞内で転写される遺伝子を調節するのが手っ取り早い。したがって、いわゆるハウスキーピング・タンパク質（細胞の働きに必須のタンパク質）はどの細胞でも作られているが、特別に必要とされるタンパク質を作るためには、特定の遺伝子のスイッチが、特定の細胞で、特定の時期に入るようにしなければならない。また、〝発生〟（ひとつの受精卵から、複雑きわまりない人間へと成長していく過程）も、遺伝子のスイッチを次々と切り替えていく壮大な営みと見ることができる。

遺伝子スイッチングに関する最初の大きな成果があがったのは、一九六〇年代、パリのパスツール研究所にいたフランソワ・ジャコブとジャック・モノーの実験からだった。モノーが研究に本腰を入れたのは遅かった。それというのも彼は多方面に才能があったので、なかなか研究に専念できなかったからである。モノーは一九三〇年代を、ショウジョウバエ遺伝学の父、T・H・モーガンのいたカルテックの生物学科で過ごしたが、もはや「ボーイ」とは言えなくなったモーガンズ・ボーイたちに毎日接していても、ショウジョウバエには心を惹かれなかった。むしろ彼は、大学やカリフォルニアの富豪の邸宅でバッハの演奏会を開くほうを好んだ（そのおかげで後年、彼は大学で音楽鑑賞を教えることになる）。

ようやく一九四〇年にパリのソルボンヌ大学で博士号を取るが、そのころ彼はフランスのレジスタンス運動に深く関わっていた。彼の研究室のすぐ外にはキリンの骨格標本が展示してあり、彼はその足の骨の空洞に重要な機密文書を隠したのだ。これは生物学がスパイ活動に荷担したという、きわめて稀な例だろう。戦争が進むにつれて、レジスタンスにおける彼の存在は大きくなり（それゆえナチスにも狙われるようになった）、ノルマンディー上陸作戦を迎えるころには、連合軍を進軍させ、ドイツ軍を後退させるうえで大きな役割を果たすようになっていた。

ジャコブもこの戦争に関わった。イギリスに逃げた彼は、ド・ゴールの自由フランス軍に加わった。北アフリカで戦い、またノルマンディー上陸にも参加した。その直後には爆弾で死にかけた——破片のうち二十個は取り出されたが、今も体内には八十個の破片が残っている。腕を傷めたために外科医になる夢を断たれた彼は、私たちの世代の多くの人たちと同じく、シュレーディンガーの『生命とは何か』に感銘を受けて、生物学の世界にやってきた。

フランソワ・ジャコブ、ジャック・モノー、アンドレ・ルヴォフ。

彼はモノーの研究グループに入ろうとして何度も断られたが、一九五〇年六月、ジャコブによると七回めか八回めに、モノーの上司にあたる微生物学者のアンドレ・ルヴォフがついに折れた。そのときのようすを、ジャコブは次のように語っている。

私の志望や、この分野に通じていないことや、どれだけやる気があるかといったことは何ひとつ聞いてくれず、（ルヴォフは）こう言った。

「なあきみ、私らはプロファージの誘導を発見したんだよ！」

「そうなんですか！」私はできる限りの賞賛を込めてそう言いながら考えた。「（プロファージってなんだ？）」

それからルヴォフが尋ねた。「ファージの研究に興味はあるかね？」私は口ごもりながら、それこそまさに私が研究したいものですと答えた。「よろしい。では九月一日から来なさい」

ジャコブは面接を終えたその足で本屋へ行き、たった今自分が研究したいと言ったことを説明してくれそうな辞書を探したという。

不安を覚える始まり方ではあったが、ジャコブとモノーの共同研究からはすばらしい成果があがった。彼らはとくに、大腸菌がラクトース（乳糖）を利用する点に着目し、遺伝子スイッチングの問題に取り組んだ。大腸菌はラクトースを消化するために、ベータ・ガラクトシダーゼという酵素を作り出す。この酵素はラクトースを分解して、ガラクトースとグルコース（ブドウ糖）という簡単なふたつの糖にする。大腸菌の培地にラクトースがないときは、ベータ・ガラクトシダーゼは作られない。ところがラクトースを培地に加えてやると、大腸菌の細胞はこの酵素を作りはじめるのだ。ジャコブとモノーは、ラクトースの存在がベータ・ガラクトシダーゼを作るきっかけになるのだろうと考え、そのしくみを突き止めようとした。

彼らは洗練された実験により、ラクトースが存在しないときには、ベータ・ガラクトシダーゼ遺伝子の転写を妨げる「リプレッサー（抑制因子）」分子が存在するという証拠をつかんだ。リプレッサーは、ラクトースと結合すると働かなくなる。つまり酵素の遺伝子が転写されるためには、ラクトースが必要なのだ。ジャコブとモノーは、ラクトースの代謝はひとつの遺伝子のスイッチが入ったり切れたりという単純なものではないことを明らかにした。ラクトースの消化には他の遺伝子も関与しており、そのすべてをリプレッサー系が支配しているのである。大腸菌は比較的簡単な系だったが、その後、人間を始めとする複雑な生物についても研究が行われ、どの生物でもスイッチングに関しては同じ基本原則があてはまることが明らかになった。

ジャコブとモノーは、リプレッサーの直接的証拠を得たわけではなく、リプレッサーの存在を論理的に推測しただけだった。彼らのアイディアがきちんと証明されたのは、一九六〇年代も末、ハーバード大学のウォルター（ウォリー）・ギルバートとベンノ・ミュラー＝ヒルが、リプレッサー分子そのものを単離、分析したときのことだった。リプレッサー分子は通常ひとつの細胞に数個というごく微量しか存在しないため、それを分析できるほど集めるのは至難の業だったが、ギルバートとミュラー＝ヒルはついにそれを成し遂げた。そのころ別の研究室にいたマーク・プタシュネも、バクテリオファージの遺伝子スイッチングに関与するリプレッサー分子を単離し、その特徴を明らかにした。

結局、リプレッサー分子は、ＤＮＡに結合するタンパク質であることが明らかになった。ベータ・ガラクトシダーゼのリプレッサーの場合であれば、そのしくみは次のようなものである。大腸菌ＤＮＡのなかで、ベータ・ガラクトシダーゼ遺伝子のすぐ近くにリプレッサー分子が結合すると、メッセンジャーRNAは作れなくなる。ところがラクトースが添加されると、それがリプレッサーと結びつくため、リプレッサーはDNAに結合できなくなる。結果として、酵素の遺伝子が自由に転写されるのである。

リプレッサー分子の性質が明らかになったことにより、生命を支える分子反応過程の環がつながった。まず、DNAがRNAを介してタンパク質を作るしくみが明らかになっていた。そして今、そのタンパク質がDNAに結合することにより、直接的に遺伝子の活動を調節していることが明らかになったのだ。

RNAワールド

細胞内におけるRNAの主要な役割がわかったことから、興味深い疑問が生じた。DNAの情報をアミノ酸配列に翻訳するにあたって、なぜRNAを介入させる必要があるのだろうか？

遺伝暗号が解読されるとすぐに、フランシス・クリックはこのパラドックスに対し、RNAはDNAよりも早くから存在していたからというアイディアを打ち出した。最初に遺伝に関与した分子はRNAだったのであり、かつて生命はRNAを基礎として成り立っていた――つまり、現在の（そして過去数十億年にわたる）「DNAワールド」に先だって、「RNAワールド」があったというのだ。クリックは、RNAの化学的性質から（DNAの骨格に含まれる糖がデオキシリボースであるのに対し、ＲＮＡではリボースであることから）、ＲＮＡは自己複製の触媒となる酵素としての性質をもつかもしれないと考えた。

彼は、ＤＮＡのほうが遅れて発達したに違いないと主張した。その理由はおそらく、ＲＮＡ分子が比較的不安定だからだろうと彼は考えた。ＲＮＡ分子はＤＮＡ分子よりもずっと分解しやすく、突然変異を起こしやすい。もし遺伝子データを長期にわたり安定して保存するための分子が必要なら、ＲＮＡよりもＤＮＡのほうがはるかにその役目に適している。

ＤＮＡワールドに先立ってＲＮＡワールドが存在したというクリックの考えが注目されるようになったのは、ようやく一九八三年のことだった。その年、コロラド大学のトム・チェックとイエール大学のシドニー・アルトマンが、ＲＮＡ分子が実際に触媒特性をもつことをそれぞれ独自に示し、その仕事により一九八九年にノーベル化学賞を受賞した。

それから十年後、今日のＤＮＡワールド以前にＲＮＡワールドが存在したことを示す、より説得力のある証拠が見つかった。カリフォルニア大学サンタクルーズ校のハリー・ノラーは、アミノ酸をつないでタンパク質にするペプチド結合は、タンパク質形成の場であるリボソームで見つかった六十種類のタンパク質のいずれによっても触媒されないことを明らかにしたのだ（リボソームはＲＮＡとタンパク質でできている）。ペプチド結合は、ＲＮＡによって触媒されていたのである。

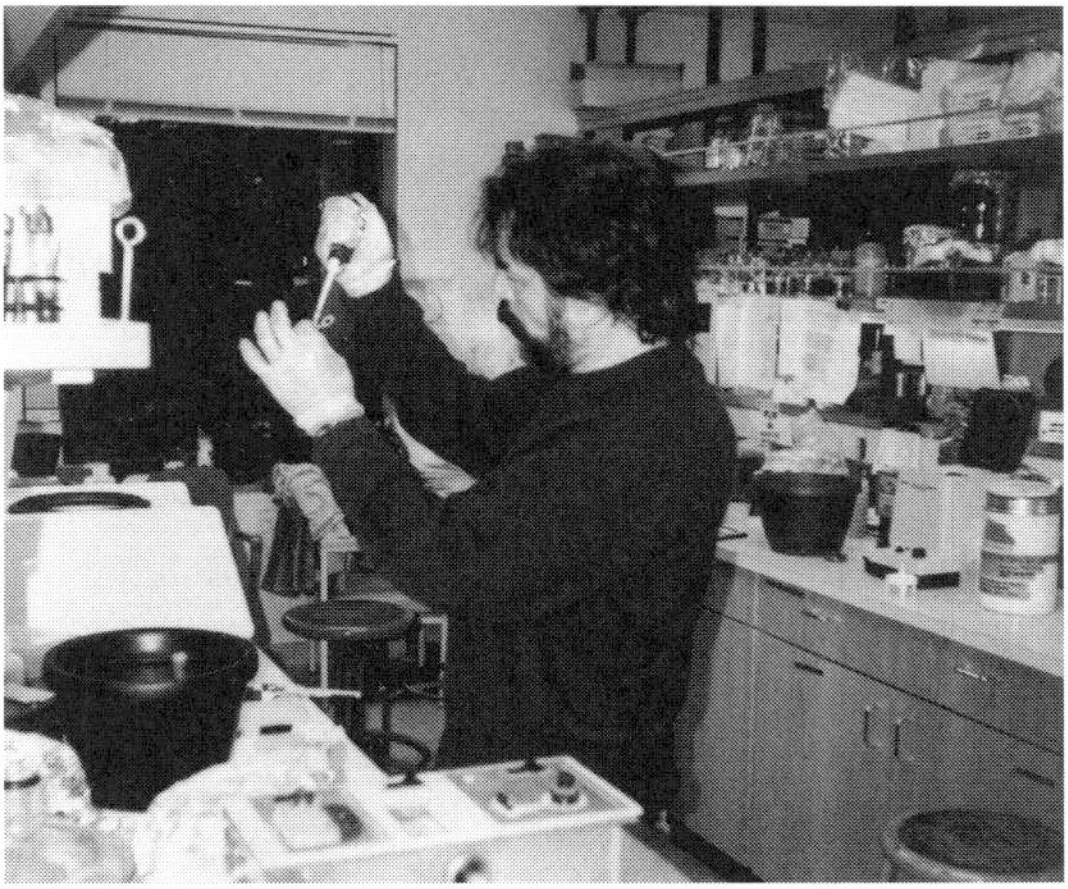
リボソームの研究に取り組むハリー・ノラー。

こうした発見の数々は、期せずして、生命の起源に関する「ニワトリとタマゴ」問題を解決することになった。原初の生命は一個のDNA分子でできていたと仮定すると、DNAは自分自身を組み立てることができないという矛盾が生じる。DNAを組み立てるためにはタンパク質が必要なのだ。では、DNAとタンパク質のどちらが先に発生したのだろうか？　タンパク質だろうか？　しかしタンパク質は、知られている限り、情報を複製する手段をもたない。ではDNAが先だったのだろうか？　しかしDNAは、タンパク質がなければ情報を複製できない。タンパク質なしにDNAは得られず、DNAなしにタンパク質は得られないのだ。

ところが、DNAと同等の存在であり（遺伝情報を蓄え、それを複製することができる）、同時

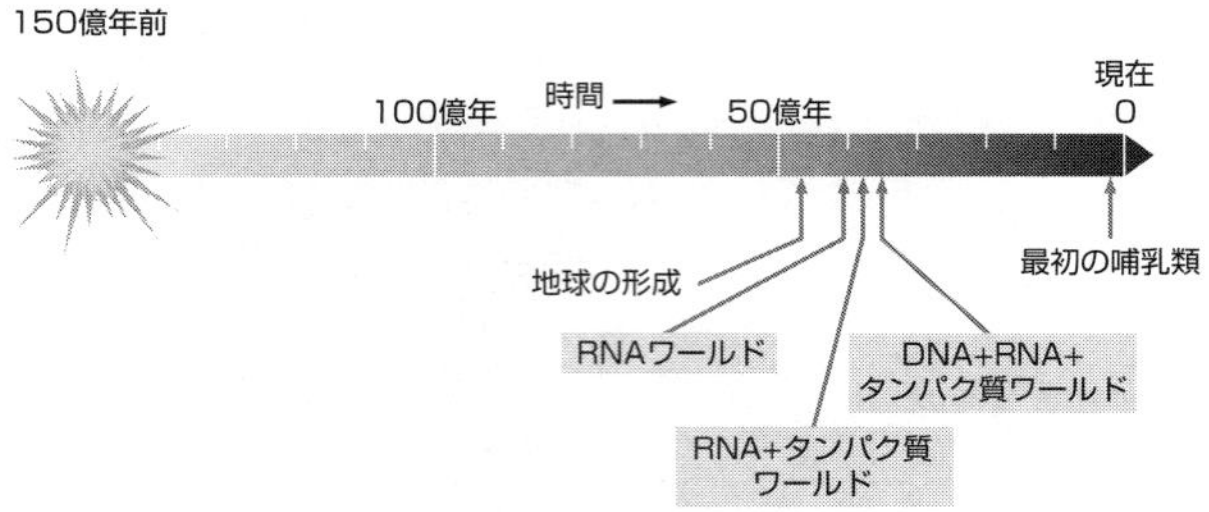

ビッグバンから現在までの生命の進化。厳密にいつ生命が誕生したかが完全に解明される日は永遠に来ないかもしれないが、最初の生命はおそらく完全にRNAを基礎としていたと思われる。

にタンパク質と同等の存在でもある（重要な化学反応の触媒になれる）ＲＮＡがその答えを与えてくれた。「ＲＮＡワールド」では、ニワトリとタマゴ問題はあっさり解決する。ＲＮＡがニワトリでありタマゴだからだ。

ＲＮＡは、いわば先祖伝来の道具のようなものである。自然選択によっていったんひとつの解決策が見つかると、自然はそのやり方をなかなか変えようとせず、「壊れるまで修理するな」という処世訓に従う。つまり、変えろという圧力がかからなければ、細胞は新しいことを始めようとせず、そのために過去の進化の遺産がたくさん残されているのだ。ある反応過程が現実に起こっているのは、それが最初にそのようなものとして進化したからにすぎず、もっとも効率が良いからではないのである。

二重らせんの発見から二十年のあいだに、分子生物学は長足の進歩を遂げた。私たちは生命の基本的なしくみを知り、遺伝子がどのように制御されるかまでも理解した。けれども私たちがこれまでやってきたことは、どれも観察にすぎなかった。私たちは分子を対象とした自然観察者であり、細胞が私たちにとっての熱帯雨林だった。私たちはただそこにあるものを説明していただけなのである。

しかしいよいよ積極的な行動に出るときがきた。観察はもう十分にやった。生命に干渉できる、いや生命を操作すらできるという展望が、私たちを手招きしていた。そしてＤＮＡ組み換え技術が登場し、ＤＮＡ分子を自由に作り変えられるようになると、かつて展望したことはすべて可能になった。

第4章　神を演じる――カスタマイズされるDNA分子

ＤＮＡ分子はとてつもなく長い。どの染色体も、ＤＮＡ二重らせん一本だけからできているのだ。ＤＮＡのサイズを表すために、ニューヨーク市の電話帳の登録数やドナウ川の長さが引き合いに出されたりもするが、そんな比較をされても私にはぴんとこない。ニューヨーク市の電話帳にいくつ電話番号が載っているのか私は知らないし、ドナウ川と聞いて思い浮かべるのはその長さではなく、ヨハン・シュトラウスのワルツだからだ。

性染色体Ｘ、Ｙを除き、人間の染色体は大きい順に番号づけされている。一番染色体がもっとも大きく、二十一番染色体と二十二番染色体がもっとも小さい。一番染色体には各細胞に含まれるＤＮＡの八パーセント、およそ二億五千万の塩基対が含まれている。二十一番染色体には約四千万、二十二番染色体には約四千五百万の塩基対が含まれる。ごく小さなウイルスがもついちばん小さなＤＮＡ分子でも、含まれる塩基対が数千を下回ることはない。

ＤＮＡ分子のサイズが非常に大きいことは、分子生物学の初期には大きな問題だった。というのも、どれかひとつの遺伝子を調べようとすると（遺伝子はＤＮＡの一部である）、どうにかして長いＤＮＡの中からその部分を取り出さなければならないからだ。しかもそれだけでなく、取り出した遺伝子を調べるには、〝増幅〟して数を増やしてやらなければならない。つまりＤＮＡというテキストを切り貼りするための、ハサミとノリ、そしてコピー機が必要だった――ワープロで文書を編集するように、ＤＮＡをカットし、ペーストし、コピーする道具が求められていたのである。

遺伝暗号が解読されたとはいえ、このような道具の開発はやはり難しそうに思われた。しかし一九六〇年代の末から七〇年代の初めにいくつもの発明がなされ、それらが一九七三年にひとつにまとまって、私たちはついに〝組み換えＤＮＡ技術〟、すなわちＤＮＡを編集する技術を手に入れた。それはありきたりの進展ではなかった。科学者は突如としてＤＮＡ分子を望みのままに仕立て、自然界には存在しなかった分子を作れるようになったのである。生命の基礎を分子レベルで理解したことで、「神を演じ」られるようになったのだ。

このことに不安を抱いた人は少なくなかった。ジェレミー・リフキンは、遺伝子技術ならどんなものにでもフランケンシュタインの影を感じるような人物だが、「組み換えＤＮＡの重要性は火の発見に匹敵する」という彼の言葉は的を射ている。

組み換え革命前夜

アーサー・コーンバーグは、試験管の中で初めて生命を誕生させた人物である。前章で見たように、彼は一九五〇年代にDNAポリメラーゼという酵素を発見した。これは、二本に分かれた「親」のDNA鎖から相補的コピーを作ることにより、DNAを複製する酵素である。その後コーンバーグは、一種のウイルスDNAを研究するようになり、そのDNAに含まれる五千三百の塩基対すべてを複製させることに成功した。

だが、そうして作られたものは「生きて」いなかった。DNAの配列は親のものと同じだが、生物学的には不活性だったのである。何かが欠けていた。一九六七年、国立衛生研究所のマーティン・ゲラートとスタンフォード大学のボブ・レーマンは、欠けていたのはDNA分子の端と端を「ペースト」する酵素であることを明らかにした。その酵素は〝リガーゼ（つなげるもの）〟と名づけられた。

コーンバーグはDNAポリメラーゼを使ってウイルスのDNAを複製し、それにリガーゼを加えてDNAを環状にしてみた（もともとウイルス内ではDNAは環状になっている）。この環状DNAをもつ「人工」ウイルスは、天然のものとまったく同じ振る舞いをした――もとのウイルスは大腸菌の中で繁殖するが、人工ウイルスは試験管の中で繁殖したのである。

たったふたつの酵素と、基本的な化学的要素、そして複製を作るもととなるウイルスDNAから、コーンバーグは生物学的活性をもつ分子を作ったのだ。マスコミは彼が試験管の中で生命を作り出したと報じ、リンドン・ジョンソン大統領はこの成功を「恐ろしいほどの偉業」と歓迎した。

一九六〇年代、スイスの生化学者ヴェルナー・アルベルが、組み換えＤＮＡ技術の発展に思わぬ貢献をすることになった。アルベルが関心をもっていたのは、生命の分子レベルでの基礎といった大きな問題ではなく、ウイルスと細菌との不思議な関係についてだった。ウイルスのＤＮＡのなかには、細菌の宿主細胞に入ってから壊れてしまうものがある。彼はそのプロセスを調べてみた。すると、宿主細胞の一部が、ウイルスのＤＮＡを異物とみなして攻撃することがわかったのだ。

だが、なぜそんなことができるのだろう？　そして、なぜそんなことをするのだろう？　自然界のＤＮＡは――細菌のものであれウイルスのものであれ、植物や動物のものであれ――どれもみな同じ分子でできている。ウイルスのＤＮＡを攻撃し、自分自身のＤＮＡを攻撃しないのはなぜなのか？

この問いへの最初の答えは、アルベルが発見したさまざまなＤＮＡ分解酵素、すなわち〝制限酵素〟からもたらされた。細菌の細胞内にあるこの酵素は、外来のＤＮＡを切断することによってウイルスの増殖を妨げる。ＤＮＡは、ある決まった塩基配列のところで切断される。つまり酵素は、ＤＮＡにその決まった塩基配列があるときにだけ切断を行うのである。最初に発見された制限酵素のひとつ、*EcoR1*（エコアールワン）は、GAATTCという塩基配列のみを識別して切断するものだった。

しかし細菌はどうやって、GAATTCという塩基配列をもつ自分のＤＮＡを切断しないようにしているのだろうか？　ここでアルベルはふたつめの大発見をする。細菌は、制限酵素に特定の塩基配列を狙わせる一方で、自分のＤＮＡ中の同じ塩基配列を化学修飾する第二の酵素を作り出していたのだ（この酵素が行う化学修飾とは、塩基に対してメチル基CH_3を加えること）。*EcoR1*は、細菌ＤＮＡ中の修正ずみGAATTC配列を異物とは認識せず、一方、ウイルスＤＮＡ中の塩基配列は切断するのである。

組み換えＤＮＡ革命を推進することになった次の要因は、細菌が抗生物質に対してもつ耐性の研究からもたらされた。一九六〇年代、細菌が抗生物質に対して耐性をもつときには、それまで知られていた普通の方法（すなわち、細菌のゲノム内に起こる突然変異を利用する方法）ではなく、〝プラスミド〟という、本来は自分のものではないＤＮＡ断片を取り込む方法を利用するものが多いことがわかってきた。

プラスミドは小さな環状ＤＮＡで、細菌の中に存在し、細胞が分裂するときに細菌ゲノムとともに複製される。場合によっては、プラスミドが細菌から細菌へと受け渡されることもある。受けとった側は、「生まれたとき」にはもっていなかったひとまとまりの遺伝情報をそっくり獲得することになる。その情報には、抗生物質に対する耐性をもたらす遺伝子が含まれていることが少なくない。抗生物質は一種の自然選択を引き起こすことになるが、耐性要因（この場合はプラスミド）をもつ細菌細胞は生き残りに有利になるわけだ。

スタンフォード大学のスタンリー・コーエンはプラスミド研究のパイオニアである。彼が医学の道を選んだのは、高校の生物教師が励ましてくれたおかげだった。医学部を卒業した彼は内科医になるつもりだったが、軍医として徴集されそうになり、それなら国立衛生研究所の研究ポストに就いたほうがいいと考えた。まもなく彼は、開業医になるよりも研究生活をするほうが性に合っていることに気づく。

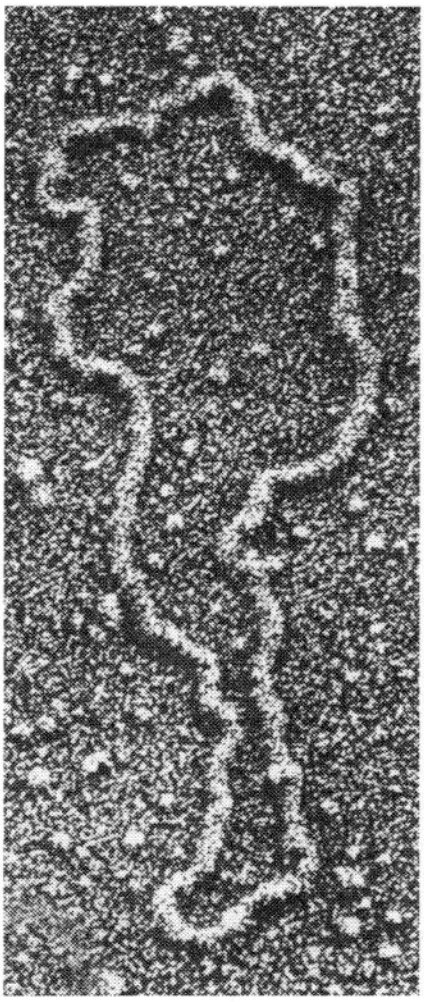

電子顕微鏡で見るプラスミド。

一九七一年、コーエンは大腸菌細胞にプラスミドを取り込ませるという快挙を成し遂げた。それより四十年前、フレッド・グリフィスがＤＮＡを取り込ませることで無害な肺炎菌株を致死性にしたように、コーエンはプラスミドを取り込ませることにより、大腸菌に〝形質転換〟を起こさせたのである。彼は、抗生物質の効く菌株に、抗生物質への耐性をもたらす遺伝子をもつプラスミドを取り込ませた。この菌株はその後の世代もずっと、抗生物質が効かないという性質を維持した。

DNAの大量生産に成功する

一九七〇年代に入るころには、DNAの組み換えに必要な技術はすべてそろっていた。まず制限酵素を使い、DNA分子の中から興味のある塩基配列（遺伝子）を切り出す（カット）。次に、リガーゼを使って、その配列をプラスミドにつなぎ込む（ペースト）。最後に、そのプラスミドを細菌の細胞に入れてやる。目的のDNA断片を含むプラスミドは、普通の細胞分裂によって複製されていく（コピー）。それゆえ細菌が増殖すれば、ひとつのプラスミドから、目的のDNA配列を大量に作ることができる。そして何十億という細菌からなる大きなコロニーができれば、目的のDNA断片も何十億と得られる。つまりこの細菌コロニーはDNA工場なのだ。

一九七二年十一月、ホノルルでプラスミドに関する会議が開かれ、カット、ペースト、コピーという三つの要素が一堂に会した。カリフォルニア大学サンフランシスコ校で終身在職権を得たばかりの若き教授ハーブ・ボイヤー、そして当然ながら、プラスミドの第一人者スタンリー・コーエンもこの会議に参加していた。ボイヤーとコーエンはともに東海岸出身だった。ボイヤーは西ペンシルバニアの高校ではアメフトの選手だったが、幸運にもコーチは科学の教師でもあっ

ハーブ・ボイヤーとスタンリー・コーエン。世界初の遺伝子工学者たち。

た。

コーエン同様、ボイヤーも二重らせんの洗礼を受けて育った新世代の科学者である。ボイヤーはＤＮＡに夢中になるあまり、自分のシャム猫にワトソンとクリックと名づけたほどだった。彼は大学を卒業すると、当然のように細菌遺伝学の研究を始めた。

ボイヤーとコーエンはふたりともサンフランシスコ湾岸地域で研究をしていたが、ハワイ会議までは会ったことがなかった。ほとんどの人は制限酵素という言葉すら聞いたことがないというこの時代に、ボイヤーはすでにその分野のエキスパートになっていた（彼のグループはすでに、*EcoRI*が切断を行う場所の配列を明らかにしていた）。ボイヤーとコーエンは、自分たちが力を合わせれば、分子生物学の水準を引き上げ、遺伝子を自由にカット、ペースト、コピーできることに気がついた。

ある夜、ワイキキビーチに近いカフェテリアで、ふたりはこれからの組み換えＤＮＡ技術について語り合い、ナプキンに自分たちのアイディアを書き出した。彼らが未来図を描いたこの出会いは、「コンビーフからクローニングまで」と言われている。

数ヵ月後、サンフランシスコにあるボイヤーの研究室と、そこから四十マイル南のパロアルトにあるコーエンの研究室は共同研究に取りかかった。当然ながら、ボイヤーの研究室は制限酵素を、コーエンの研究室はプラスミドに関する部分を担当した。幸いにも、コーエン研究室の技術者（テクニシャン）であるアニー・チャンが、たまたまサンフランシスコに住んでいたため、実験中の大切な試料をもってふたつの研究室を行き来することができた。

まず初めの目標は、雑種を作ることだった。つまり、それぞれ特定の抗生物質に対する耐性をもたらすような二種類のプラスミドの「組み換え体」を作るのである。一方のプラスミドは、テトラサイクリンに対する耐性をもたらす遺伝子（DNA断片）を含み、もう一方のプラスミドは、カナマイシンに対する耐性をもたらす遺伝子を含んでいた（予想されたとおり、第一のプラスミドをもつ細菌はカナマイシンによって死に、第二のプラスミドをもつ細菌はテトラサイクリンによって死んだ）。この両方の抗生物質に対する耐性をもたらす「スーパー・プラスミド」を作ることが実験の目標だった。

まず、手を加えていない二種類のプラスミドを制限酵素で切断する。次にそのプラスミドを同じ試験管の中で混ぜ、リガーゼを加えて切り口をつなげる。もちろん、切断したプラスミドが元に戻るだけ、つまり一度切り離した部分がふたたびくっつくだけのものもある。だがリガーゼによって別のプラスミドの断片同士がつながり、目指す雑種ができる場合もあった。

これが終わると、コーエンのプラスミド導入技術を使い、すべてのプラスミドを細菌内に移植した。こうして作られたコロニーを、テトラサイクリンとカナマイシンを塗布したプレートで培養する。一度切断されてまたつながっただけのプラスミドは一種類の抗生物質に対する耐性しかもたないため、そのプラスミドをもつ細菌は、二種類の抗生物質を含む培地では生き延びることができない。生き延びたのは、組み換えプラスミド（テトラサイクリンに対する耐性が暗号化されたDNA断片と、カナマイシンに対する耐性が暗号化されたDNA断片の、二種類の断片をもつよう組み換えられたプラスミド）をもつ細菌だけだった。

次の課題は、まったく異なる生物――たとえば人間――のDNAを使って雑種のプラスミドを作ることだった。アフリカツメガエルの遺伝子を大腸菌のプラスミドにつなぎ込み、それを細菌に移植するという最初の実験はうまくいった。コロニーの細胞が分裂するたびに、カエルのDNA断片が複製されたのだ。

分子生物学の少し紛らわしい専門用語で言えば、カエルのDNAの〝クローニング〟が行われたのである（〝クローニング〟という言葉は、細菌の細胞に移植されたDNA断片と同じ断片を多数作ることを意味する。この言葉は紛らわしくも、あの羊のドリーで有名になったように、動物そのもののクローンを作るという意味でも使われる。最初の用法では、DNA断片をコピーす

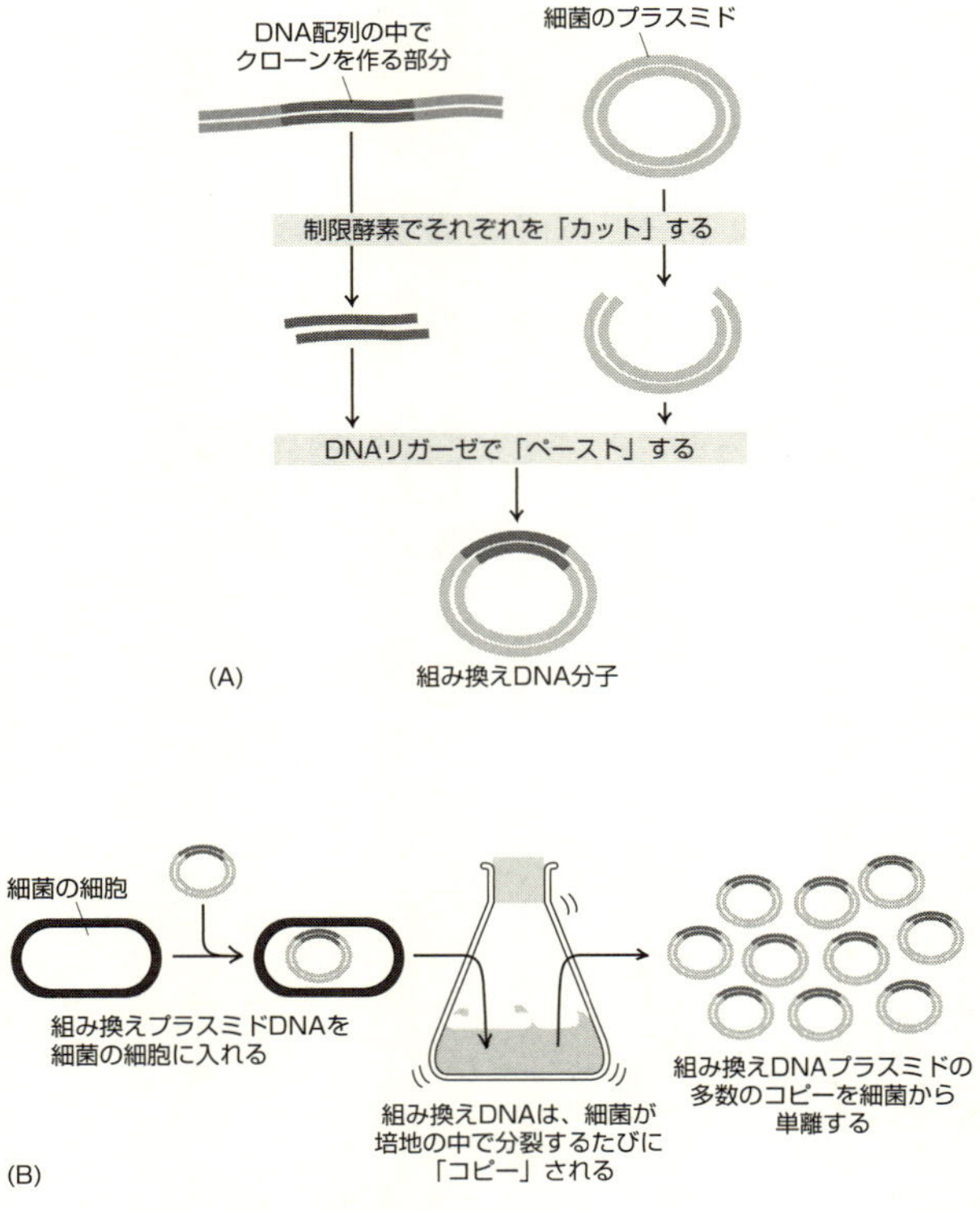
DNA配列の中で
クローンを作る部分
細菌のプラスミド
制限酵素でそれぞれを「カット」する
DNAリガーゼで「ペースト」する
(A)
組み換えDNA分子
細菌の細胞
組み換えプラスミドDNAを
細菌の細胞に入れる
組み換えDNAは、細菌が
培地の中で分裂するたびに
「コピー」される
組み換えDNAプラスミドの
多数のコピーを細菌から
単離する
(B)

組み換えDNA。遺伝子のクローニング。

るという意味になり、二番めの用法ではゲノム全体をコピーするという意味になる)。
哺乳動物のＤＮＡもクローニングしやすいことがわかった。後から考えれば、これはそれほど意外なことではない。結局のところ、ＤＮＡ断片はやはりＤＮＡであり、その化学特性はどの生物のＤＮＡであるかにはよらないからである。やがて、プラスミドＤＮＡの断片をクローニングするというコーエンとボイヤーの方法は、あらゆる生物のＤＮＡに対して有効であることが明らかになった。

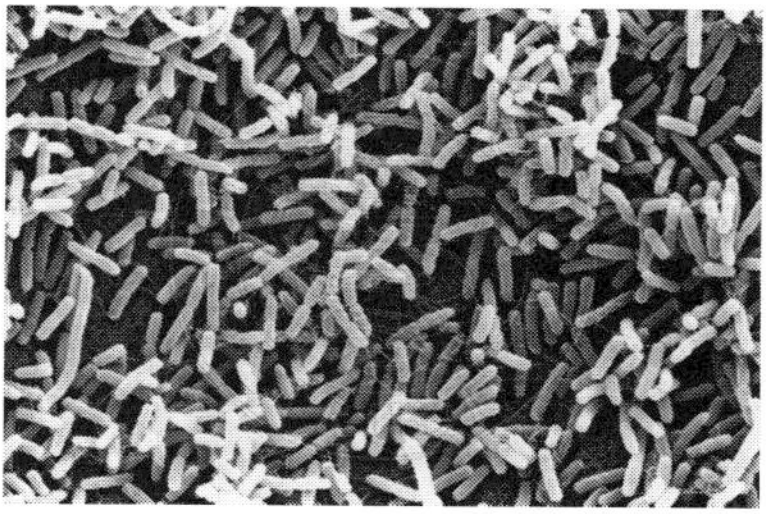

大腸菌*E.coli*。人間の大便には1グラムあたりこの細菌が1000万個ほど含まれている。

分子生物学革命の第二期はこのように進展しつつあった。第一期はＤＮＡが細胞内でどのように働くかを説明することが目標だったが、いまや組み換えＤＮＡという、ＤＮＡに干渉し、操作するための道具が手に入ったのだ(「組み換えＤＮＡ」という言葉は、古典的遺伝学の「組み換え」を思い浮かべると混乱を招くかも知れない。メンデル遺伝学での組み換えは、染色体の切断・再結合を意味し、染色体断片の「雑多な組み合わせ」を引き起こす。一方、分子の世界では、「雑多な組み合わせ」はもっと小さなスケールで起こり、ふたつのＤＮＡ断片をひとつにつなぎ合わせることを意味する)。加速度的な進展への舞台は整い、私たちは「神を演じる」機会をうかがうようになった。その可能性は人を夢中にさせる——なんといっても、生命の神秘の核心に迫り、がんのような病気との闘いで優位に立てるかもしれないのだから。コーエンとボイヤーは、この先に無限の可能性が開けていることを示した。

しかしその一方で、こんな疑念も生じた。二人はパンドラの箱を開けてしまったのではないだろうか？　分子のクローニングには未知の危険があるのではないだろうか？　人間のDNA断片を大腸菌に挿入するなどという行為を、喜々としてやっていていいものだろうか？　大腸菌は、人間の腸という微生物のジャングルの中でも支配的な菌である。その変種が私たちの体に入りこんだりしたらどうなるだろう？　科学者たちは細菌の化け物を作っているのではないかという人々の叫びに、ただ耳をふさいでいていいのだろうか？

パンドラの箱会議

一九六一年、ポリオワクチンを作るために使われたアカゲザルの腎臓から、SV40（〃SV〃はシミアンウイルスsimian virusの略、サルのウイルスの意）と呼ばれるサルのウイルスが単離された。このウイルスはサルの体内に自然に存在し、何の影響も及ぼさないものと見られていた。ところが実験により、このウイルスはネズミにがんを発生させ、またある実験条件下では人間の細胞にもがんを発生させることが明らかになったのである。

アメリカでは一九五五年以来、ポリオの予防接種により、何百万人もの子どもたちをこのウイルスに感染させている。ポリオを予防しようとして、知らずに子どもたちをがんの危険にさらしていたのだろうか？　幸いにして、がんが異常発生するようなことはなかった。SV40は、サルに対するほど人間には有害ではないようだった。だが、SV40が分子生物学の研究室に欠かせないものとなっても、その安全性に対する懸念がなくなったわけではない。当時私はコールドスプリングハーバー研究所の所長になっており、そこの若い研究者たちががんの遺伝的性質を調べるためにSV40を研究していたこともあって、SV40にはとくに関心を寄せていた。

一方、スタンフォード大学医学部のポール・バーグは、SV40の危険性よりもその将来性に胸を躍らせた。このウイルスを使えば、DNAの断片を哺乳類の細胞に入れることができると考えたのだ。スタンリー・コーエンが細菌内にプラスミドを入れたように、このウイルスは哺乳動物の中に分子を運び込んでくれるだろう。

ただしコーエンの場合、細菌を使うのはDNA断片を増やすためだったのに対し、バーグは、SV40を使って遺伝病の患者に新しい遺伝子を入れてやることにより、遺伝子の異常を修復できるだろうと考えていたのだ。そのアイディアは時代に先駆けていた。彼は、今日では〝遺伝子治療〟と呼ばれているものを目指していたのである。

バーグは一九五九年に準教授としてスタンフォード大学へやってきた。しかしそれは、有名なアーサー・コーンバーグをセントルイスのワシントン大学から引き抜くためのおまけのような扱いだった。実際、バーグとコーンバーグの関係は、ふたりがニューヨークのブルックリンで生まれたときにまでさかのぼる。高校時代には、ふたりともソフィー・ウルフ先生の指導する科学クラブに入っていた。「彼女のおかげで科学が楽しくなった。そしてみんなが自分のアイディアを話すようになった」とバーグは語るが、しかしこれはずいぶん控えめな言い方だろう。ウルフ先生の指導するエイブラハム・リンカーン高校の科学クラブは、コーンバーグ（一九五九年）、バーグ（一九八〇年）、そして結晶学者のジェローム・カール（一九八五年）と三人のノーベル賞受賞者を輩出し、三人とも彼女に謝意を表しているのだから。

コーエンとボイヤーが――そしてそのころには他の科学者たちも――DNA分子の切り貼りのしかたを練り上げていたころ、バーグはある大胆な実験を計画していた。SV40に異種のDNA断片を移植し、それを使って異種の遺伝子を動物の細胞に運び込めるかどうかを確かめようというのだ。異種のDNAとしては、入手の簡単な細菌ウイルス（細菌に感染し、細菌内で増殖するウイルス）、バクテリオファージのDNAを使うことにした。

この実験の目的は、SV40のDNAとバクテリオファージDNAから合成された分子が、うまく動物の細胞に入り込めるかどうかを調べることだった。もしバーグが望んだようにそれができるとわかれば、最終的にはこの系を使って、役に立つ遺伝子を人間の細胞に入れてやれる可能性が出てくる。

一九七一年の夏、コールドスプリングハーバー研究所で、バーグの研究室の大学院生がこの実験案を発表した。それを聞いたある科学者が不安になって、すぐバーグに電話をかけた。その人物は尋ねた。もし逆の結果が出たらどうするんだ？つまり、SV40がウイルスDNAを取り込み、それを動物細胞に入れるのではなく、SV40自身がバクテリオファージDNAに操られてしまったら？そうなれば、大腸菌の細胞にSV40のDNAが注入されてしまうかもしれない。実際、それはあり得ないことではなかった。なぜなら、それこそまさにバクテリオファージの行動だからだ（バクテリオファージは自分のDNAを細菌の細胞に入れようとする）。

大腸菌はどこにでも存在し、腸内細菌叢の主要成分として人間と深い関わりをもっている。善意から考えられたバーグの実験だったが、がんを引き起こす可能性のあるサルのウイルス、SV40をもつ大腸菌コロニーという危険なものを作り

ポール・バーグ。SV40とナンバー登録したホンダ車と。

出してしまう恐れがあった。彼はその意見に賛成はしなかったが、しかし仲間の懸念には耳を傾けることにした。SV40のがんを引き起こす可能性についてもっと多くのことが明らかになるまで、バーグは実験を延期することにしたのである。

ボイヤーとコーエンによる組み換えDNA実験が成功するとすぐに、バイオハザード（生物災害）を懸念する大きな声があがった。一九七三年夏にニューハンプシャーで開かれた核酸に関する専門家会議では、この新しい技術の危険性をただちに調査するよう全米科学アカデミーに要請することが投票で決まった。アカデミーは調査委員会を組織し、ポール・バーグを委員長に任命した。一年後、その調査委員会は調査結果をまとめ、書簡として『サイエンス』誌に送り、私も他の科学者たちとともにその書簡に署名した。もっとも熱心に研究に取り組んでいたコーエンとボイヤーも署名した。

後に「モラトリアム・レター」と呼ばれるようになったその書簡の中で、私たちは「組み換えDNA分子の潜在的危険性がどれほどのものか判明するまで、あるいは組み換えDNAの拡散を防ぐ適切な方法が見つかるまで」、組み換え技術の研究はいっさい自主的に中断するよう「世界中の科学者たち」に求めたのだ。この声明のポイントは、「私たちの懸念は、立証された危険性ではなく、潜在的危険性があるという判断にもとづくものである。というのは、DNA分子の危険性についての実験データがほとんどないからである」という部分だった。

しかし、私はまもなく深い無力感を抱き、モラトリアム・レターに関与したことを後悔するようになった。分子のクローニングが世界に大きな利益をもたらすのは間違いのないことだった。それなのに今、長いあいだ懸命に研究を続け、ようやく生物学の革命の入り口にたどり着きながら、私たちはみんなして後戻りしようとしていたのだ。

一九七五年、『ローリングストーン』誌のレポーター、マイケル・ロジャーズは、これについて次のように書いた。「このとき分子生物学者たちは間違いなく崖っぷちに立っていた。その崖は、ひょっとすると原子爆弾を作り出す前に原子物理学者たちが立っていたのと同じものだと判明するかもしれない」。私たちは慎重なのだろうか、それとも臆病なのだろうか？　私にはよくわからなかったが、どちらかといえば後者であるような気がしはじめていた。

「パンドラの箱会議」——ロジャーズは、一九七五年二月、カリフォルニアのパシフィック・グローブにあるアシロマ・コンファレンスセンターで開かれた会議のことをそう呼んだ。世界中から百四十名の科学者を集めて開かれたこの会議の課題は、組み換えＤＮＡは、本当に将来性よりも危険性のほうが大きいのかという問題にけりをつけることだった。

モラトリアム（研究の一時中断）を永続させるべきか？　危険性があっても突き進むのか、それとも何らかの予防措置がとられるまで待つべきか？　ポール・バーグは組織委員会の委員長として、この会議の名目上でも座長になっていたため、会議終了までに統一見解をまとめるという、ほとんど不可能な任務を負うことになった。

　会議にはマスコミ関係者もいて、科学者たちが最新の専門用語を口にするたびに頭をかきむしった。法律家たちも来ていて、法律的な問題も考えなければならないことに気づかせてくれた——たとえば、組み換え技術を扱う研究所の所長である私は、研究所の技術者（テクニシャン）ががんになった場合、責任を取ることになるのだろうか？

　本来科学者という人たちは、知識もないところで一か八かの結論を出すことを嫌うものだし、また嫌うよう教育されてもいる。それゆえ参加者たちは、こんなテーマで満場一致の結論など出せるはずはないと思っていた。たぶんバーグも同じ考えだったろう。いずれにせよ、バーグはリーダーシップを発揮して会議を仕切るよりも、自由に意見を述べさせるほうを選んだ。

アシロマ会議の期間中、突っ込んだ議論をするマキシン・シンガー（左）、ノートン・ジンダー、シドニー・ブレナー、ポール・バーグ。

そのため討論は野放し状態になり、「モラトリアムを延長する」という弱気なものから、「モラトリアムなんてとんでもない、研究を進めるべきだ」という強気なものまで実にさまざまな意見が出た。私の考えは、いちばん強気な意見と同じだった。よくわかってもいない、数量化もされていない危険を理由に研究を延期することのほうが無責任だと思ったのだ。世の中には、がんや嚢胞性線維症といった重い病気の人たちがいる。そんな人たちの、おそらく唯一の希望と言えるものを奪う権利が私たちにあるのだろうか？

この会議では、直接この問題に関係するようなデータはほとんど出されなかったが、その数少ないデータのひとつを提供したのが、イギリスのケンブリッジ大学で研究していたシドニー・ブレナーだった。

彼はK－12と呼ばれる大腸菌の変種のコロニーを集めていた。K－12はこの種の分子クローニング研究でよく使われる働き者の細菌である。大腸菌は、ごく少数の変種で食中毒を起こすこともあるが、ほとんどの変種には害がない。

ブレナーはK－12も例外ではないだろうと考えた。彼は、この菌が実験室の外でも生き延びるかどうかを知りたかった。そこでコップのミルクに菌をまぜ（菌だけではとても口にできたものではない）、それを飲み干したのだ。そして彼は自分の排泄物を観察し、K－12の細胞が彼の腸にコロニーを作れるかどうかを調べた。結局、コロニーはできず、実験室ではよく繁殖するK－

12が「自然な」世界では生存できないことが示唆された。

しかしその推論に疑いをもつ者もいた。K－12は生き延びられないかもしれないが、腸内で生き延びる別の変種とプラスミド（あるいは他の遺伝情報）を交換できないという証拠にはならないというのだ。実際、そうやって「遺伝子工学的に作り変えられた」遺伝子が、腸内細菌の集団に入り込むこともありえないわけではなかった。

そこでブレナーは、実験室の外では生きられないことが疑問の余地なく確認されるようなK－12を作り出せばいいと主張した。実際、そういう菌を作ることは可能だった——そのためには、特別な栄養素を与えられたときにだけ育つように遺伝的に変更を加えてやればよい。もちろん自然界では決して得られない栄養素群に特定し、その栄養素は実験室でしかそろわないようにする。そうすればK－12は「安全な」細菌となり、管理された研究環境では生きられるが、外の世界では死んでしまう。

ブレナーの力説もあって、この折衷案が勝利した。もちろんモラトリアム続行派からも実験再開派からも激しい攻撃はあったが、結局この会議では、病気を引き起こさない細菌を使った研究は続けることを認め、哺乳類のＤＮＡに関する研究には高価な封じ込め設備を義務づける勧告がなされて終了した。

私はがっかりして、ほとんどの仲間たちと別れて会議場を後にした。スタンリー・コーエンとハーブ・ボイヤーも落胆していた。彼らも私と同じように、多くの科学者仲間が、集まったマスコミにいい顔をしたい（フランケンシュタイン博士にはならないことを示したい）がために妥協したと考えていた。実際、大半の科学者は病気を引き起こす生物など研究したこともなく、私たち研究者に押しつけようとした研究制限によってどんな影響が出るかもほとんど理解していなかった。

会議で決定された内容のいいかげんさに、私はうんざりしていた。たとえば変温動物のＤＮＡはいいが、哺乳類のＤＮＡはだめだという。カエルのＤＮＡは安全で、ネズミのＤＮＡは安全ではないらしい。あまりの馬鹿馬鹿しさに、私もちょっと馬鹿なことを言ってみた。カエルにさわるといぼができるのを誰も知らないのか？　だが私のふざけた抗議は無駄に終わった。

市民を巻き込んだ規制論争

このガイドラインにより、アシロマ会議に参加していた者の多くは、「安全な細菌」でクローニングを行えば、研究という名の航海は順風満帆に進むだろうと思っていた。だがそんな考えで出発した者たちはみな、すぐに荒海に乗り出すことになった。大衆紙が広めた論法はこうだった――科学者自身が懸念しているぐらいなのだから、一般大衆は大いに警戒すべきだ、と。

当時のアメリカでは、だいぶ力が弱まったとはいえカウンター・カルチャーがまだ盛んだった。

それはベトナム戦争が終わり、リチャード・ニクソンの政治生命が断たれてからまだ間もない時期だった。疑心に満ちた大衆は、科学界ですらやっと理解しはじめたばかりの複雑な話を理解するだけの用意もなく、その一方で、体制側の陰謀だという主張はいとも簡単に信じ込むのだった。

私たちは、科学者がエリートだと思われていることを知ってたいへん驚いた。そんなことは思いもよらなかったからだ。典型的なヒッピーだったハーブ・ボイヤーですら、サンフランシスコ湾岸地域のアングラ新聞『バークリー・バーブ』紙のハロウィーン特別号で、街の「十大おばけ」のひとりに挙げられた。それは本来、悪徳政治家や、組合をつぶそうとする資本家に与えられるはずの称号だった。

私がもっとも恐れたのは、分子生物学に対して人々が感じている強い不安が、厳しい法律の制定へとつながりはしないかということだった。実験でやっていいこと、悪いことを、難解な法律用語で定められたりしたら、科学にとっては最悪の事態になる。実験計画は政治的な審査委員会に提出することになり、あの世界につきものの無能きわまりない官僚主義がどこにでも顔を出すだろう。

一方、私たちは研究の本当の危険性を見極めようとできるかぎりの努力をしたが、なにしろデータがまったく欠如していたし、「危険がない」ことを証明するという論理的困難にも苦しめられた。それまで組み換えＤＮＡによって大災害が起こったことなど一度もなかったのだが、マスコミは常に「最悪のシナリオ」を考えるのに懸命だった。一九七七年にワシントンＤＣで開かれた会合の報告書の中で、生化学者のレオン・ヘップルは、この論争で科学者が感じた不条理をうまくまとめている。

私はそのとき、クリストファー・コロンブスが出会うかもしれない危険を査定する特別委員会が招集されていたとしたら、それはきっとこんな具合だったろうと思った。もしも地球が平らだったらどうするのか？　コロンブスと船員たちはどこまで無事に行けるのか？　その旅のガイドラインを作るのが委員会の仕事なのだ。

だがどれほど痛烈な皮肉も、科学のプロメテウス的傲慢に歯止めをかけようと固く心に決めている連中にはなんの効果もなかった。そんな十字軍の戦士のひとりに、マサチューセッツ州ケンブリッジ市長のアルフレッド・ヴェルッチがいた。ヴェルッチは自分の街にある名門の研究機関、つまりマサチューセッツ工科大学（ＭＩＴ）とハーバード大学を犠牲にして一般人の側に立つことにより政治的利益を得ていた。組み換えＤＮＡという大嵐は、彼に幸運をもたらすものだった。そのころに出た次の記事は、当時の状況をうまく捉えている。

クランベリー色の二重編みジャケットに黒いズボン、やっとのことで太鼓腹を包んでいる黄色いストライプの入った青いシャツ、その腹のすぐ上の歯並びの悪い口、ものを詰めすぎのポケット。アル・ヴェルッチは、アメリカの中産階級が、科学者や専門技術者、ハーバードの生意気な知識人に対して感じているいらだちを体現する存在だった。インテリどもはひもで世界を吊り上げたと思い込み、結局は泥水の中に落としてしまう。しかし泥水の中に落とされるのは誰なんだ？ あのインテリどもじゃない——取り残されて自分で泥をぬぐうのは、いつだってアル・ヴェルッチと平凡な労働者たちなのだ。

なぜこうも過熱したのだろうか？ ハーバードの科学者たちはすでに、国立衛生研究所が新しく定めたガイドラインに厳密に従い、大学構内に組み換え技術研究のための封じ込め設備を作りたいとの意向を明らかにしていた。だがこれを好機と見たヴェルッチは、反ＤＮＡを掲げるハーバードとＭＩＴの左派の支持をとりつけ、ケンブリッジにおける組み換えＤＮＡの研究を数ヵ月間禁止する議案を通過させてしまった。

その結果、短期間ながら顕著な頭脳流出が起こり、ハーバードとＭＩＴの生物学者たちは政治的な締めつけの緩い地域へと向かった。一方、ヴェルッチは、科学の見張り番として重きをなすようになった。一九七七年、彼は全米科学アカデミーの総裁にこんな手紙を出している。

ハースト社が発行する『ボストン・ヘラルド・アメリカン』紙の本日号に、非常に気になる記事がふたつ掲載されました。マサチューセッツ州ドーヴァーで「オレンジ色の眼をした奇妙な生き物」が見つかったという記事、そして、ニューハンプシャー州のホリスで、ある男性とふたりの息子が、「毛むくじゃらの九本足の生き物」と出会ったという記事がそれです。

　名望ある貴アカデミーがこれらの発見を調査するよう切に願うものであります。また、こうした「奇妙な生き物」が、ニューイングランド地方で行われているＤＮＡ組み換え実験と何らかの関わりがあるのかどうかにつきましても、そちらで調査されるようお願いいたします。


さかんに議論はされたものの、組み換えＤＮＡ実験を規制する国家レベルの法律を制定しようという試みは、幸いにも実現には至らなかった。マサチューセッツ州上院議員テッド・ケネディは早くから論争に加わり、アシロマ会議からわずか一ヵ月後には上院で公聴会を開いた。一九七六年、彼はフォード大統領に宛てた手紙の中で、連邦政府は学術的なＤＮＡ研究だけでなく、企業にも目を光らせるべきだと忠告した。

　一九七七年三月、カリフォルニア州議会での公聴会で私は証言をした。ジェリー・ブラウン州知事もこれに参加していたので、私は直接彼に向かって、スタンフォード大学の科学者に未知の病気でも流行らない限り、法的に規制しようとするのは間違っている、実際に組み換えＤＮＡを扱っている人間がぴんぴんしているのなら、議員たちはオートバイのように公衆にとってもっと危険なものに注目したほうがよほど人々のためになると訴えた。

国立衛生研究所のガイドラインや自治体が定めたガイドラインに沿った実験が次々と行われるにつれて、組み換えＤＮＡ技術が恐ろしい病原菌を作るものではない（ましてや――ヴェルッチ氏には失礼ながら――「オレンジ色の眼をした奇妙な生き物」など作るはずもない）ことが明らかになっていった。

一九七八年には、私はこんな手紙を書いている。「Ｄで始まる他のどんなものと比べても、ＤＮＡは安全です。実験室で作られたＤＮＡが人類を滅亡させるまでの複雑怪奇な道のりを案じるよりは、短剣（dagger）やダイナマイト（dynamite）、犬（dog）、殺虫剤（dieldrin）、ダイオキシン（dioxin）、酔っぱらい運転（drunken driver）などを心配したほうがずっとましでしょう」

その年の終わりに、ワシントンＤＣで開かれた国立衛生研究所の組み換えＤＮＡ顧問委員会（ＲＡＣ）は、ずっと制限を緩めたガイドラインを提案した。それは、がんウイルスＤＮＡの研究を含む、ほとんどの組み換え実験を認めるものだった。一九七九年には、保健教育福祉省長官のジョゼフ・カリファノがこの変更を承認し、哺乳類のがん研究の無意味な停滞期はこうして終わりを迎えた。

実際のところ、アシロマ会議での合意は、重要な研究を五年遅れさせ、多くの若い科学者の研究生活を五年間も妨げただけだった。

一九七〇年代が終わるとともに、コーエンとボイヤーの実験が提示した問題は次第に問題とされなくなっていった。私たちは無益な遠回りをさせられたが、少なくとも、分子生物学者たちが社会的責任を取りたいと考えていることを示すものではあった。

DNAの配列を読む

とはいえ、一九七〇年代後半の分子生物学が政治のために完全に停滞していたわけではない。実際、この時期には数多くの重要な進展があったのである。その大半は、依然として議論の的になっていたボイヤーとコーエンの分子クローニング技術の基礎の上に打ち立てられたものだった。

とりわけ重要だったのは、DNAの塩基配列を読みとる方法が考え出されたことだ。配列を決定するためには、目的のDNA断片が大量に必要になるが、クローニング技術が発達するまでは(微小なウイルスDNAの場合を別にすれば)、大量の試料を用意するのは難しかった。

マサチューセッツ州ケンブリッジ(ハーバード大学)のウォリー・ギルバートと、イギリスのケンブリッジ大学のフレッド・サンガーのふたりは、同じ時期にそれぞれ別の配列決定法を考え

ウォリー・ギルバート（上）とフレッド・サンガー。配列決定の両雄。

出した。

ギルバートは、大腸菌のベータ・ガラクトシダーゼ遺伝子の調節システムのなかのリプレッサーを単離して以来、DNAの配列決定に興味をもつようになっていた。彼はソ連の優秀な化学者アンドレイ・ミルザベコフと話をする機会を得、それをきっかけに、ある強力な化合物を使うことによって、望みの場所でDNA鎖を切断する方法を思いついた。

ワシントンDCで高校の三年生だったとき、ギルバートはよく授業をサボっては米国議会図書館で物理学の本を読んでいた。彼は科学の得意な高校生たちにとっての聖杯、ウェスティングハウス・サイエンス・タレント・サーチ（一九九八年にスポンサーが替わり、インテル・サイエンス・タレント・サーチという名になった）に入賞することを目指し、一九四九年、みごとその賞を射止めた（一九八〇年、彼はストックホルムのスウェーデン王立科学アカデミーから電話をもらい、ウェスティングハウスの受賞者はノーベル賞を取る確率が高いという統計データを増やした)。

ギルバートは大学、大学院でも物理学を学び、一九五六年に私がハーバードへ行った翌年に、物理学科の教員としてハーバードにやってきた。しかし私がRNA研究に興味をもつようしむけると、彼は自分の研究を捨ててこちらの分野に移ってきた。思慮深く、手抜きということを知らないギルバートは、それ以来今日に至るまで分子生物学の最前線に立ち続けている。

しかしふたつの配列決定方法のうち、時を経て生き延びたのはサンガーの方法だった。ギルバートの方法では、DNAを切断する化合物を使わなくてはならないが、その化合物の取り扱いが難しかった。わずかなチャンスでもあれば、その物質は研究者自身のDNAを切断しはじめてしまうのだ。

一方、サンガーの方法では、細胞内でDNAが自然に増えるとき使われる酵素、DNAポリメラーゼを使う。まず、わずかに変化させておいた塩基対のコピーを作る。DNA(デオキシリボ核酸)に見られる通常の「デオキシ」塩基(アデニン、チミン、グアニン、シトシン)だけを使うのではなく、サンガーはこれに、分子構造がわずかに異なる「ジデオキシ」塩基を加えた。

ジデオキシ塩基には変わった特性がある。DNAポリメラーゼは、作りかけのDNA鎖(つまり、鋳型となるDNA鎖の相補鎖として作製中のもの)に、普通のデオキシ塩基と同様、ジデオキシ塩基を組み込んでいく。ところがいったんジデオキシ塩基が組み込まれると、そこから先には塩基を付け加えることができなくなってしまうのだ。つまりＤＮＡ鎖の複製は、ジデオキシ塩基のところで止まってしまうのである。

GGCCTAGTAという配列をもつ鋳型のＤＮＡ鎖を考えてみよう。実験ではこの鎖のコピーが大量に作られることになる。そこで今、通常のアデニン、チミン、グアニン、シトシンに、ジデオキシアデニンを加えた環境で、ＤＮＡポリメラーゼを使ってこの鎖を複製しているものと考えよう。このとき酵素はまず、（最初のグアニンに対して）シトシンをもってくる。次もシトシン、それからグアニン、その次もグアニンと鎖はつながっていく。

だが次のチミンに対しては、通常のアデニンを付け加えるか、ジデオキシアデニンを付け加えるかという選択肢が生じる。ジデオキシアデニンを付け加えた場合、鎖の成長はそこで止まり、ジデオキシアデニン（ddA）で終わる短い鎖CCGGddAができる。それに対して通常のアデニンをもってきた場合は、チミン、シトシンというように、さらに塩基を加えていくことができる。

この後、ジデオキシアデニンによる〝停止〟が起こるチャンスは、酵素が次にチミンと出会うまでめぐって来ない。ここで酵素は、アデニンまたはジデオキシアデニンのどちらかを付け加える。ジデオキシアデニンを加えれば、鎖の成長はそこで停止し、さっきよりも少しだけ長い鎖ができる。このとき鎖の配列はCCGGATCddAとなる。酵素がチミンと出会うたびに（つまり鎖に

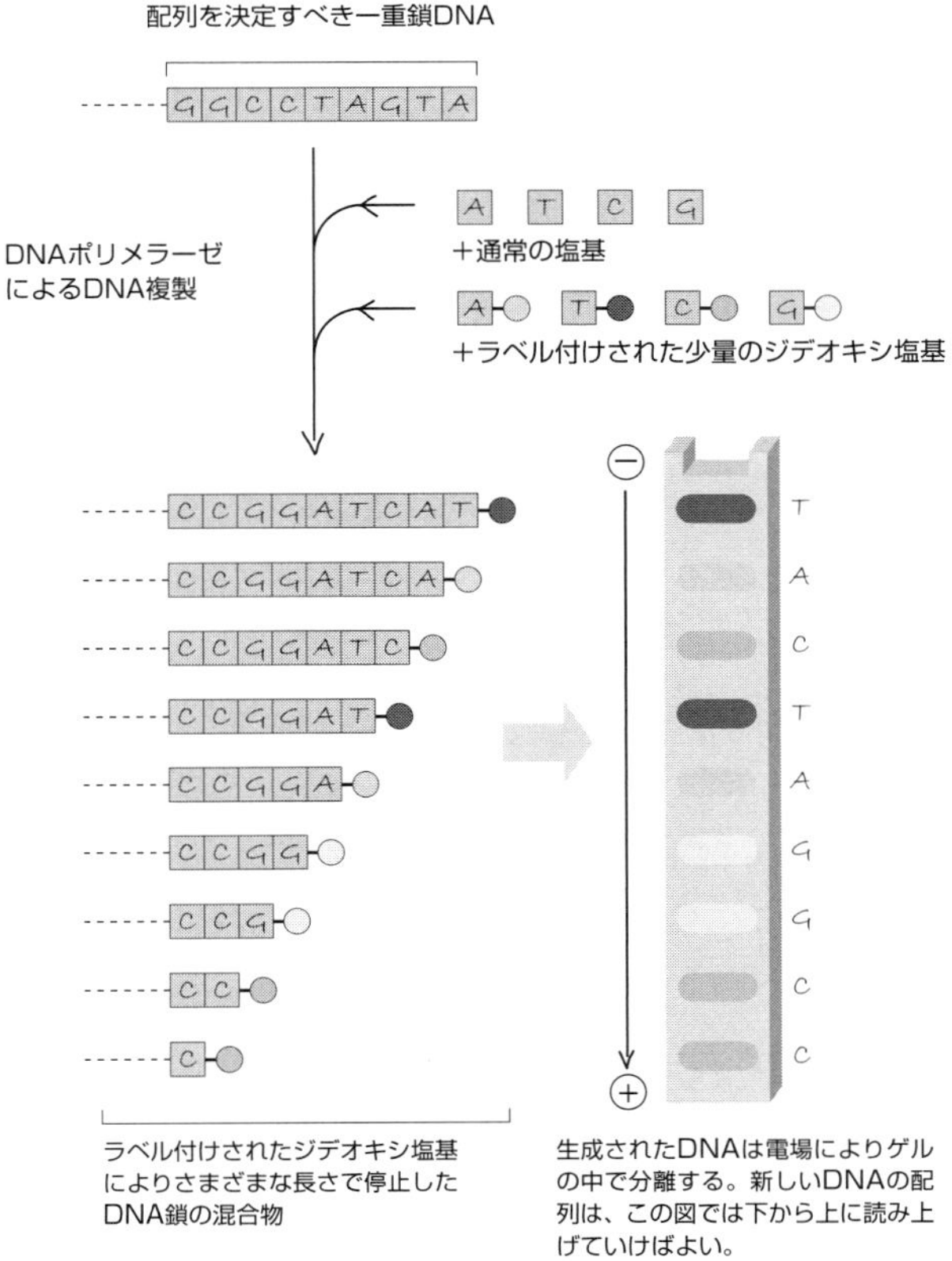
配列を決定すべき一重鎖DNA
GGCCTAGTA
DNAポリメラーゼ
によるDNA複製
A T C G
＋通常の塩基
＋ラベル付けされた少量のジデオキシ塩基
CCGGATCAT
CCGGATCA
CCGGATC
CCGGAT
CCGGA
CCGG
CCG
CC
C
T
A
C
T
A
G
G
C
C
ラベル付けされたジデオキシ塩基
によりさまざまな長さで停止した
DNA鎖の混合物
生成されたDNAは電場によりゲル
の中で分離する。新しいDNAの配
列は、この図では下から上に読み上
げていけばよい。

サンガーのDNA配列決定法。

アデニンを付け加えるチャンスが来るたびに)、これと同じことが起こる。もし通常のアデニンを選べば鎖はさらに伸びていくが、ジデオキシアデニンを選べば、そこで鎖の成長は止まる。

こうして実験が終わった段階では、長さの異なるたくさんの複製DNA鎖ができている。これらたくさんのDNA鎖の共通点は何だろうか？　それは、どの鎖もジデオキシアデニンで終わっていることだ。

これと同じプロセスを、残りの三つの塩基についても行う。たとえばチミンなら、通常のアデニン、チミン、グアニン、シトシンに加え、ジデオキシチミンを使う。できあがる分子はCCGGAddTまたはCCGGATCAddTとなる。

四つのケース——ジデオキシアデニン、ジデオキシチミン、ジデオキシグアニン、ジデオキシシトシン——をすべて実験してみると、DNA鎖が四セットできあがる。鎖の最後がジデオキシアデニンのセット、鎖の最後がジデオキシチミンのセット、という具合だ。あとはこれらの鎖を、わずかな長さの違いだけから分類できれば、その配列を推測することができる。

しかし推測のしかたを説明する前に、まずは分類の方法を見ておこう。DNA断片をすべて、特殊なゲルを満たしたプレートに入れ、そのプレートを電場の中に置く。電場に引っ張られてDNA分子はゲルの中を移動するが、その移動速度は鎖の長さに反比例する。短い鎖は長い鎖よりも速く移動するのだ。

一定の時間では、もっとも短い鎖、この場合はddCがいちばん遠くまで移動する。次に短いCddCはそれよりもわずかに短い距離を移動する。その次に短いCCdGは、それよりもさらに少し短い距離を移動する。以上がサンガーの方法である。ゲル中でのタイムレースが終了したら、それぞれの鎖の相対的な位置関係を読み取れば（最初がC、次もC、その次がGというように）、DNA断片の配列が推定できるわけである。

一九八〇年、サンガーは、ギルバート、ポール・バーグとともにノーベル化学賞を受賞した（どういうわけかスタンリー・コーエンもハーブ・ボイヤーもまだ受賞していない）。

サンガーにとってこれは二度目のノーベル賞だった。彼は一九五八年にタンパク質の配列（つまりアミノ酸の並べ方）を決定し、それを人間のインスリンに応用した功績により化学賞を受けているからだ（サンガーの他、二度のノーベル賞を受賞した顔ぶれは錚々たるものである。マリー・キュリーは物理学〈一九〇三年〉と化学〈一九一一年〉で受賞し、ジョン・バーディーンはトランジスタの発明〈一九五六年〉と超伝導〈一九七二年〉によって物理学賞を二度受け、ライナス・ポーリングは化学賞〈一九五四年〉と平和賞〈一九六二年〉を受けている）。

だが、サンガーのタンパク質配列決定法とDNA配列決定法のあいだにはなんの関係もない。技術的にも発想の点でも、サンガーはどちらもまったくゼロから考え出したのである。彼は分子生物学の初期に大きく貢献した天才的技量のもち主として、高く評価されるべきだろう。

サンガーは、ノーベル賞を二度も受けた人というイメージとは合わないかもしれない。クエーカー教徒の家に生まれた彼は、社会主義者となり、第二次世界大戦中は良心的兵役拒否を行った。もっとめずらしいことに、彼は自分の業績を宣伝したりはせず、ノーベル賞のメダルなどもしまい込んで見せたがらない。「金のメダルをもらったところで銀行に預けてしまうし、証明書をもらっても屋根裏にしまうだけさ」

彼はナイトの爵位すら辞退した。「爵位なんてもらったら、自分が変わってしまうみたいじゃないか？　ぼくは変わりたくないんだ」。引退後、サンガーはケンブリッジ郊外にある自宅の庭の手入れをする日々に満足しているようだが、一九九三年にケンブリッジの近くにできたゲノム配列決定のためのサンガー・センターには、ひかえめな態度で、だが楽しそうにときおり顔を見せている。

イントロンとエクソン

ＤＮＡの配列が決定できるようになったことで、一九七〇年代に発見されたもっともめざましい事実、すなわち〝分断遺伝子〟の存在が裏づけられた。遺伝子がアデニン、チミン、グアニン、シトシンからなる鎖であること、そして、これらの塩基が三つ組みの遺伝暗号として翻訳され、アミノ酸の鎖、すなわちタンパク質が作られることはすでに知られていた。

しかしリチャード・ロバーツ、フィル・シャープらは優れた研究を行い、多くの生物では、遺伝子が実際には連続した塩基配列になってはおらず、意味のある暗号の部分が、関係のない部分によって分断されていることを明らかにした。メッセンジャーRNAが転写されるときにだけ、この分断された状態のDNAが「編集」され、関係のない部分が取り除かれるのである。

それはたとえばこの本のあちこちに、野球やローマ帝国史といった無関係な話がでたらめに挿入されているのと同じようなものだ。ウォリー・ギルバートは、挿入されているDNAを〝イントロン〟(「中間にあるもの」の意)、実際のタンパク質暗号化を請け負う部分を〝エクソン〟(「表現するもの」の意)と名づけた。イントロンは主として複雑な生物に見られ、細菌には見られないことがわかっている。

遺伝子の中には、驚くほどたくさんのイントロンを含むものもある。たとえば人間では、血液凝固因子のうち第Ⅷ因子の遺伝子(これが突然変異すると血友病になることがある)は、二十五のイントロンを含んでいる。第Ⅷ因子は大きなタンパク質で、およそ二千のアミノ酸から構成されるが、暗号を担っているエクソンは、遺伝子の全長のわずか四パーセントにすぎない。残りの九六パーセントはイントロンなのである。

イントロンはなぜ存在するのだろうか? 当然ながら、イントロンのせいで事情は複雑になっている。メッセンジャーRNAを作る際に編集作業が必要になるからだ。そしてこの編集ではミ

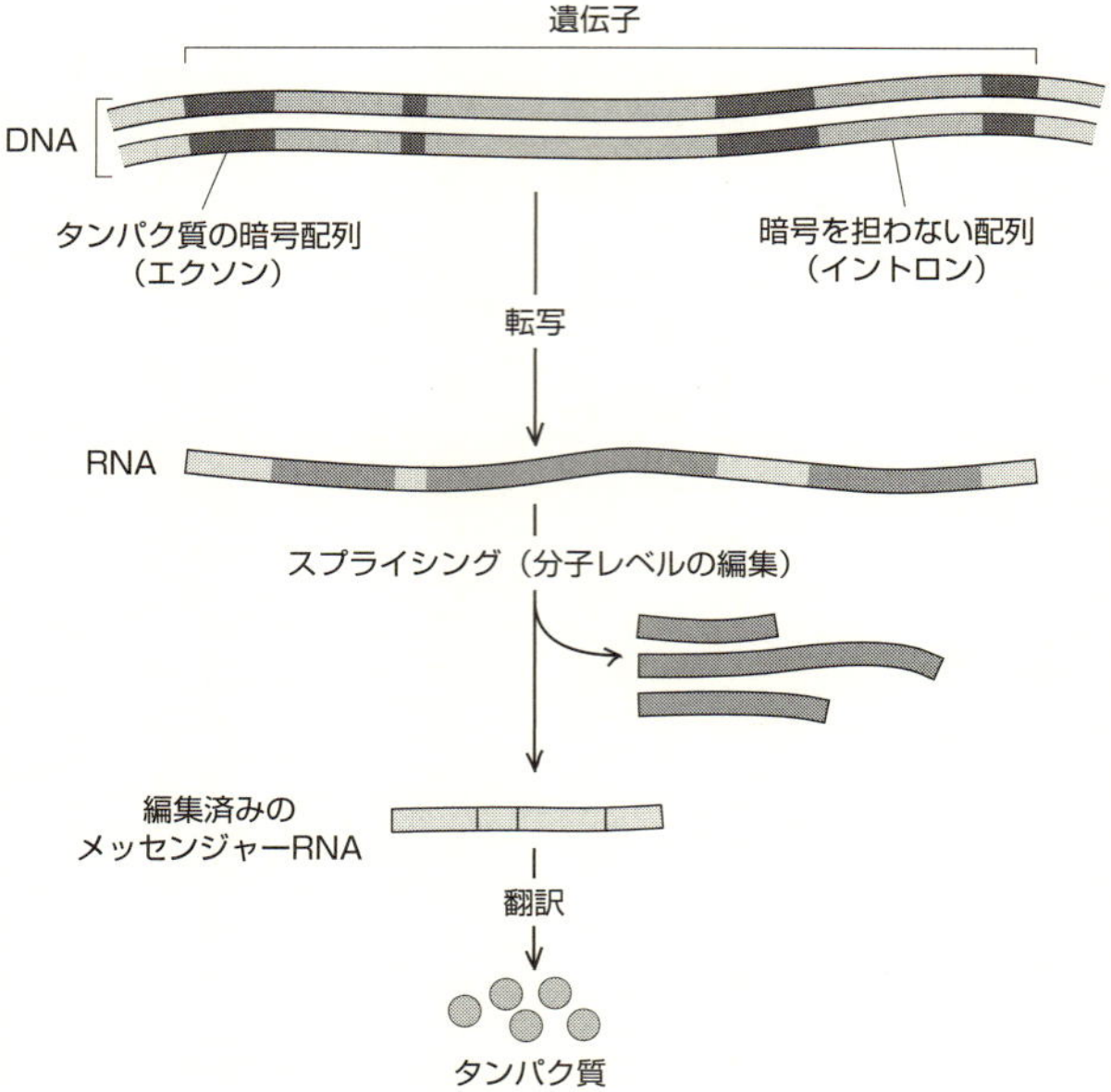

イントロンとエクソン。暗号を担わないイントロンはメッセンジャーRNAから取り除かれ（このプロセスを「編集」という）、その後タンパク質合成が行われる。

スが起こりやすい。たとえば血液凝固の第Ⅷ因子を作るためのメッセンジャーRNAからイントロンを取り除く編集作業にミスがあれば、たいていはフレームシフト突然変異が起こり、暗号は無意味になってしまう。

分子に侵入したイントロンは過去の痕跡であり、地球に誕生した初期の生命から受け継いできたものにすぎないとの説もある。しかしイントロンがどのようにして生まれたのか、そしてイントロンに役割があるとすればそれは何なのかという議論は今も続いている。

真核生物（細胞に細胞核という仕切られた部分があり、そこに遺伝物質が蓄えられている生物。細菌などの原核生物には細胞核がない）の遺伝子の一般的性質が明らかになると、科学界のゴールドラッシュともいうべき時代がやってきた。熱く燃える科学者たちは最新の技術を手に、重要な遺伝子を最初に取り出し、その特徴を明らかにしようと競い合った。

最初の宝の山は、哺乳動物にがんを起こさせる突然変異をもつ遺伝子だった。ＳＶ40など、よく研究されたがんウイルスのＤＮＡ配列が明らかになると、今度はそのがんを引き起こす（正常な細胞をがん細胞にする）遺伝子が精密に調べられた。まもなく分子生物学者たちは、ヒトのがん細胞から遺伝子を単離できるようになった。

その結果、ヒトのがんはＤＮＡが変異したために起こるのであり、従来考えられていたように、一生のどこかの時点で起こる突発的事故などではないことが立証された。がんの成長を促進する遺伝子も、がんを抑制する遺伝子も発見された。自動車と同じく、細胞が正しく機能するためには、アクセルもブレーキも必要であるらしかった。

遺伝子の宝探し競争は、分子生物学の世界を席巻した。一九八一年、コールドスプリングハーバー研究所は、遺伝子のクローニング技術を教える上級サマーコースを開始した。このコースの内容をもとに書かれた『分子クローニング』というガイドブックは、三年間で八万部以上売れた。DNA革命の第一期（一九五三〜七二年）——二重らせんの発見の興奮が遺伝暗号へとつながった時期——には、約三千人の科学者がこの研究に関わっていた。しかし組み換えDNAとDNA配列決定技術で幕を開けた第二期には、十年ほどのあいだにその百倍もの研究者が関わるようになった。

これだけ規模が拡大したのは、ひとつにはバイオテクノロジーという新しい産業が誕生したためだった。一九七五年以降、DNAは、生命を分子レベルで理解しようとする生物学者だけの関心事ではなくなった。DNAは、白衣を着た科学者たちが住む学究的な世界から、シルクタイとスマートなスーツ姿のビジネスマンたちが大半を占める、それまでとは大きく異なる世界へと居場所を変えたのである。かつてフランシス・クリックは、ケンブリッジにある自宅を「黄金のらせん」と名づけたが、その言葉はまったく新しい意味をもつようになった。

第5章　DNAと金と薬――バイオテクノロジーの誕生

ハーブ・ボイヤーは出会いを生かす。前章で見たように、DNA組み換えを実現させた実験は、一九七二年、ワイキキのカフェテリアでの彼とスタンリー・コーエンとの話し合いから生まれたものだった。そして一九七六年、二度目の幸運が舞い降りる。今度はサンフランシスコで、話し合いの相手はボブ・スワンソンというベンチャー資本家。そこから生まれたのは、後にバイオテクノロジーと呼ばれることになる新しい産業だった。

ボイヤーに接触してきたとき、スワンソンはまだ二十七歳だったが、大胆な投機ですでに名を上げていた。新たなビジネスチャンスを狙うスワンソンは、大学で科学を学んだ経験を生かし、DNA組み換えという生まれたての技術に目をつけた。

ところがスワンソンが話をもちかけた相手はみな、まだ機が熟していないと言うのだった。スタンリー・コーエンでさえも、商業上の実用化には少なくとも数年はかかるだろうと言った。ボイヤーとしては、とにかく仕事の邪魔をされるのはごめんだったし、とりわけスーツを着込んだ連中がもちこんでくるやっかいごとは願い下げだった。ジーンズにTシャツという格好がごく普通になっている科学者の世界では、スーツ姿はかなり場違いなものなのだ。

しかしスワンソンはうまくボイヤーを言いくるめ、ある金曜日の午後に、十分間だけ時間を割いてもらうことに成功する。

十分間の予定が数時間に延び、二人は「チャーチルズ・バー」で何杯もジョッキを重ねた。このときスワンソンは、自分が眠れる起業家を目覚めさせたことを悟った。実際ボイヤーは一九五四年に、級長を務めていたデリーボロー高校の卒業アルバムの中で、「ぼくは実業家として成功する」と宣言していたのである。

基本的な考え方はとても簡単だった。コーエン-ボイヤーの技術を使って市場性のあるタンパク質を生産する方法を探ろうというのである。「有用な」タンパク質——たとえば、ヒトインスリンのような医療的価値のあるタンパク質——を作る遺伝子を細菌に入れてやれば、その細菌はそのタンパク質を作りはじめるだろう。そうなれば、後は実験室のシャーレから工場の大きな槽へと規模を拡大し、できたタンパク質を取り出すだけだ。

もちろん、原理的には簡単でも、現実にはそうはいかないのが世の常である。だがボイヤーとスワンソンは楽観的で、それぞれ五百ドルをぽんと拠出し、この新技術を開発する会社を作ることにした。一九七六年四月、二人は世界初のバイオテクノロジー企業を設立した。

スワンソンはその会社の名前を、二人の名前をつなげて「ハーボブ（Her-Bob）」にしようと提案した。しかし会社にとって幸いなことに、ボイヤーはその案をはねつけ、代わりに「ジェネティック・エンジニアリング・テクノロジー（遺伝子工学テクノロジー）」を縮めた「ジェネンテック」という名前を提案した。

ジェネンテック社は、まずは当然のようにインスリンを狙った。糖尿病の患者は、体内でインスリンをほとんど（Ⅱ型糖尿病）あるいはまったく（Ⅰ型糖尿病）作れないため、このタンパク質を定期的に注射しなくてはならない。かつてⅠ型糖尿病は死に至る病気だった。しかし一九二一年、インスリンが血糖値を制御していることが解明されると、糖尿病患者のためのインスリン生産は一大産業となった。

哺乳類はどれもみなほぼ同じ方法で血糖値をコントロールしているため、豚や牛など家畜から採ったインスリンを人間に使うことができる。豚や牛のインスリンは、ヒトのインスリンとわずかに異なる――インスリンというタンパク質鎖を構成する五十一のアミノ酸のうち、豚インスリンではひとつ、牛インスリンでは三つのアミノ酸が違っているのだ。

この違いのために副作用が起こることもある。糖尿病患者はときに、この「外来」のタンパク質に対してアレルギー反応を起こすのである。バイオテクノロジーを用いれば、患者に本物のヒトインスリンを提供し、このアレルギーの問題を解決することができる。

アメリカには推計八百万人の糖尿病患者がいることから、インスリンは間違いなく宝の山になりそうだった。だが、その可能性に気づいたのはスワンソンとボイヤーだけではなかった。カリフォルニア大学サンフランシスコ校（ＵＣＳＦ）でのボイヤーの同僚が率いる研究グループや、ハーバード大学のウォリー・ギルバートもまた、ヒトインスリンのクローニングは科学的にも商業的にも価値があると見て取った。一九七八年五月、ギルバートをはじめとする数名のアメリカ人とヨーロッパ人が、「バイオジェン」という企業を設立した。

バイオジェン社とジェネンテック社が設立された経緯は対照的で、それもまたこの分野の動きの速さを物語っている。ジェネンテック社は、やる気満々の二十七歳の男がかけた一本の電話から生まれた。一方のバイオジェン社は、ベテランのベンチャー資本家たちが共同し、一流の科学者を引き抜いて作った企業である。ジェネンテック社はサンフランシスコのバーで生まれ、バイオジェン社はヨーロッパの高級ホテルで生まれた。しかしどちらの企業も抱く夢は同じであり、インスリンはその夢の一部だった。こうして競争は始まった。

医薬品開発競争の幕開け

細菌にヒトのタンパク質を作らせるためには、かなり込み入った作業が必要になる。とくにやっかいなのは、イントロン（ヒトの遺伝子の中で遺伝暗号を担っていない部分）の存在だ。細菌はイントロンをもたないため、イントロンを処理することができない。ヒトの細胞ならば、メッセンジャーRNAを注意深く「編集」し、遺伝暗号を担わない部分を取り除くことができるが、細菌にはその能力がないため、ヒトの遺伝子からタンパク質を作ることができないのである。そのため、大腸菌を使ってヒトの遺伝子からヒトのタンパク質を作ろうとすれば、まず初めにこのイントロンの問題を解決する必要があった。

先のライバル二社は、それぞれ別のアプローチでこの問題に取り組んだ。ジェネンテック社の戦略は、イントロンを含まない遺伝子を化学的に合成し、それをプラスミドに入れてやるというものだった。まずオリジナルな遺伝子を人工的にコピーし、それをクローニングするわけだ。

今日ではこんな回りくどい方法はほとんど使われないが、当時としてはこれは賢い戦略だった。というのもこの時期は、バイオハザードに関するアシロマ会議からまだ間がなく、遺伝子のクローニング技術、とくにヒトの遺伝子を扱うものには警戒の目が向けられ、厳しい規制がかけられていたからである。ジェネンテック社は、ヒトから抽出した遺伝子それ自体ではなく、遺伝子の人工的なコピーを使うことにより、その規制の網をくぐり抜けたのだった。

一方のバイオジェン社は、別のアプローチをとった（今日ではこちらが一般的になっている）。ところがその方法は、実際にヒトの細胞から採ったDNAを扱うため、すぐに規制の網にひっかかってしまった。この方法では、分子生物学の分野では当時もっとも衝撃的だった発見が利用されている――セントラル・ドグマ（遺伝情報は、ＤＮＡからＲＮＡへ、ＲＮＡからタンパク質へという向きにしか伝わらないとする法則）は、破られる場合もあることが発見されたのである。

一九五〇年代、科学者たちは、ＲＮＡはもつがＤＮＡはもたないような一群のウイルスを発見した。エイズを引き起こすＨＩＶ（エイズウイルス）もその一種である。その後の研究により、これらのウイルスは、宿主細胞に侵入した後、自らのＲＮＡをＤＮＡに転換できることが判明した。つまり、ＲＮＡからＤＮＡへという逆向きの経路をたどることにより、セントラル・ドグマを破っているのである。

ここで重要な役割を演じているのが、ＲＮＡをＤＮＡに転換する逆転写酵素だ。一九七〇年に成し遂げられたこの発見により、一九七五年、ハワード・テミンとデーヴィッド・ボルティモアはノーベル医学・生理学賞を受賞した。

逆転写酵素の存在がヒントになり、バイオジェン社などいくつかの企業は、ヒトインスリン遺伝子からイントロンを取り除くうまい方法を考えついた。それができれば、あとはイントロンをもたない遺伝子を細菌に入れてやればいい。

まず第一段階として、インスリン遺伝子から作られたメッセンジャーＲＮＡを単離する。途中で編集が行われるため、このＲＮＡは元のＤＮＡがもっていたイントロンを含まない。しかしＲＮＡはＤＮＡと違ってすぐに分解してしまうため、使い勝手はあまり良くない。それにコーエンーボイヤー法では、RNAではなくDNAを細菌の細胞に入れてやらなくてはならない。

そこで最終的な目標は、逆転写酵素を用い、編集されたメッセンジャーRNAからDNAを作ることになる。そうすれば、イントロンは含まず、細菌がヒトインスリンタンパク質を作るために必要な情報はすべて含むようなDNA断片、つまりきれいに整理されたインスリン遺伝子が得られる。

結局この競争に勝ったのはジェネンテック社だったが、それは僅差の勝利だった。ギルバートのチーム（バイオジェン社）はそれ以前に、逆転写酵素を用いてラットのインスリン遺伝子をクローニングし、細菌にラットのタンパク質を作らせることに成功していた。あとは同じプロセスをヒトの遺伝子でやるだけだった。

ところがバイオジェン社は、ここで規制に引っ掛かってしまったのだ。ギルバートのチームは、ヒトのDNAをクローニングするためにP4封じ込め施設を使わなければならなかった。これは最高レベルの封じ込めであり、エボラウイルスのような不快な生物を取り扱うために必要になる施設である。ギルバートらはどうにかイギリス軍部を説得し、南イングランドのポートンダウンにある応用微生物研究所（生物戦のための研究所）への立ち入り許可を取り付けた。

スティーヴン・ホールは、インスリンのクローニングをめぐる競争を描いた著書の中で、ギルバートとその同僚たちが経験することになった、まるで現実とは思えないような屈辱について次

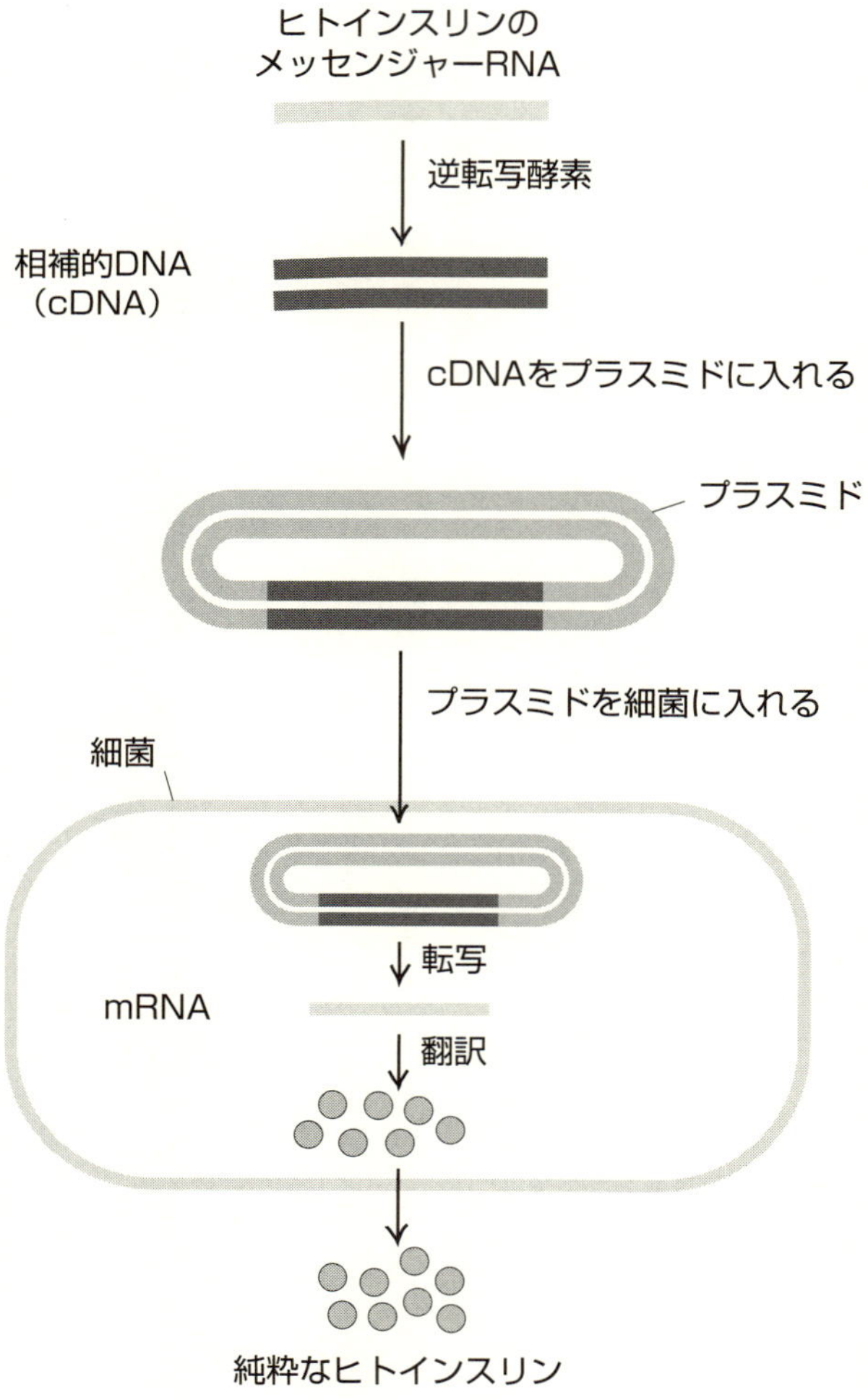

逆転写酵素を用い、イントロンをもたない遺伝子をクローニングする。

のように述べている。

Ｐ４実験室に入るだけでもとてつもなく大変だった。研究者はみな全裸になり、政府支給の白いボクサーパンツ、黒いゴム長靴、青いパジャマのような服、病院で着させられるような背中の開いた黄色の上衣、手袋二組、シャワーキャップのような青いビニールの帽子を身につけた。そしてすべての携行品を——道具類、瓶、ガラス器具、装置、その他諸々を——ホルムアルデヒドの洗浄機に通す。実験手順を書いた紙までもだ。

そこで研究者たちは、紙を一枚ずつチャック止めのビニール袋に入れ、ホルムアルデヒドが染み込んで、紙が羊皮のように茶色の皺だらけにならないことを祈った。実験室の空気にさらされた書類は最終的にはすべて処分しなければならないから、ハーバード大学のグループは自分たちの実験ノートをもちこむことさえできなかった。みんなホルムアルデヒドを溜めた浅いプールを歩いて渡り、そして短い階段を降りてＰ４実験室に入った。実験室から出るときには全員必ず、同じ煩雑な衛生管理上の手順を踏み、シャワーを浴びなければならなかった。

これらすべての手順が、ヒトのＤＮＡの一部をクローニングするためだけに行われたのである。今日ではここまでの誇大妄想はなくなり、情報も行き渡っているため、同じような実験を、分子生物学入門コースを受講する学部生が簡素な実験室で行うようになっている。結局、ギルバートのチームはインスリン遺伝子のクローニングに失敗し、この一件は彼らにとって深い痛手となった。彼らは敗北をＰ４の悪夢のせいにしたが、それも無理はないだろう。

ジェネンテック社のチームにはこのような規制による障害はなかったが、化学的に合成した遺伝子を使って大腸菌にインスリンを生産させること自体は、技術的にきわめて難しい仕事だった。また、実業家であるスワンソンにとって、乗り越えるべきは科学上の障害にとどまらなかった。一九二三年以来、アメリカのインスリン市場は、唯一の製造業者であるイーライリリー社（以下、リリー社）に支配されていた。同社は一九七〇年代後半には年間売り上げ三十億ドルの企業に成長しており、インスリン市場で八五パーセントのシェアを握っていた。

たとえ遺伝子工学で作られたヒトインスリンが、家畜から得られたリリー社のインスリンより優れているのは明らかだとしても、リリー社という怪物と張り合えるはずもないことはスワンソンにはよくわかっていた。そこで彼はリリー社に接近し、ジェネンテック社製インスリンの独占使用権を取らないかともちかけた。そして共同経営者である科学者たちが実験室でがむしゃらに働いているあいだ、リリー社との交渉に精を出した。リリー社は合意するに違いないとスワンソンは踏んでいた。リリー社ほどの大企業が、ＤＮＡ組み換え技術の意味するところ、すなわち「未来の製薬技術」を見過ごすわけにはいかないはずだからだ。

だが、話をもちかけてきたのはスワンソンだけではなかった。実はリリー社は、競合する他のプロジェクトに資金を提供していたのである。リリー社は、役員の一人をフランスのストラスブールに派遣までして、ギルバートの路線と似た方法でインスリン遺伝子をクローニングする有望な試みを監督していたのだ。

ところが、ジェネンテック社が成功したとのニュースが伝わるやいなや、リリー社はカリフォルニアに目を転じた。そして、最終的に実験の成功が確認された日のまさに翌日、一九七八年八月二十五日に、ジェネンテック社とリリー社は合意文書に調印する。バイオテクノロジー・ビジネスはもはや夢物語ではなくなった。一九八〇年九月、ジェネンテック社が株式を公開すると、株価はわずか数分のうちに三十五ドルから八十九ドルにはね上がった。当時これは、ウォール街の歴史上もっとも急激な株価上昇だった。ボイヤーとスワンソンは突如として、それぞれおよそ六千六百万ドルの資産をもつことになった。

従来、生物学の研究において重要なのは、誰が初めに発見したかということだった。そしてその人物が手にするものは、金ではなく栄誉だった。これには例外もあり、ノーベル賞などは多額の賞金をもらえる。しかし一般的なことを言えば、生物学をやるのはそれが好きだからだった。大学からもらうわずかばかりの給料が研究の動機になどならないのはわかりきったことだ。

だがバイオテクノロジーの登場によってすべては変わった。一九八〇年代、科学とビジネスとの関係は、十年前には想像もできなかったものへと変貌し、生物学には大金が絡むようになった。その金のためにものの考え方は一変し、新たな問題も生じてきた。

第一に、バイオテクノロジー企業の創設者はたいてい大学教授であるため、当然ながら、企業の展望を支える研究は大学の研究室で始まることが多い。たとえば、バイオジェン社の創設者の一人であるチャールズ・ヴァイスマンが多発性硬化症の治療薬となるヒトインターフェロンのクローニングに成功したのは、チューリッヒ大学の彼の研究室でだった。ヒトインターフェロンは後にバイオジェン社のドル箱になる。またウォリー・ギルバートは、組み換えインスリンをバイオジェン社の製品目録に加えようとして果たせなかったが、この研究に取り組んでいたとき彼の所属はハーバード大学だった。

ここからすぐに次のような疑問が浮かび上がった。大学教授が大学の施設を使って行った研究で金儲けをしてもいいものだろうか？　大学で行われた研究をもとに商売をすることにより、和解し難い利害の対立が生まれはしないだろうか？　分子生物学の工業化という新時代の展望が、くすぶっている安全性の議論に油を注ぐことにならないだろうか？　大金がかかってくるだけに、この新たな業界のトップたちは、安全性の規準をゆるめたりはしないだろうか？

こうした状況の中、ハーバード大学は当初、バイオテクノロジー企業を独自に設立することを考えた。潤沢なベンチャー資本に加え、マーク・プタシュネとトム・マニアティスという分子生物学の二大スターを擁するこの大学の事業計画は、危うさのないものに思われた。バイオテクノロジーというゲームに、大物選手が乗り込もうとしていたのだ。

ところが一九八〇年、この計画は頓挫した。教授会の投票で、汚れなきハーバード大学の白百合のような学問のつま先を、ビジネスという泥水に浸けるのを許すわけにはいかないとの決定が下されたのである。事業に手を染めることで、生物学科内部に利害の対立が生じるのではないかとの懸念もあった——利潤を追求する部門を学内に抱えた場合、教授の任用はこれまでどおり研究業績だけを規準に行われるのか、あるいは事業への貢献度も考慮されることになるのか？

結局ハーバード大学は事業計画を撤回せざるをえなくなり、二〇パーセントの資本参加を諦めた。十六年後、この決定のためにハーバード大学がどれだけの損害を被ったかが明らかになった——この企業はなんと十二億五千万ドルで世界的製薬会社ワイスに売却されたのである。そのときから今日に至るまで、ハーバード大学の分子細胞生物学科は、人件費を上まわる額の寄付を受けられないでいる。

しかしプタシュネとマニアティスは事業を起こす決心をし、そこから新たな問題が生じた。マサチューセッツ州ケンブリッジ市では、DNA組み換え研究を一時中断せよというヴェルッチ市長の命令はすでに過去のものとなっていたが、反DNA感情はなおくすぶっていた。そこでプタシュネとマニアティスは自分たちの会社に名前をつけるにあたり、ジェネンテックやバイオジェンといったハイテクっぽい派手な名前を慎重に避け、「遺伝学研究所」という地味な名前を選んだ——DNAという勇ましげな新世界ではなく、ショウジョウバエを使っていたころの穏やかな生物学の世界をイメージしてもらいたいと思ったのだ。

二人はまたこの新会社の看板を、ケンブリッジではなく近隣のサマヴィルに掲げることにした。ところがサマヴィルの市民会館で行われた公聴会は大混乱となり、ヴェルッチの影響力はケンブリッジ市の境界を越えて広がっていることが明らかになった。結局、遺伝学研究所には開業許可が下りなかった。

しかし幸いにも、チャールズ河の対岸にあるボストンはいくぶん寛容だったので、新会社はボストンのミッションヒルという地域にあった元病院の空きビルを使って開業することになった。遺伝子組み換えは健康や環境に危険を及ぼさないことが少しずつわかってくるにつれ、ヴェルッチ流の狂信的な反バイオテクノロジー運動は下火になっていった。遺伝学研究所はそれから数年のうちに、ケンブリッジ北部に——かつて誕生のときに自分たちを見捨てた大学のすぐそばに——移転することになる。

学問としての分子生物学とビジネスとしてのそれとの初期の関係には、不信感や聖人ぶった態度がつきものだった。しかし過去二十年間に、そうした関係は生産的な共存関係に取って代わられた。今では大学も、教授たちがビジネスに目を向けるよう積極的に働きかけている。また大学は、遺伝学研究所をめぐるハーバードの失敗に学び、大学で生まれたテクノロジーで収益を得る方法を開拓してきた。倫理規定も変化し、今ではふたつの世界を股にかける教授たちのために、利害の衝突を防ぐのがその目的となっている。

バイオテクノロジーの黎明期には、大学の科学者でありながらビジネスに手を染めた者は「裏切り者」として非難されたものだったが、今日では、DNA関係の有能な研究者はバイオテクノロジー産業にも関与するのが普通になっている。その世界では大金が転がり込み、知的にもやりがいがある。なぜならバイオテクノロジーは、事業として成功する条件が十分にあると同時に、今も最先端の科学だからだ。

DNAと特許論争

スタンリー・コーエンは、技術の最先端にいるだけでなく、純粋な学問の世界から金になる生物学に頭を切り換えるという点でも、時代の先端を走ることになった。彼は、DNA組み換え技術がビジネスになることは初めから見抜いていたが、コーエン‐ボイヤーのクローニング法で特許を取ろうなどとは考えたこともなかった。『ニューヨークタイムズ』の一面でコーエンの成功を知り、特許を取るべきだと彼に忠告したのは、スタンフォード大学技術特許課のニールス・ライマーズだった。

初めコーエンはまさかと思った。この発見ができたのは、何世代にもわたって積み上げられてきた成果があればこそであり、最後の一歩だけを特許にするのはおかしいというのが彼の言い分だった。

しかし考えてみれば、すべての発明にはそれに先立つ技術があるわけで（蒸気機関が発明されないことには蒸気機関車の発明もありえない）、過去の成果を新たに発展させた人物が特許を取るのは少しもおかしなことではない。一九八〇年、スタンフォード大学が最初に特許申請をしてから六年後に、コーエン-ボイヤー法は特許を認められた。

原理的なことを言うなら、「方法」に特許を与えてしまえば、重要な技術の応用に制限をかけ、技術革新を妨げることにもなりかねない。しかしスタンフォード大学はこの問題を巧みに回避し、悪影響が出ないようにした――コーエンとボイヤー（そして彼らの所属する研究所）は、商業上も大きな意味をもつ仕事をしたことで報われ、しかもそれによって学問の進歩が犠牲にならないよう計らったのである。

まず第一に、この技術を使うために金を払うのは法人だけとし、大学の研究者は自由に使えるようにした。第二に、スタンフォード大学は高額な特許権使用料を課したいという誘惑に打ち勝った。もしもそれをやっていたなら、DNA組み換え技術は、金のある企業や研究所だけにしか使えなくなっていただろう。年間一万ドルに加え、この技術を使用した製品の売り上げに対して最高三パーセントという比較的低額の特許権使用料が設定されたおかげで、コーエン＝ボイヤー法は誰でも使えるようになった。

学問にとって望ましいこの戦略は、ビジネスとしても有益だった。というのもＵＣＳＦとスタンフォード大学は、この特許によって約二億五千万ドルの収益を得ることになったからである。一方、ボイヤーもコーエンも収益の一部を気前よく大学に寄付した。

バイオテクノロジーによって遺伝的に改造された生物そのものが特許になるのも、もはや時間の問題だった。実は一九七二年という早い時期に、その前例となる出来事が起こっていたのである。そのとき特許の対象となったのは、ＤＮＡ組み換え技術ではなく従来の遺伝学的方法で改良された細菌だった。だがバイオテクノロジー・ビジネスにとって、この前例の意味するところは明らかだった。従来の技術で改良された細菌が特許になるなら、新たな組み換え技術で改良されたものも特許になるはずだからである。

一九七二年、ゼネラル・エレクトリック社の研究者アーナンダ・チャクラバーティは、プセウドモナス（シュードモナスとも書かれる）菌のある系統について特許を申請した。彼はプセウドモナス菌を改良し、その菌だけで（流出した原油などの）油膜を分解できるようにしたのである。従来、油膜を分解するもっとも効果的な方法は、それぞれ原油の異なる成分を分解する細菌を何種類も使うことだった。チャクラバーティは、異なる分解経路を暗号化する何種類かのプラスミドを用い、プセウドモナス菌からすべての成分を分解する系統を作り出したのである。

チャクラバーティが最初に申請した特許は却下されたが、七年をかけて法的手続きを進め、一九八〇年についに特許を認められた。そのとき最高裁判所は五人中四人までが彼の主張を認め、次のように結論した。「人間によって作り出された微生物は、それが本件のように人間の創意と研究の産物であるならば、特許の対象となる」

チャクラバーティの判例によって事態は明白だったにもかかわらず、バイオテクノロジーと法律との出会いは混乱したものにならざるをえなかった。訴訟の成否には大きな利害がからみ、また第10章のDNA指紋分析のところで見るように、弁護士、陪審員、科学者たちはそれぞれ違う言葉を使っていたからである。

一九八三年までには、ジェネンテック社と遺伝学研究所はどちらも、組織プラスミノゲン活性化因子（t－PA）を作る遺伝子のクローニングに成功していた。これは、卒中や心臓発作を引き起こす血栓の形成を妨げる重要な物質である。遺伝学研究所は、t－PAのクローニングを支える科学は「自明である」、つまり特許にならないと考え、特許申請をしなかった。しかしジェネンテック社は特許申請をして認められたため、遺伝学研究所はその特許を侵害したことになってしまったのだ。

この訴訟はまずイギリスの裁判所で争われることになった。裁判長のウィットフォード氏は、公判中ずっとうずたかく積まれた書類の山の後ろに隠れていて、居眠りしているようにも見えた。基本的な争点は、遺伝子のクローニングに最初に成功した者が、そのタンパク質の生産と利用について、それ以降すべての権利をもつことが認められるべきかどうかだった。

ウィットフォード氏は、遺伝学研究所とその後援企業である製薬会社のウェルカム社に有利な裁定を下した。ジェネンテック社は、t－PAのクローニングに用いる狭い範囲の手続きについてはその主張を認められるが、そのタンパク質を用いた製品に対する広範な主張は認められないということだ。これに対しジェネンテック社は控訴した。

イギリスにおいては、このような高度に専門的な内容をもつ訴訟が控訴された場合、三人の専門の裁判官が審理し、利害関係をもたない専門家の意見を聞くことになっている。このときはシドニー・ブレナーが専門家として意見を述べた。結局、裁判官はジェネンテック社の控訴を棄却した。この「発見」は自明だという遺伝学研究所の主張を認め、ジェネンテック社の特許は無効とされたのである。

しかしアメリカでは、こうした訴訟は陪審員の前で争われる。ジェネンテック社の弁護士は、陪審員の中に大学教育を受けた者が一人も入らないように配慮した。そのため、科学者や、科学教育を受けた法律家にとっては当然であることが、陪審員たちにとっては当然ではなくなった。結局、陪審員たちは遺伝学研究所の敗訴を決め、ジェネンテック社の広範な特許を有効とした。

これはアメリカの正義がうまく機能しなかったケースと言えるだろう。

いずれにせよ、この裁判は判例を作ってしまった。これ以降、人々は製品の科学的背景が「自明」かどうかとは無関係に特許を申請するようになった。そして裁判で争われるのは、誰が最初にその遺伝子をクローニングしたかという一点だけとなったのである。

私がここで言いたいのは、優れた特許にはバランスが必要だということだ。優れた特許とは、革新的な仕事を認めてそれに報酬を与え、その成果が横取りされるのを防ぐとともに、新技術が最大限に活用されるようにするものである。残念ながら、スタンフォード大学の賢明なやり方が、DNAにからむ重要な新技術のすべてに受け継がれているわけではない。

一例として、ポリメラーゼ連鎖反応（PCR）を挙げよう。これは微量のDNAを増幅するうえできわめて重要な技術である。PCRについては、第7章でヒトゲノム計画に関連してさらに詳しく見ていくことになるが、この技術は一九八三年にシータス社で開発され、すぐに大学における分子生物学研究の重要な道具となった。しかしその工業化への道は制限されている。

シータス社は、PCR技術の工業実施権をコダック社に与えた後、PCR技術をスイスの化学・製薬・診断製品メーカーの大手ホフマンラロシュ社に三億ドルで売却した。ところがホフマンラロシュ社は、この投資からできるかぎりの収益を得ようと、それ以上実施許諾を与えることなく、PCR技術を使った診断法を独占することにしたのである。

この戦略に出た目的のひとつは、エイズ検査ビジネスを独占することだった。そしていよいよ特許の失効が近づいたころになって、ホフマンラロシュ社はこの技術についてあらゆる工業実施権を与えることにした——しかしその権利を買えたのは、高額の実施料を支払える大手検査薬企業ばかりだった。

ホフマンラロシュ社はまた、この特許からさらに利潤をあげようと、PCRを用いた装置の製造業者に多額の特許権使用料を課すことにした。そのためコールドスプリングハーバーのドランDNA教育センターは、小学生のための簡単な装置を販売するためにさえ、一五パーセントの特許権使用料を支払わなければならなくなっている。

新技術を有効利用する際にいっそう大きな打撃となっているのは、新発明だけでなく、それを支える一般概念までも特許の対象にしようという弁護士たちの強引なやり口だ。フィル・レーダーの作った遺伝的に改造されたマウスは、まさにその一例である。

ハーバード大学のレーダーのグループは、がんを研究する過程で、乳がんをとくに発症しやすいマウスの系統を作った。遺伝子工学的に作り出されたがん遺伝子をマウスの受精卵に入れる技術はすでに確立されていた。マウスのがん誘発因子はヒトのものと似ていると考えられるため、この「オンコマウス（がんになりやすいマウス）」は、ヒトのがんの解明に役立つものと期待された。

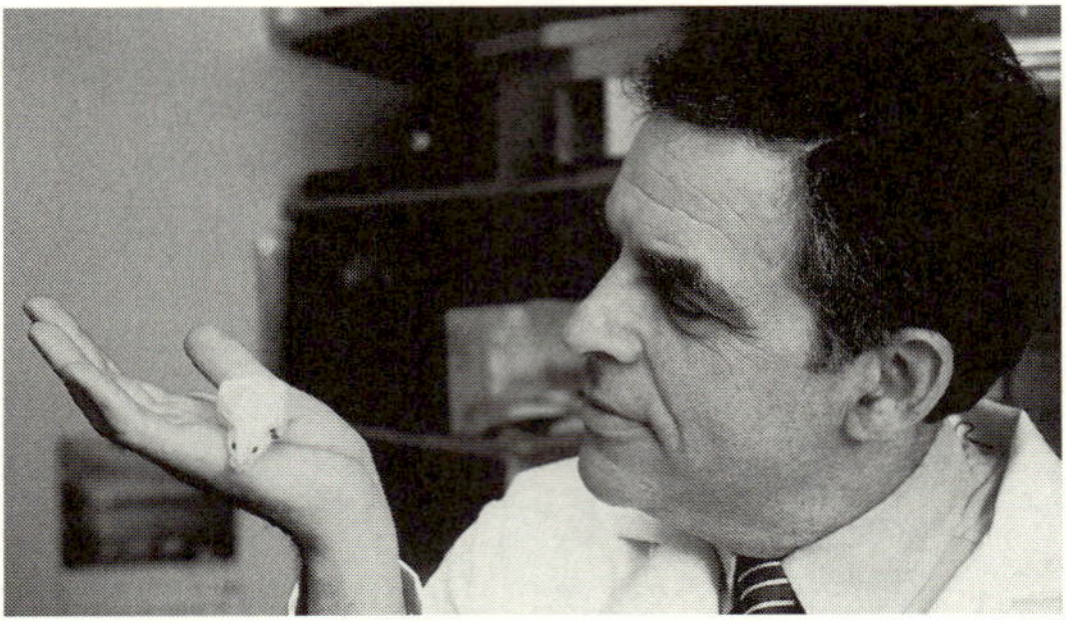

フィル・レーダーと「ハーバードマウス」。

ところがハーバード大学の弁護士は、レーダーのチームが作ったマウスそのものに対する特許ではなく、がんを発症しやすいように遺伝形質を転換した動物すべてを含む特許を求めたのである。この包括的な特許は一九八八年に認められ、「ハーバードマウス」と俗に呼ばれる、がんになりやすい小さなネズミが誕生した。レーダーの研究室はデュポン社の寄付を受けていたため、このマウスの特許権は大学ではなくデュポン社のものとなった。してみれば「ハーバードマウス」よりも「デュポンマウス」と呼ぶほうが適切だったろう。しかし名前はどうであれ、この特許はがん研究に甚大なる悪影響を及ぼすことになった。

がんになりやすいマウスでも、これとは別タイプのものを開発しようとしていた企業は、デュポン社から実施料を請求されて開発を中断せざるをえなくなり、既存のオンコマウスで薬のスクリーニング試験を行おうとしていた企業も計画の縮小を余儀なくされた。さらにデュポン社は、大学や研究所に対し、自社特許のオンコマウスを使用して行っている実験の内容を公表するよう求めてきたのだ。

これは大企業が大学の研究に介入するという、前例のない、そして到底受け入れられない事態である。UCSF、MITホワイトヘッド研究所、コールドスプリングハーバー研究所をはじめとする研究機関は、この要求を拒否している。

必要な分子操作を行うために欠かせない〝実現技術〟に特許が認められてしまえば、その特許をもつ者はその分野全体を人質に取ることができる。個々の特許はそれぞれの価値に応じて扱われるべきだが、そこにはいくつか一般的ルールがあるはずだ。科学の進歩にとってなくてはならない手法に関する特許は、コーエン-ボイヤーの先例に倣って運用されるべきである。

すなわち、技術は広く利用でき（単一の実施権者に握られてはならない）、実施料は適切な額でなければならない。この制約は自由な経済活動という価値観に反するものではない。もしその新しい手法が真の進歩ならば広く利用されるはずだし、低額の特許権使用料でも大きな利益を生むだろうからだ。一方、薬品や、形質転換した生物といった「製品」に対する特許は、生産された特定の製品そのものに限定されるべきであり、それから考えうる広範な製品にまで広げるべきではない。

バイオテクノロジー・ビジネスの開拓者たち

ジェネンテック社がインスリン生産に成功したことにより、バイオテクノロジーは広く社会に知られるようになった。それから四半世紀を経た今日、DNA組み換え技術を用いた遺伝子工学は、新薬探索の業界ではごく普通のことになっている。この技術のおかげで、それまでは非常に入手の難しかったヒトのタンパク質が大量生産できるようになった。しかも遺伝子工学により作り出されたタンパク質は、治療に関しても診断に関しても、以前に使われていたものよりも安全である場合が多い。

身長がきわめて低くなる〝低身長症〟は、ヒト成長ホルモン（HGH）の欠乏によって起こる。一九五九年、医師たちはHGHによる治療に乗り出したが、当時そのHGHは、死亡した人の脳からしか得られなかった。治療は成功したが、後にこの方法には恐ろしい感染の危険があることが明らかになった——一部の患者たちが、クロイツフェルト－ヤコブ病を発症したのである。これは脳が破壊されるという恐ろしい病気だ。

一九八五年にFDA（米食品医薬品局）は、死体から採ったHGHの使用を禁止した。しかし幸いにも、たまたまその同じ年に、遺伝子組み換えによって作られた感染の危険のないジェネンテック社製のHGHが使用を認可されたのである。

バイオテクノロジー産業の初期には、ほとんどの企業はすでに働きのわかっているタンパク質に狙いを定めた。クローニングしたヒトインスリンが商業的に成功するのは確実だった——というのも、ジェネンテック社が製品を販売しはじめる五十年以前から、患者たちはインスリン注射をし続けていたからである。

もうひとつの例として、赤血球の生産を促進するタンパク質、エポエチンアルファ（ＥＰＯ）のケースを見ておこう。ＥＰＯの購買者として想定されるのは、腎臓透析によって赤血球が失われ、貧血を患っている人たちだった。

この需要に応えるため、南カリフォルニアに拠点をもつアムジェン社と遺伝学研究所は、それぞれ遺伝子組み換えによるＥＰＯを開発した。ＥＰＯが有用で商業的に成功するのはわかりきっていた。わからなかったのは、どちらの企業が市場を支配するかだ。

アムジェン社のＣＥＯ（最高経営責任者）、ジョージ・ラスマンは、学生時代は物理化学というデリケートで難しそうな分野をやっていた人物だが、ビジネスという激動の世界にもうまく適応していた。競争によって彼の荒削りな面が引き出されたのだろう。彼と交渉するのは大きな熊と格闘するようなものだが、そのきらきらした目を見ていると、彼がこちらに襲いかかってくるのは、そうしなければならない事情があるからなのだと思わされてしまう。

アムジェン社とその後援企業のジョンソン・エンド・ジョンソン社は、遺伝学研究所との裁判に順当に勝ち、ＥＰＯはアムジェン社のみに年間二十億ドルをもたらすことになった。今日アムジェン社は、資本金六百四十億ドルという、世界最大手のバイオテクノロジー企業になっている。バイオテクノロジーの開拓者たちが、「やれば当たる」製品、すなわちインスリンやｔ－ＰＡやＨＧＨやＥＰＯといった、すでに生理機能のわかっているタンパク質を刈り取った後、この業界はより投機性の高い第二段階へと歩を進めた。本命がいなくなった今、ひと山当てようとする企業は大穴にも賭けはじめたのだ。目標は、機能のわかっている製品から、使える可能性がありそうなものに移行した。あいにく、成功率の低さや、技術上の問題、そしてＦＤＡの認可を得るまでに越えなければならない規制の壁があいまって、やる気のある新進バイオテクノロジー企業が次々と消えていった。

成長因子は、細胞の増殖と生存を促すタンパク質だが、この因子の発見は新進バイオテクノロジー企業の増殖をも促すことになった。なかでもニューヨークに拠点をもつリジェネロン社とコロラド州のシナジェン社は、神経細胞が退行する恐ろしい病気、ＡＬＳ（筋萎縮性側索硬化症、ルー・ゲーリッグ病とも呼ばれる）の治療法が見つかりそうだと考えた。

両社のアイディアは、理論上は良かったのだが、実際には神経の成長因子の働きは未解明で、どちらの試みもあてずっぽうの域を出るものではなかった。ＡＬＳ患者のふたつのグループに対する薬効試験は失敗に終わり、今日なおこの病気の治療法は見つかっていない。

だがこれらの実験から、ある興味深い副作用の存在が明らかになった。この薬を投与された人々の体重が減ったのである。今日リジェネロン社は、この薬を改良した肥満治療薬の開発に取り組んでいるが、これはバイオテクノロジー業界がいかに偶然に左右されるかを示す好例といえよう。

初めは憶測にすぎなかった取り組みが業界の熱い期待を集めるようになったもうひとつの例として、モノクローナル抗体の技術がある。一九七〇年代半ば、モノクローナル抗体がケンブリッジ大学のMRC分子生物学研究所のセザール・ミルステインとゲオルク・ケーラーによって開発されたときには、医学を一変させる魔法の薬としてもてはやされた。ところが、今日では考えられないような手違いのせいで、MRCはモノクローナル抗体に関する特許を取り損なった。結局、これは魔法の薬ではないことが明らかになったが、何十年も期待外れの状態が続いた後に、モノクローナル抗体は最近になって本領を発揮しはじめた。

抗体とは、体内に侵入した有機体に結合してそれを識別するために、免疫系が作り出す分子である。モノクローナル抗体とはある特定のターゲットに結合するように作られた抗体である。これを作るのは簡単で、マウスにターゲットとなる物質を注射して抗体反応を起こさせた後、そのマウスの血液細胞を培養すればよい。

特定の分子を認識して結合するモノクローナル抗体を使えば、腫瘍細胞のような有害な侵入者をどれほどたくさんでも正確に狙い撃ちできるものと期待された。この楽観的見通しに立って、モノクローナル抗体技術を前提とする企業が多数生まれたが、そうした企業はまもなく壁にぶつかった。皮肉なことに、もっとも大きな壁となったのは、ヒトの体それ自体の免疫系だった。ヒトの免疫系はマウスのモノクローナル抗体を異物として認識し、抗体がターゲットに作用する前に破壊してしまうのだ。

その後今日に至るまで、モノクローナル抗体を「ヒト化」する（マウスの抗体をできるだけヒトの抗体の構成要素で置き換える）ためにさまざまな方法が考案されてきた。この抗体のいちばん新しい世代は、今日のバイオテクノロジーの中でももっとも大きく成長している分野である。

フィラデルフィア近郊に拠点をもつセントコア社は、今ではジョンソン・エンド・ジョンソン社の所有となっているが、「レオプロ」という、血小板の表面にあるタンパク質だけに結合するモノクローナル抗体を開発した。血小板は血液の成分で、血栓の生成を促すという働きがある。レオプロは、血小板が互いにくっつき合うのを防ぐことにより、血管形成術などを受けた患者に、血栓生成による致命的合併症が起こりにくくする。

ジェネンテック社も後れを取ることなく、「ハーセプチン」という、ある種の乳がんを標的とするモノクローナル抗体を売り出している。シアトルのイミュネクス社が手がけるのは、この抗体を利用した「エンブレル」という薬だ。これは、免疫系の制御に関わる腫瘍壊死因子（ＴＮＦ）というタンパク質が過剰になるせいで起こる、リウマチ性関節炎の治療薬である。エンブレルは過剰なＴＮＦ分子に結合して、関節組織に対する免疫反応を防ぐことにより効果を発揮する。

どれかの遺伝子から作られるタンパク質が薬品になりそうだという場合、その遺伝子のクローニングに関心を向けるバイオテクノロジー企業もある。もっとも熱心に研究されているのは、神経伝達物質やホルモンや成長因子などの受容体となるタンパク質をつくる遺伝子である。そのようなタンパク質は、細胞の表面に存在していることが多い。ヒトの体は受容体タンパク質をメッセンジャーとして、何兆という細胞の個々の働きを協調させているのである。最近では、かつて試行錯誤によって開発された薬剤が、受容体に働きかけることにより効能を発揮していることもわかってきた。

また、分子レベルでの理解が進んだことにより、なぜ多くの薬剤に副作用があるのかも解明されている。受容体は、よく似たタンパク質からなる大きな〝ファミリー〟に属している。薬剤はどれかの病気に関係する受容体を狙い撃ちするが、似てはいるが異なる受容体をうっかり攻撃することもあり、そのせいで副作用が起こるのである。

高度な薬剤設計は、狙った受容体だけの機能を停止させるものでなければならない。だが、モノクローナル抗体のように紙の上ではすばらしいアイディアも、実現は難しい場合が多く、そこから大金を引き出すのはさらに難しい。

ソーク研究所と提携したサンディエゴの新進企業ＳＩＢＩＡ社は、この厳しい現実を身をもって知ることになった。神経伝達物質であるニコチン酸の膜受容体が発見されたことにより、パーキンソン病の画期的治療法ができるかもしれないと期待された。しかしバイオテクノロジーの常として、優れたアイディアを得ることは、長い科学的道のりの始まりにすぎなかった。SIBIA社の薬剤候補として開発されたものは、サルに対しては有望な結果が出たが、結局ヒトに対してはうまくいかなかったのだ。

リジェネロン社の神経成長因子が思わぬ減量効果をもっていたように、この分野の重要な進展は、合理的な薬剤設計という科学的な手法からではなく、しばしばまったくの偶然から生まれている。たとえば一九九一年、アムジェン社で名を売ったジョージ・ラスマン率いるシアトルのアイコス社は、ホスホジエステラーゼという、細胞シグナル分子を分解する一連の酵素を使った研究を行っていた。研究の目的は新しい血圧降下剤を開発することだったが、試験薬のひとつが驚くべき副作用を示した。彼らは偶然にも、バイアグラのように勃起不全に効果的な治療薬を発見したのである。この薬は彼らに夢のような大金を生み出してくれるかもしれない。[*1]（＊は巻末参照）

がん治療への可能性

勃起不全治療薬の市場がどれほどのものかはさておき、バイオテクノロジー産業の大きな牽引力となっているのは、やはりがん治療の研究だろう。放射線照射や化学療法といった、従来の「細胞を殺す」方法はどれもみな、健康で正常な細胞までも殺してしまい、つらい副作用を伴うのが普通である。ＤＮＡを用いた方法が進展したおかげで、成長因子や細胞表面の受容体など、がん細胞の成長や分裂を促進するタンパク質のみをターゲットとする薬剤が現実のものになりつつある。

しかし、生命活動に必要なタンパク質には影響を及ぼさず、ターゲットのみを阻害するような薬剤を開発することは、一流の製薬化学の研究者にとってさえ難しい課題だ。さらに、その遺伝子のクローニングを成功させてからＦＤＡ（米食品医薬品局）の認可を得、その医薬品が広く使われるようになるまでの道のりは決して約束されたものではない。それには少なくとも十年はかかる、正真正銘の波乱の旅なのである。

成功談はめったに聞こえてこないが、しかし私は、今後は成功も増えてくるものと確信している。スイスのノバルティス社の化学者が開発したグリベックは、慢性骨髄性白血病（ＣＭＬ）という血液のがんに対して効力を発揮するが、そのしくみは次のようなものである。この種のがん細胞は、膜受容体タンパク質（がん細胞の膜にくっつき、がん細胞を増殖させるための信号を出すタンパク質）を過剰に生産するが、グリベックはそのタンパク質を狙い撃ちにすることで、がん細胞の増殖を促す信号を出させないようにするのである。グリベックをＣＭＬの初期に投与すれば、たいていは長期的に症状を抑え込めるし、多くの場合には完全な回復が望める。しかし運が悪ければ、この膜受容体タンパク質を作る遺伝子がまた突然変異を起こし、グリベックが効かなくなって病気が再発することもある。

抗がん剤のターゲットとなるタンパク質の中でも重要なものに、上皮増殖因子受容体（EGFR）がある。この受容体は、通常の細胞に比べてがん細胞（とくに乳がんや肺がん）の中にきわめて多数存在するため、これを抗がん剤のターゲットにすればうまくいくかもしれない。現在、EGFRを狙い撃ちにする薬剤候補が多数、臨床試験の最終段階に来ている。特定のターゲットを狙い撃ちする薬剤は、がんに対抗する強力な武器になるだろう。しかし少なからぬ患者は、初めは病状を抑え込めても、その新薬に耐性をもつがん細胞が発生して体内にコロニーを作り、がんを再発することになるだろう。

そのため多くの研究者は、がん細胞を長期にわたって抑え込むためには、がん細胞の栄養過程をターゲットにするほうがよいと考えるようになっている。がん細胞も通常の細胞と同じく、成長するためには栄養が必要である。がん細胞はその栄養を、近くに生じる血管から得ている。もし腫瘍内部に血管ができないようにすれば、その血管から栄養を得ようとするがん細胞を餓死させられるはずだ。

ジューダ・フォークマンは、一九六〇年代初め、ワシントンDC郊外の海軍医療研究所にいたとき、「小さい腫瘍が危険になるのは、新しくできた血管が腫瘍内部に行き渡ってからだ（このプロセスを〝血管新生〟という）」というアイディアを思いついた。

ラビ（ユダヤ教指導者）の息子としてオハイオ州に生まれたフォークマンは早くから才能を見せ、オハイオ州立大学の卒業生として初めてハーバード大学医学部に進学した。高校生のときにはイヌの手術を手伝うようになっており、大学では、一時的に血液の供給を停止された肝臓を冷却する装置を発明した。そして三十四歳にして、ハーバード大学史上最年少で外科の教授となる。

だが、血管新生を妨げるという彼のアイディアが治療に向けて研究されるようになったのは、ずっと最近になって、血管を作る〝内皮細胞〟の成長に不可欠な三種類の成長因子が発見されてからのことだった。これらの成長因子を阻害するために開発されている血管新生阻害薬が、さまざまながんに対して効果を発揮してくれるかもしれない。フォークマンの最初の思いつきから約四十年を経てようやく、これまでの抗がん剤に耐性をもつものも含め、近い将来ほとんどのがんを治せるようになる見通しがでてきた。

サンフランシスコ郊外にあるスージェン社は、血管新生因子を狙い撃ちにする小さな分子からなる薬剤を二種類開発しており、その薬剤を使えばモデル動物にできたがんを抑え込めることがわかっている。どちらの薬剤も、別々に投与された場合にヒトのがんの進行を抑え込めるかどうかは未解明だが、カリフォルニア大学サンフランシスコ校（ＵＣＳＦ）のダグ・ハナハンがオンコマウスを使って行った実験によれば、スージェン社の薬剤をふたつ合わせて投与すれば効果があることが示唆されている。

残念ながら、オンコマウスの特許実施権に関するデュポン社の強引なやり方のせいで、UCSFであれ他のどこであれ、オンコマウスを用いた今後の実験は危機的な状態に追い込まれている。

マウスの腫瘍内部に血管ができる過程は、新たに発見された一群のタンパク質により抑制できるようになった。そのタンパク質は天然に存在し、血管新生を阻害する働きをもつ。そのうちの二種類のタンパク質、アンギオスタチンとエンドスタチンが、ジューダ・フォークマンの研究室のマイケル・オライリーによって単離され、現在臨床試験が行われているところである。

どちらのタンパク質も、ヒトへの試験に十分な量が抽出できるほど血液中に含まれてはいないが、DNA組み換え技術を使って酵母細胞に生産させることにより、臨床試験が行えるぐらいの量を得ることはできる。アンギオスタチンもエンドスタチンも、単独ではヒトのがんに対して奇跡的に効くことはなさそうだが、スージェン社の薬剤と同様、マウスを使った実験から、このふたつを組み合わせれば効果があることがまもなく明らかになりそうだ。

今後十年以内には、小さな分子およびタンパク質からなる阻害物質の艦隊ががん患者の体内に出航し、腫瘍が悪化する前に血管新生を妨げるようになるかもしれない。そして、もしこの方法で本当に腫瘍の成長を食い止めることができれば、私たちにとってがんは、完全には治療できなくとも抑え込める病気、たとえば糖尿病のようなものになるだろう。

反対運動ふたたび

遺伝子組み換え技術を使えば、事実上すべてのタンパク質を細胞に作らせることができる。そこから当然、次のような疑問が生じる。この技術は医薬品以外にも使えるのではないだろうか？　クモの糸を例に挙げよう。クモの巣を構成する放射状の、いわゆる〝縦糸〟はきわめて強い繊維であり、同じ重量で比べれば鉄鋼の五倍の強さをもつ。クモに余分に糸を紡がせる方法もないわけではないが、残念ながらクモは縄張り意識が強いため集団で飼うことができず、クモ牧場を作ろうとしてもうまくいかなかった。

しかし今日では、クモの糸のタンパク質を作る遺伝子を取り出し、それを他の生物に入れることが可能なので、その生物をクモの糸の工場にすることができる。この一連の研究には米国国防総省が資金を提供している――将来アメリカ陸軍に、クモの糸でできた防護服を身につけたスパイダーマンが登場するかもしれない。

バイオテクノロジーにはもうひとつ、天然タンパク質の改良という胸躍る最前線がある。自然がデザインしたもので満足している必要はないのではないか？　天然に存在しているものには、今からみれば見当違いの進化的圧力を受けて気まぐれにできたという側面もある。それを少しいじってやるだけで、もっと役に立つものができるとしたら？　今では既存のタンパク質をもとに、アミノ酸配列をわずかに変化させることができる。だが残念ながら、知識不足がこの方法に限界を課している。というのも、タンパク質中のアミノ酸をひとつでも換えたときに、それがタンパク質全体の性質にどんな影響を及ぼすのかはまだわからないからだ。

この問題を考えるために、ふたたび自然に目を向けよう。〝定向分子進化法〟と呼ばれる方法は、自然選択のプロセスをまねたものである。自然選択では、突然変異によって新たな変種がランダムに生まれ、それらが個体間競争により選別されていく。つまり、よりうまく適応できた変種は、生き残って次の世代を生み出す見込みが大きいのだ。定向分子進化法では、このプロセスが試験管の中で行われる。

まず生化学的方法を使って、あるタンパク質を暗号化している遺伝子をランダムに変化させる。その後、変異した遺伝子を混ぜ合わせることにより遺伝子組み換えのプロセスを再現する。そこから生じたたくさんの新しいタンパク質の中から、ある条件下でもっともよく機能するものをいくつか選び出す。このサイクルを何回か繰り返し、各サイクルで「成功した」分子たちを次のサイクルで競争させるのである。

定向分子進化法のしくみを理解するためには、洗濯機の中を覗いてみよう。たくさんの白い洗濯物の中にたまたまひとつ色物の服が混ざっていれば大変なことになる。赤いＴシャツから染料が染み出て、気がついたときには家にあるすべてのシーツが薄ピンク色になってしまうのだ。ヒトヨタケというキノコが作り出すペルオキシダーゼという酵素には、洋服から染み出た染料を無色にする性質がある。問題は、この酵素は洗濯機内の条件下（洗剤の入った温水の中）では働かないことだ。

しかし定向分子進化法を使えば、このような条件への耐性を高めることができる。たとえば、ある特殊な「進化」をさせた酵素の耐熱性は、本来キノコがもつ酵素の耐熱性よりも百七十四倍も高い。しかもこのような有用な「進化」には、それほど時間がかからない。自然選択には長い時間がかかるが、定向分子進化を試験管の中で起こすためには数時間から数日ほどもあればよい。

遺伝子工学者たちは早い段階で、この技術は農業にも利用できることに気づいた。今日、バイオテクノロジー業界の人たちは骨身に染みて知っているように、遺伝子組み換え（GM）作物は激しい論争の的になっている。興味深いのは、牛乳の増産という、農業への初期の貢献も非難されたということだ。

ウシ成長ホルモン（BGH）は、多くの点でヒトの成長ホルモンと似ているが、このホルモンは雌ウシの乳の生産量を増やすという、農業にとって価値ある副作用をもっている。セントルイスに本拠を構える農業化学メーカーのモンサント社は、BGH遺伝子をクローニングして組み換えBGHを生産した。雌ウシは自分でもBGHを生産しているが、モンサント社のBGHを注射すれば乳の生産量が約一〇パーセント増加する。

一九九三年末、FDA（米食品医薬品局）はBGHの使用を許可し、一九九七年までにアメリカにいる一千万頭の雌ウシのうちおよそ二〇パーセントにBGHが投与された。そうして生産された牛乳は、投与を受けていないウシから搾ったものと区別がつかない。どちらも同じだけのBGHを含んでいるからだ。牛乳に「BGH非投与」か「BGH投与」かの表示をすることに反対の意見がある大きな理由は、投与されたウシから採った牛乳と投与されていないウシから採った牛乳とを区別するのが不可能なため、不正な表示かどうかを確かめるすべがないからである。

BGHを用いれば、農場主はより少ない数のウシで牛乳の生産目標を達成できるから、理論上は家畜の数が減少し、環境に良い影響を与えることになる。ウシが生産するメタンガスは温室効果の大きな原因になっているので、家畜の減少は長期的には地球温暖化に良い影響を及ぼす可能性もある。メタンは二酸化炭素の二十五倍も蓄熱効果が高く、一頭の雌ウシは一日平均六百リットルのメタンを出すのである──これはパーティー用の風船四十個分に相当する。

当時私は、反DNAの圧力団体がBGHに対してあれほど激しい怒りをぶつけてきたことに驚いたものだった。しかし遺伝子組み換え食品に関する論争が続く今日、プロの論客は何でも論争の種にできるのだということを私は学んだ。バイオテクノロジーにもっとも執拗に敵対しているのはジェレミー・リフキンだが、彼が「反対派」として論壇に登場したのは、一九七六年、アメリカ二百年祭のときだった――彼はこれに反対したのである。その後彼は、DNA組み換えの反対運動に場所を移した。

一九八〇年代の半ば、BGHによって人に炎症が起こることはなさそうだという報告が出たとき、彼はこう言った。「私が問題化させてやる！　何か見つけてやるぞ！　市場に出る最初のバイオテクノロジー製品だ。闘うぞ！」そして彼は闘った。「不自然だ！」（「自然」な牛乳と区別できないのだが……）、「がんを引き起こすタンパク質が含まれている！」（そんなことはない。しかもどんなタンパク質も消化されれば壊れてしまう）、「小規模農家を締め出すものだ！」（他の新技術と違って先行投資は必要ないため、小規模農家が不利になることはない）、「ウシが傷つく！」（何百万頭ものウシに対する九年間近くの商業的経験から、そういうことはないとわかっている）。最終的には、アシロマ会議当時の組み換え技術に対する反対運動同様、リフキンの悲観的な筋書きにはどれも現実味がないことが明らかになると、この論争は収まっていった。

しかしBGHをめぐる論争は、次に起こることの予行演習にすぎなかった。リフキンや彼に同調するDNA嫌いの人々にとって、BGHは軽い準備体操だったのだ。反対派の本命となるのが、遺伝子組み換え食品である。

第6章　シリアル箱の中の嵐——遺伝子組み換え農業

一九六二年十月、レイチェル・カーソンの『沈黙の春』が『ニューヨーカー』誌に連載され、一大センセーションを巻き起こした。彼女の主張は、農薬使用が環境に毒をまき散らし、私たちの食物さえも汚染しているという恐ろしいものだった。当時私はジョン・F・ケネディ大統領の科学諮問委員会（PSAC）の顧問を務めていた。私の任務は軍の生物兵器計画を調査することだったから、カーソンの懸念に対し政府としてどう対応すべきかを検討するための小委員会に参加するよう求められたとき、ちょっと目先を変えてみるのもよかろうと快く応じることにした。

カーソンは自ら証拠となる事実について述べたが、私はその注意深い説明と慎重な取り組み方とに感銘を受けた。またカーソンという人物は、後に大手農薬会社が描いてみせたような、感情的な環境論者では決してなかった。たとえばアメリカン・サイアナミッド社のある重役は、「もし人類がカーソン氏の教えに忠実に従うならば、世界は暗黒時代に逆戻りし、昆虫や病気や害獣がふたたび世界を支配するだろう」と述べたし、モンサント社は、「荒廃の年」という、『沈黙の

1962年、議会の小委員会で証言するレイチェル・カーソン。この委員会は、農薬の危険を訴える彼女の主張について調査すべく組織された。彼女が警鐘を鳴らすまで、殺虫剤DDTは万人の味方だった。

春』への反論記事を自社の広報誌に掲載し、五千部を無料でマスコミに配布した。

それから一年後、私はカーソンの描く世界をじかに体験することになった。当時私は、先述のPSACのなかでも、国産綿花に及ぼす草食性昆虫、とくにワタミハナゾウムシの脅威について調べる委員会を率いていた。ミシシッピーデルタやテキサス西部、カリフォルニアのセントラルヴァレーなどを訪れてみれば、綿花生産者がいかに化学農薬に頼っているかがよくわかる。テキサス州ブラウンズヴィル近郊にある昆虫学研究所に向かう途中のこと、私たちの車に上空から農薬がばらまかれたりもした。こうした地域の看板には、おなじみの髭剃りクリームの広告ではなく、最新最強の殺虫剤を売り込む宣伝文句が書かれていた。綿花の国では、有毒化学物質が人々の暮らしに大きく関わっているようだった。

農薬の脅威に対するカーソンの評価がどれだけ正確だったかは別として、綿花にたかる六本脚の敵に立ち向かうには、国の広大な地域を薬漬けにするよりもましな方法があるに違いなかった。そんな方法のひとつとして、ブラウンズヴィルで研究していたアメリカ農務省の科学者は、天敵を利用する方法を推進していた。たとえば多角体病ウイルスはワタキバガ（綿牙蛾）を攻撃する。ところがこのウイルスはワタキバガ以上に綿花に被害を与えることが判明し、結局、この戦略は使えなかった。

あの当時の私は、害虫への抵抗力をもつ植物を作ることなど考えもしなかった。そんな夢のような解決策が実現できるとは思えなかったのだ。しかし今日ではまさにその方策こそが、有害な化学物質への依存を減らしつつ、害虫を駆除する方法になっているのである。

遺伝子工学は、害虫への耐性をもつ作物を作り出した。農薬の使用が減少したことにより、自然環境にも大きな恩恵がもたらされた。ところが皮肉にも、いわゆる遺伝子組み換え（GM）作物の導入にもっとも強硬に反対してきたのは、環境保護団体だったのである。

アグロバクテリウムをめぐる争い

動物に対する遺伝子工学と同様、植物に対するバイオテクノロジーも最初の一歩のところが難しい。すなわち、目的のＤＮＡ断片（有用な遺伝子）を植物の細胞に入れてやり、さらにそれを植物の遺伝子につなぎ込むところだ。分子生物学者たちがしばしば気づかされるように、自然は生物学者よりもずっと早くから、それをやるための方法を工夫してきたのだった。

根頭癌腫病は、植物の茎のあたりに見苦しいごつごつした瘤ができる病気である。この病気を起こすのは、アグロバクテリウム・テュメファキエンスというありふれた土壌細菌で、草食性昆虫にかじられたりして傷ついた部分に日和見感染する。この寄生細菌の攻撃方法には驚くべきものがある。

アグロバクテリウムはまずトンネルを掘って、自分の遺伝物質の小包を植物の細胞に送り込む。その小包には、特別なプラスミドから注意深く切り出したＤＮＡ断片が入っており、細菌はそれをタンパク質の保護膜で包んでからトンネルに入れる。ＤＮＡの小包が植物細胞に届くと、ウイルスのＤＮＡと同様、宿主のＤＮＡに組み込まれていく。しかしウイルスとは異なり、このＤＮＡの断片は、組み込まれても自分自身の複製を作るわけではない。その代わりにこのＤＮＡは、植物の生長ホルモンと、細菌の養分になる特殊なタンパク質とを作り出すのである。

その結果、植物の細胞分裂と細菌の増殖とが正のフィードバックを形成する。つまり、生長ホルモンが植物の細胞分裂を加速し、細胞分裂が起こるたびに組み込まれた細菌のＤＮＡが複製されて、細菌が必要とする栄養分と植物の生長ホルモンがどんどん生産されるのである。この制御不能な激しい生長により、植物には瘤ができるが、それは細菌にとって養分を生産する工場のようなものだ。植物をぎりぎりまで利用するアグロバクテリウムのこのやり方は、寄生の戦略としては実にみごとなものである。

アグロバクテリウムの寄生生活を詳しく解明したのは、一九七〇年代、シアトルの州立ワシントン大学のメアリー=デル・チルトンと、ベルギーのゲント大学のマルク・ファン・モンタギューとジェフ・シェルだった。それはアシロマ会議などさまざまな場所でDNA組み換えに関する議論が沸騰していた時期だった。後にチルトンとその同僚たちは、これについて次のような皮肉なコメントをしている。ある種から別の種へとDNAを移すのにP4封じ込め施設を使わないのだから、「アグロバクテリウムは国立衛生研究所の規準からはずれたことをしている」と。

しかしアグロバクテリウムに興味をもったのは、チルトン、ファン・モンタギュー、シェルだけではなかった。レイチェル・カーソンの農薬批判を攻撃した当のモンサント社もまた、一九八〇年代初めに、アグロバクテリウムは単なる興味深い生物にとどまらないことに気がついた。この奇妙な寄生方法には、植物に遺伝子をもちこむための鍵が握られていると考えたのだ。

やがてセントルイスのワシントン大学に移ったチルトンは、セントルイスの企業であるモンサント社が自分の研究にただならぬ関心を示していることに気づいた。モンサント社はアグロバクテリウム研究には少々出遅れたが、すぐに追いつけるだけの資金も手段ももっていた。この大手化学メーカーはすぐさまチルトンの研究室とモンタギュー－シェルの研究室に資金を提供し、その見返りとして成果を共有するという約束を取り付けた。

モンサント社が成功できたのは、ロブ・ホーシュ、スティーヴ・ロジャーズ、ロブ・フレーリーという三人の社員の科学的先見性のおかげだった。一九八〇年代初めに入社したこの三人は、その後二十年にわたり農業革命の舵取りをすることになる。ホーシュは「土の匂いとぬくもりが大好き」で、子どものころから「八百屋で売られているものより良い作物を育てたい」と思っていた。そんな彼はモンサント社に、その夢を壮大なスケールで実現できる可能性を見て取った。

土壌細菌アグロバクテリウム・テュメファァキエンス（*Agrobacterium tumefaciens*）によって起こる根頭癌腫病。ごつごつしたふくらみは、自分たちが必要とするものを植物に大量生産させようとする細菌の独創的方法の結果である。

一方、インディアナ大学の分子生物学者だったロジャーズは、当初、研究成果を産業界に「売り渡す」ことになると考え、モンサント社からの誘いの手紙を捨てていた。ところが実際にモンサント社を訪問してみると、そこには活発な研究環境があるだけでなく、大学の研究にはいつも不足していた大切な要素、すなわち金があることがわかったのだ。そして彼は考えを変えた。

フレーリーは早くから、バイオテクノロジーを農業に応用するという夢をもっていた。彼はまず、モンサント社の重役アーニー・ジャウォルスキーに接触した。ジャウォルスキーは大胆なビジョンをもってモンサント社をバイオテクノロジー計画に乗り出させた人物である。二人はそれぞれ別の用でボストンのローガン空港を通過する機会を利用して会うことにした。実際に会ってみると、ジャウォルスキーは先見性があるだけでなく、気さくな経営者でもあることがわかった。フレーリーは、「自分の目標のひとつは、ジャウォルスキーの職を乗っ取ることだ」と言ったのに、彼は気を悪くしたりはしなかったのだ。

アグロバクテリウムを研究する三つのグループ——チルトンのグループ、ファン・モンタギューとシェルのグループ、モンサント社のグループ——には、この細菌の戦略が、植物の遺伝子操作をするよう誘いかけているように思えた。当時すでに、分子生物学の標準的技法となった〝切り貼り〟を使えば、植物細胞にもちこみたい遺伝子をアグロバクテリウムのプラスミドにつなぎ込むのはとくに難しいことではなかった。そうして遺伝子操作された細菌を宿主に感染させてやれば、細菌は目的の遺伝子を植物細胞の染色体に組み込んでくれるはずだった。アグロバクテリウムは、外来のＤＮＡを植物細胞に入れる天然の運搬システムであり、いわば自然界の遺伝子工学者なのである。

一九八三年一月、一時代を画することになる学会がマイアミで開催され、チルトン、モンサント社のホーシュ、シェルがそれぞれ独自に、アグロバクテリウムならそれが可能であることを示す結果を発表した。そしてそのときすでに、これら三つのグループは、アグロバクテリウムを用いた遺伝子改変法に関する特許をそれぞれ申請していた。シェルの特許はヨーロッパで認められたが、アメリカでは、チルトンとモンサント社との争いは法廷を舞台として二〇〇〇年まで続くことになった。最終的には、チルトンと彼女の新たな勤務先であるシンジェンタ社に特許が与えられた。しかしこれまで特許をめぐるちょっとした西部劇を見てきた読者は、この件がこれで一件落着とならなかったとしても驚きはしないだろう。シンジェンタ社はモンサント社を特許権侵害で告訴したのである。

ハイブリッドコーンと種子産業

当初、アグロバクテリウムがその魔法のような手段を使えるのは特定の植物だけだと考えられていた。あいにく、トウモロコシ、小麦、イネといった重要な穀物はそれに含まれていなかった。だが、アグロバクテリウムのおかげで植物遺伝子工学が誕生してからは、アグロバクテリウム自体が遺伝子工学の対象となり、技術の進歩とともにあらゆる植物にこの魔法が使えるようになった。

かつて目的のＤＮＡをトウモロコシや小麦やイネの細胞に入れるためには、アグロバクテリウムよりずっと運任せではあるが、たしかに効果のある方法が使われていた。目的のＤＮＡを金やタングステン製の弾丸にまぶし、文字どおりそれを細胞に撃ち込むのである。コツは、細胞には飛び込むが、反対側から飛び出さないぐらいの力で撃つことだ。アグロバクテリウムの方法ほど洗練されてはいないけれども、これでも用は足せたのだ。

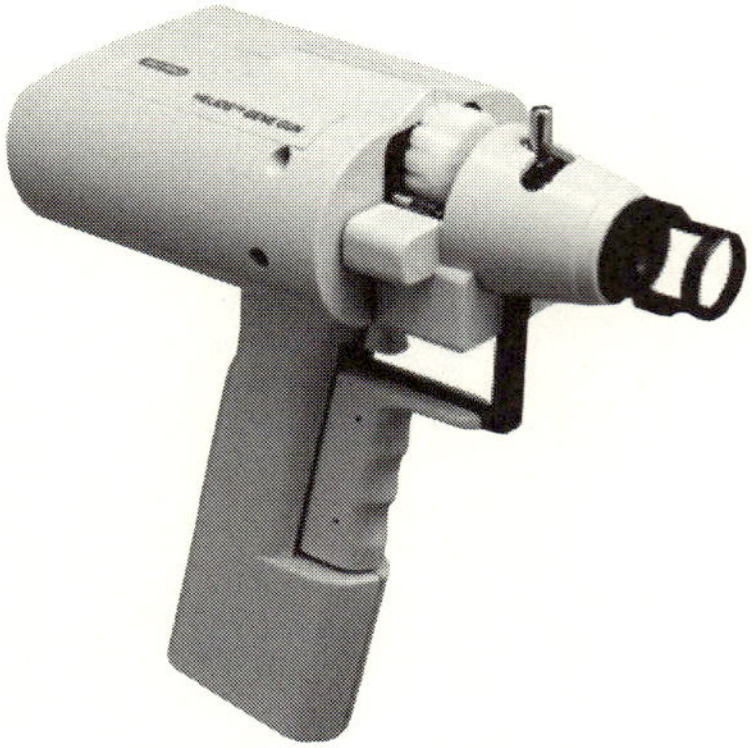

植物細胞にＤＮＡを撃ち込むための「遺伝子銃」。

この〝遺伝子銃〟は、一九八〇年代初めに、コーネル大学農業研究所のジョン・サンフォードによって開発されたものである。サンフォードが実験に使ったのは、大きな細胞をもつタマネギだった。彼が当時を回想して語るには、飛び散ったタマネギと火薬とが混ざり合ったせいで、実験室はあたかも射撃場にマクドナルドが開店したような匂いだったという。

彼のアイディアは初め疑いの目で見られたが、一九八七年、彼は『ネイチャー』誌上で植物銃の正体を明らかにした。一九九〇年までには、この銃を使ってアメリカでもっとも重要な作物であるトウモロコシに新たな遺伝子を撃ち込むことに成功し、これにより二〇〇一年だけで百九十億ドル相当の収益がもたらされた。

トウモロコシは食糧として価値があるだけではない。アメリカの主要作物の中では唯一、種子としても価値がある。かつて種子産業は、袋小路のような商売だった。なにしろ農家は一度は種子を買うものの、その後は自分で育てた作物から植え付け用の種子を採ることができるからだ。一九二〇年代、アメリカのトウモロコシの種子会社はハイブリッドコーンを売り出すことでこの問題を解決した。ハイブリッドコーンは、ふたつの遺伝系統のトウモロコシを交配してできたものである。収穫量の多いハイブリッドコーンは農家にとって魅力的だった。しかしメンデルの遺伝の法則からわかるように、収穫されたハイブリッドコーン（交配種と交配種とのかけ合わせの産物）のほとんどは、親の高生産性を引き継いでいない。そのため農家は毎年、生産性の高い交配種を種子メーカーから買わなければならない。

アメリカ最大のハイブリッドコーン種子会社であるパイオニア・ハイブレッド・インターナショナル社（現在はデュポン社の子会社になっている）は、昔から中西部の名物的存在だった。今日このメーカーは、アメリカのトウモロコシ種子市場の約四〇パーセントを握り、年間十億ドルを売り上げている。

のちにフランクリン・D・ローズヴェルト大統領の副大統領となったヘンリー・ウォレスによ

り設立されたこの会社は、ハイブリッドコーンを確実にハイブリッド（交配種）にするために、毎年四万人もの高校生を雇っていた。ふたつの親の系統は隣り合った畝で育てられ、一方の系統のトウモロコシが種をつける前に、アルバイトの高校生たちがその雄花（てっぺんにある花穂）を取り除く。こうすれば、花粉を作れるのはもう一方の系統のみとなり、他家受粉した系統からは交配した種子のみが確実に得られる。今日でも何万人もが他家受粉の作業に携わっており、二〇〇二年七月にパイオニア社が雇ったアルバイターは三万五千人にのぼった。

パイオニア社の古くからの顧客であるアイオワ州の農場主ロズウェル・ガーストは、ウォレスのハイブリッドコーンに感銘を受け、パイオニア社のトウモロコシの種子の販売権を買った。一九五

ハイブリッドコーンのメーカーは長年、トウモロコシから雄花を取り除く「他家受粉」のためのアルバイターを雇ってきた。こうして自家受粉を妨げることにより、生産される種子が確実に交配種（ふたつの異なる系統のかけ合わせ）になるようにしている。

九年九月二十三日、ちょうど冷戦が和らいだころ、ソ連の指導者ニキータ・フルシチョフがガーストの農場を訪れて、アメリカの農業の驚異とそれを支えるハイブリッドコーンについて学んだ。ソ連はフルシチョフの前のスターリン時代に工業化を推進して農業が立ち後れたため、新たに首相となったフルシチョフはそれを挽回したいと考えていたのだ。一九六一年、ケネディ政権はトウモロコシの種子や農業機械や肥料などをソ連に販売することを承認し、そのおかげでソ連のトウモロコシ生産はたった二年で倍増した。

冷戦中のトウモロコシ会談。ソ連首相フルシチョフとアイオワ州の農場主ロズウェル・ガースト。

遺伝子組み換え食品に関する論争が渦巻いている今日、私たちは何千年も昔から遺伝子改良をした食物を食べていたという事実を知っておくことには大きな意味がある。食肉用の家畜や、穀物や果物や野菜などの農作物の遺伝的性質は、原種からは遠く隔たったものなのだ。

農業は、一万年前にいきなり完成した形で誕生したわけではない。農作物の祖先となった野生の植物が、昔の農民にもたらした食糧はごくわずかなものでしかなかった。野生の植物は収穫量も少なく、育てるのも容易ではない。農業がさかんになるためには、品種改良が不可欠だった。

昔の農民たちは、望ましい特性を何世代にもわたって保つためには同種交配を繰り返し、農作物を（私たちの言葉で言えば「遺伝的に」）改良する必要があることを知っていた。そして農民だった私たちの祖先は、遺伝子組み換えという壮大なプロジェクトに踏み出したのである。

そのころは遺伝子銃などなかったから、農民たちは一種の人為選択をするしかなかった。たとえば、乳量の多い雌牛のように、有用な特徴をもつ個体のみを繁殖させたのである。そうすることで農民たちは自然選択を代行したのだ。さまざまな遺伝的変種が得られたなら、その中から目的にかなうものを選び出し、次の世代には（農民の場合は「消費」という目的に、自然の場合は「生存」という目的に）もっともうまく適応した個体を増やすようにする。

今日私たちはバイオテクノロジーによって望ましい変種を作れるようになったので、有用な変種が自然に現れるのを待たなくともよくなった。この意味でバイオテクノロジーは、人類の長い歴史の中で、食物の遺伝子を組み換えるために使われてきた多くの手法のうち、もっとも新しいものにすぎない。

Bt作物の登場

雑草を除去するのは難しい。雑草は農作物の生長をさまたげるが、これもやはり植物であることに変わりはないからだ。農作物を枯らさずに雑草を枯らすにはどうすればいいだろうか？　理想を言えば、何か目印を使い、その目印のない植物（雑草）はすべて枯らすが、目印のある植物（農作物）は枯らさないような方法があればありがたい。

遺伝子工学は、モンサント社の「ラウンドアップ・レディー」という形で、まさにそんな技術を農家や庭師たちに与えてくれた。「ラウンドアップ」とは、ほぼすべての植物を枯らす汎用の除草剤である。モンサント社の研究者たちは、遺伝子改良によってラウンドアップに耐性をもつ（つまりラウンドアップに構えのできた（レディー））農作物を作り出した。この作物は、まわりの雑草がすべて枯れていくなかで元気に生長する。もちろんこの方法では、モンサント社の種子を買った農家はモンサント社の農薬も買うことになるため、商売という点でも企業の利益にかなっている。

しかしそれだけでなく、この方法は自然環境にとっても有益なのである。農家はふつう何種類もの除草剤を使わなければならない。どの除草剤も特定の雑草にとっては有害だが、作物にとっては安全でなければならない。雑草になりうる植物群はたくさんある。どの群に属する雑草に対しても一種類の除草剤で対応することができれば、環境中の農薬濃度を下げることができる。しかもラウンドアップ自体は、土壌中ですぐに分解されてしまうのだ。

残念ながら、農業の進歩は私たちの先祖だけでなく、草食性の昆虫にも恩恵をもたらした。あなたが小麦やその近縁種を食べる昆虫になったと想像してみよう。昔々、今から何千年も前には、あなたは食糧を探すために遠くまで行かなければならなかった。その後農業が始まると、ありがたいことに人間たちは、あなたの食糧をまとめて育ててくれるようになった。

したがって昆虫の攻撃から農作物を守るのは、ある意味で当然のことと言える。そして昆虫の駆除は、雑草の除去よりも簡単である。というのも、植物ではなく動物にだけ害のある毒を作ればいいのだから。問題は、私たち人間や、人間にとって有用な動物もまた、昆虫と同じく動物だということだ。

殺虫剤を使うことの危険性が十分に認識されだしたのは、ようやくレイチェル・カーソンの著書が世に出てからのことだった。DDT（ヨーロッパおよび北アメリカで禁止されたのは一九七二年）のような寿命の長い塩素系農薬は、自然環境に破壊的な影響を与えた。そのうえ残留農薬が私たちの食物に紛れ込む危険もある。なるほどこれらの化学物質は、進化上、私たちとは大きく隔たった動物を殺すために作られたものだから、低濃度ならば私たちが死に至ることはないだろう。だが、このような農薬のせいで突然変異が起こり、がんや奇形が生じるのではないかという不安は残る。

DDTの代替物として登場したのが、パラチオンのような有機リン系農薬である。この農薬の長所は、使用されると直ちに分解し、環境中に留まらないことだ。しかしその一方で、これらはDDTよりも激しい毒性をもっている。たとえば一九九五年に東京の地下鉄でのテロ攻撃で使われた神経ガス、サリンは、有機リン化合物の一種である。

自然界に存在する化学物質を使った場合でさえ、しっぺ返しがくることもある。一九六〇年代半ば、化学メーカーはピレトリンという、除虫菊から得られる殺虫剤を人工的に合成しはじめた。この殺虫剤は十年以上にわたって農害虫を食い止めてくれたが、広く使われたことにより、この農薬に耐性をもつ昆虫が現れた。それよりいっそう問題なのは、ピレトリンは天然に存在するにもかかわらず、人の健康にとって必ずしも良くはなく、多くの植物由来の物質と同様、強い毒性をもつことだった。

ラットにピレトリンを投与した実験では、パーキンソン病に似た症状が現れた。また疫学者たちは、パーキンソン病の発生率は、都市よりも農村部のほうが高いことに気づいた。信頼できるデータは足りないものの、米国環境保護局の概算によれば、アメリカの農業従事者のうち三十万人もが殺虫剤による病気にかかっているだろうと言われている。

有機農法を行っている農家は、殺虫剤なしで済ませるためにさまざまなテクニックを使ってきた。昆虫の攻撃から植物を守る巧妙な方法のひとつに、細菌から採った毒素、あるいは細菌そのものを使うものがある。バキルス・トゥリンギエンシス（*Bacillus thuringiensis*, 以下Ｂｔ）は、昆虫の腸管の細胞を攻撃し、破壊された細胞から出てくる栄養を摂取する。この細菌に感染すると昆虫の消化器官は麻痺し、その個体は栄養不良と組織損傷によって死に至る。

Ｂｔは、一九〇一年、日本の蚕が壊滅的被害を受けたときに発見され、一九一一年、ドイツのチューリンゲン（Thüringen）州でスジコナマダラメイガという蛾が大流行したときにこの名前がついた。一九三八年にフランスでこの細菌が初めて殺虫剤として使われたときには、鱗翅類（チョウや蛾）の幼虫にしか効果がないと考えられていたが、その後、別の系統の細菌は、甲虫やハエの幼虫にも効果があることが明らかになった。

なによりありがたいのは、この細菌は昆虫にしか影響を及ぼさないことである。たいていの動物の腸の中は酸性だが、昆虫の幼虫では強アルカリ性であり、ちょうどＢｔの毒素が活性をもつ条件になっているからだ。

ＤＮＡ組み換え技術の時代になり、遺伝子工学者たちは、Ｂｔの殺虫剤としての作用にヒントを得た。この細菌を手当たり次第にばらまく代わりに、Ｂｔの毒素を生産する遺伝子を農作物のゲノムに組み込んでみてはどうだろう？　そうすれば昆虫はその作物を一口食べただけで死ぬので（しかも私たちには無害なので）、農家はもはや作物に殺虫剤を振りかけなくてもよくなるだろう。

この方法には、作物に殺虫剤を振りかける従来の方法に比べ、明らかに優れた点が少なくともふたつある。ひとつめは、その農作物を食べた昆虫だけが殺虫剤の影響を受け、それ以外の昆虫には影響がないことだ。ふたつめは、従来の方法では葉や茎にしか効果がないのに対し、Ｂｔ毒素の遺伝子を植物のゲノムに組み込めば、その植物のすべての細胞が毒素を作るようになることである。そのため、外から殺虫剤をかけても効果のなかった昆虫（根を食べたり組織に穴を開けたりするもの）も死に至らしめることができるようになった。

今日では、「Ｂｔトウモロコシ」、「Ｂｔポテト」、「Ｂｔ綿花」、「Ｂｔ大豆」など、さまざまなＢｔ改良作物が作られており、そのおかげで使用される殺虫剤の総量は大幅に減っている。一九九五年には、ミシシッピーデルタの綿花生産者は、一シーズンに平均四・五回殺虫剤を散布していた。その翌年、Ｂｔ綿花が登場すると、全農家の平均（つまり従来の綿花を育てている農家も含めた全体での平均）は二・五回へと激減した。一九九六年以来、Ｂｔ作物により、アメリカ全体で年間二百万ガロン（約七千六百キロリットル）もの殺虫剤が削減されたと推定されている。

私はこのところ綿花生産地域を訪れていないが、一帯の看板はすでに化学殺虫剤の広告ではなくなっていると賭けてもいい。殺虫剤ではなく、髭剃りクリームの広告が復活しているのではないだろうか？　他の国々もＢｔ作物の恩恵を受けるようになった。中国ではＢｔ綿花の植え付けにより、一九九九年には殺虫剤の使用量が千三百トン減少したと推定されている。

バイオテクノロジーは、昆虫以外の病害虫からも植物を守ってくれるようになった。その方法はワクチン接種と似たところがある。私たちは、不活化した病原体を子どもに接種して免疫反応を起こさせ、以後その病原体にさらされても感染しないようにしている。驚くべきことに、厳密な意味では免疫機構をもたない植物も、ある種のウイルスにさらされると、同系統のウイルスに対して抵抗力をもつことがあるのだ。

セントルイスのワシントン大学のロジャー・ビーチーは、この〝交差免疫〟という現象を応用すれば、遺伝子工学を用いて植物に「免疫」をつけさせられるのではないかと考えた。彼は、タンパク質でできたウイルスのコートを作る遺伝子を植物に入れてやることで、ウイルス自体にさらさなくとも交差免疫をもたせられるかどうかを調べてみた。すると実際、それがうまくいったのだ。細胞中にウイルスのコートタンパク質が存在すると、細胞は何らかの方法でそのウイルスの感染を防ぐのである。

ビーチーの方法により、ハワイのパパイヤ産業が救われることになった。一九九三年から一九九七年にかけて、パパイヤ輪点ウイルスの侵入によりパパイヤの生産高は四割も減少し、ハワイの主要産業のひとつが絶滅の危機に瀕していた。科学者たちは、このウイルスの膜タンパク質の一部を作る遺伝子をパパイヤのゲノムに入れることで、このウイルスに抵抗力をもつ品種を作ることに成功した。こうしてハワイのパパイヤは生き延びた。

モンサント社の科学者たちはこの無害な方法を応用して、ジャガイモによく見られるウイルス

Xによる病気と闘う方法を開発した。残念ながらマクドナルドなどハンバーガー業界の大手は、遺伝子組み換え食品に反対する人々が不買運動を起こすことを恐れ、遺伝子を組み換えたジャガイモを使っていない。その結果、現在販売されているフライドポテトには必要以上のコストがかかっている。

遺伝子工学者が農作物にＢｔ遺伝子を入れるより何億年も前から、自然はさまざまな植物内蔵の防御機構をあみ出していた。植物には、通常の代謝には関与しないさまざまな物質、いわゆる〝植物二次代謝産物〟が存在することが知られている。植物二次代謝産物は、草食動物などの攻撃から身を守るために、植物自身が作る物質である。実際、植物はたいていどれも、進化の過程で作り出したさまざまな毒性の化学物質をもっている。強力な二次代謝産物をもてば草食動物からの被害を受けにくくなるから、長年のあいだには、その植物の生き残りに有利になるだろう。

人類が植物から得た医薬品（ジギタリスという植物から得られるジギタリス製剤は、適量を投与すれば心臓病に効果がある）、覚醒剤（コカから抽出されるコカインなど）、殺虫剤（除虫菊から抽出されるピレトリンなど）の多くは植物二次代謝産物である。植物の天敵にとって毒となるこれらの物質は、周到に進化してきた防御反応といえる。

エームズ試験（物質の発がん性を調べるために広く用いられている方法）の開発者、ブルース・エームズは、私たちの食物に含まれる天然の化学物質には、いわゆる有害化学物質と同程度の致死性があることに注目した。彼はたとえばコーヒーを例に挙げ、ラットを使った実験について次のように述べている。

一杯のコーヒーの中には、あなたが一年間に摂取した殺虫剤の残留物よりも多くの発がん性物質が含まれている。それに加えて、まだ詳しく調べられていない化学物質が一千種類も含まれているのである。明らかに、われわれはダブルスタンダードを使っている。化学合成されたものには怯え、天然のものなら気にしないのだ。

植物がもつ独創的な防御物質のひとつに、フラノクマリン類と呼ばれる物質のグループがある。これらの物質は、紫外線に直接さらされたときにのみ毒性をもつ。そのため、草食動物がその植物をむしゃむしゃと噛みはじめ、細胞が壊されて内容物が日光に当たったときにだけ毒性が発揮されることになる。

ライムの果皮に含まれるフラノクマリンは、フランスのバカンス企業クラブメッド（「地中海クラブ」）が経営するカリブ海のバカンス村で奇妙な病気を引き起こすことになった。ライムの実を、手や足や腕や頭を使わずに太ももに挟んで隣の人に渡していくというゲームに参加した宿泊客全員の太ももに、ひどい発疹が出たのである。カリブ海の強い日光の下、こんな恥ずかしいゲームに使われたライムの実が、フラノクマリンで太ももに激しい復讐を加えたというわけだ。

植物も草食動物も、進化の軍拡競争に参加している。自然は毒性の強い植物を選択する一方、養分は代謝しつつも植物の防御物質はうまく解毒するような草食動物を選択しているのだ。草食動物のなかには、フラノクマリンに賢く対応するように進化したものもある。たとえばハマキガの幼虫は、葉を食べる前にその葉を巻き上げてしまう。葉っぱで作った筒の中には日光が届かないため、こうすればフラノクマリンは活性化しない。

農作物にどれかのＢｔ遺伝子をもちこむことは、当事者のひとりである人類が、進化の軍拡競争のなかで植物を支援するひとつの方法にすぎない。いずれ害虫がその毒物に耐性をもつよう進化することもあるだろうが、それも驚くべきことではない。それもまた古くから続いてきた戦いの次の一手にすぎないからだ。耐性をもつ害虫が登場すれば、たくさんあるＢｔ遺伝子のどれかがまたその害虫を出し抜いてくれるだろう。どれかの毒物への耐性が広まれば、別の系統のＢｔ遺伝子を入れた作物を作ればいいのである。

植物をデザインする

バイオテクノロジーは、植物をその天敵から守るだけでなく、望ましい農産物を市場に出すためにも役立つ。あいにく、どれほど頭の良いバイオテクノロジー研究者であっても、ときには木を見て森を見ない（あるいは、実を見て植物を見ない）という間違いを犯すことがある。カリフォルニアを拠点とする革新的な企業、カルジーン社もそうだった。

一九九四年、カルジーン社は、初めて店先に並んだ遺伝子組み換え作物を作ったことで名をあげた。カルジーン社は、トマトを従来のように青いうちに収穫せず、熟れてから収穫して店頭に届けたいという、トマト生産における大問題を解決したのである。しかし技術的な成功の裏で、彼らは基本的なことを忘れていた。「フレーバーセーバー」という皮肉な名前のついたそのトマトは、おいしくも安くもなかったため、売れなかったのだ。そしてそのトマトは、店先から消えた初めての遺伝子組み換え作物としても名を知られることになった。

しかしカルジーン社の技術自体は独創的なものだった。普通、トマトは熟れると柔らかくなる。そうなるのは、ポリガラクツロナーゼ（ＰＧ）という酵素をつくる遺伝子のせいである。この酵素は、細胞壁を壊して実を柔らかくするが、柔らかいトマトは輸送しにくい。そこで通常、トマトはまだ青くて硬いうちに摘果され、その後、熟成剤のエチレンガスによって赤く色づけされている。

カルジーン社の研究者たちは、ＰＧ遺伝子を不活化（ノックアウト）しておけば、実が熟してから収穫しても、その後も硬いままの状態を保てるだろうと考えた。そこで彼らは、ＰＧ遺伝子に相補的な配列をもつＤＮＡの断片をトマトに入れてやった。そうすると、ＰＧ遺伝子から正しく作られたRNAは、相補的な塩基同士に親和性があるため、この相補的DNA断片から作られたRNAと「くっつき」、実を柔らかくする酵素を作れなくなってしまう。PG酵素が働かなくなったトマトは硬い状態を保てるため、理屈の上では、新鮮で熟れたトマトを店先に届けられるはずだった。

ところがカルジーン社は、化学のマジックには成功したものの、トマト生産の難しさを見くびっていた（カルジーン社に雇われていたある農場主は、「分子生物学者を農場に置き去りにすれば飢え死にするだろう」と言った）。カルジーン社が改良するために選んだトマトは、とりわけ味気ないまずい品種だった。保つ（セーブ）だけの味（フレーバー）がなかったのだ。このトマトは技術の勝利ではあったが、商業的には失敗だった。

全体的なことを言えば、植物に関するテクノロジーがいちばん役立ちそうなのは、作物に本来不足している栄養素を補い、栄養バランスを改善することかもしれない。たいていの植物には、人間の生存に欠かせない必須アミノ酸があまり含まれていないため、発展途上国の人々をはじめ、野菜ばかりを食べている人たちはアミノ酸欠乏症になることがある。遺伝子工学を使えば、従来発展途上国で栽培され、消費されてきた作物よりもアミノ酸を多く含む、栄養バランスの良い作物を作ることができる。

一例を挙げよう。ユニセフは一九九二年に、世界中で約一億二千四百万人の子どもたちが深刻なビタミンA欠乏状態にあると推定した。そのせいで失明する子どもは年間約五十万人に達し、またその多くがビタミン不足で死亡している。米にはビタミンAやその生化学的前駆体が含まれていないため、ビタミンA不足の子どもたちは、米を主食とする地域に集中している。

ロックフェラー財団（遺伝子組み換え食品メーカーは商業主義だとか搾取しているとか非難されることが多いが、この財団は非営利団体なのでそういう非難はあたらない）は、多額の資金を出して国際的な取り組みを推進し、後に「ゴールデンライス」と呼ばれることになる米を開発した。この米はビタミンAそのものは含まないが、ベータカロチンという重要な前駆体を作る（ニンジンが明るいオレンジ色をしているのはベータカロチンのためであり、ゴールデンライスはその名が示すように薄いオレンジ色をしている）。

しかしこの人道的救援活動に携わった人たちは、栄養失調は一種類の栄養素の不足によって起こるわけではなく、もっと複雑なものであることを思い知らされた。ビタミンAの前駆体は、その食物に脂肪が含まれているときにもっとも効率良く腸から吸収されるが、ゴールデンライスの開発目的である栄養失調の人々の食事には、ほとんど、あるいはまったく脂肪が含まれていない場合が多いのである。それでもゴールデンライスは、正しい方向への第一歩にはなった。ここに見るように、遺伝子組み換え農業は、広く人類のさまざまな苦しみを和らげるために役立てることができそうだ。

私たちが今見ているのは、遺伝子組み換え作物革命の始まりにすぎない。潜在的応用は驚くべき広がりをもっているが、その一端が見えだしたばかりなのだ。将来、植物は私たちに必要な栄養素を供給するだけでなく、ワクチンタンパク質の経口投与という面でも鍵になるだろう。たとえば、バナナは輸送しやすく、また生のまま食べることが多いので、遺伝子工学を用いてポリオワクチンタンパク質を生産するバナナを作り、そのワクチンがバナナに蓄えられるようにできれば、いつの日か、公衆衛生のためのインフラをもたない地域にもワクチンを普及させられるかもしれない。

植物はまた、死活問題とまではいわないまでも、非常に有用な目的に使えるかもしれない。たとえばある企業は、綿にポリエステルの一種を生産させ、天然の綿ポリエステル混合繊維を作ることに成功した。このように植物工学は、化学工業的プロセス（ポリエステル生産はその一例にすぎない）や、そこで生じる汚染物質を減らす可能性をもっており、想像もしなかったやり方で環境を守ってくれるだろう。

組み換え作物への抵抗

モンサント社は遺伝子組み換え食品では間違いなくトップの座にあったが、当然ながらその座を脅かす者が現れた。ドイツの製薬会社ヘキスト社は、「ラウンドアップ」に相当する「バスタ」

〈アメリカでの名前は「リバティー」〉という除草剤を独自に開発し、それと合わせてこの除草剤に耐性をもつよう遺伝子を組み換えた「リバティーリンク」という作物を作った。また、ヨーロッパのもうひとつの大手製薬会社アベンティス社は、「スターリンク」という商品名の独自のＢｔトウモロコシを売り出している。

しかしモンサント社は、業界最古参かつ最大手であることを利用し、大手種子メーカー、とくにパイオニア社に対し、自社製品を販売するよう強く迫った。しかしパイオニア社は、確立されて久しいハイブリッドコーンの手法にこだわっていたため、モンサント社の熱烈なラブコールをのらりくらりとかわした。結局モンサント社は、一九九二年と一九九三年に成立した取引で、種子大手のパイオニア社から、ラウンドアップ・レディー大豆の販売権としてわずか五十万ドル、Ｂｔトウモロコシの販売権として三千八百万ドルばかりを受け取っただけという馬鹿を見ることになった。

一九九五年、モンサント社のＣＥＯになったロバート・シャピロは、種子市場を完全に握ることでこの失敗を埋め合わせようとした。彼はまず手始めに、農家が前年の収穫で得た種子を蒔き、新たな種子を買わないという、種子メーカーの長年の課題に取り組むことにした。交配種（ハイブリッド）を使う方法は、トウモロコシではうまくいったが、他の農作物には使えなかった。そこでシャピロは、Ｂｔ種子を使う農家は必ずモンサント社と「技術契約」を結び、この遺伝子の利用料を支払うべきこと、そして収穫した作物は種子として使わないことを義務付けようと計画した。このシャピロの計画により、農家はモンサント社を徹底的に嫌うようになった。

シャピロは、中西部の農業化学メーカーのＣＥＯになるべき人物ではなかった。彼は薬品会社サール社の弁護士だったときに、すばらしいマーケティングのアイディアを思いついた。ペプシ社とコカコーラ社がダイエット飲料の容器に、サール社の人工甘味料であるニュートラスイートの名前を明記するよう強要し、この甘味料を低カロリー生活の代名詞にしたのだ。一九八五年にモンサント社はサール社を買収し、シャピロはこの親会社で出世の階段を登りはじめた。ＣＥＯに就任したシャピロは、当然ながら、自分がニュートラスイートだけの一発屋ではないことを証明する必要があった。

モンサント社は、一九九七年から一九九八年にかけて八十億ドルもの金をつぎ込み、パイオニア社の最大のライバルであるデカルブ社など、多くの大手種子会社を買収した。シャピロはモンサント社を、種子業界のマイクロソフトにしようと企んでいたのだ。

彼が買収を計画した企業のひとつであるデルタ・アンド・パイン・ランド社は、アメリカにおける綿花種子市場の七〇パーセントを握っていた。この会社はまた、テキサス州ラボックにある農務省の研究所で開発された、ある興味深い新技術の権利をもっていた。その技術は、農作物を不稔性にするものだった。つまり、種子が農家に販売される前に、巧みな化学的方法によって遺伝子のスイッチを切り換える。するとその作物は、普通に生長するけれども、実る種子はできない。それは種子産業が巨万の富を得るための真の鍵だった。農家は毎年、種子を買わなければならなくなるからだ。

不稔性の種子は、理屈の上では非生産的で矛盾した存在のように思われるかもしれないが、長期的には広く農業に利益をもたらすものである。もしも農家が毎年種子を買うようになれば（ハイブリッドコーンの場合は現にそうなっている）、種子産業が成長し、より良い品種の開発が盛んになるだろう。稔性のある種子も、買おうと思えばいつでも買える。農家は、収穫量など重要な性質において優れているのでなければ、わざわざ不稔性の種子を選びはしない。つまり、不稔化のデメリットを補って余りある恩恵を農家は手に入れるのである。

だがモンサント社はこの技術のせいで、社会との関係を危うくすることになった。活動家たちはこれを「ターミネーター遺伝子」と呼び、第三世界の農民を苦しめるものというイメージを喚起した。というのも、そのような国々では前年の作物からその年に蒔く種を得るのが習慣になっているからだ。突然、自分の作った作物が種子として使えなくなれば、貪欲な多国籍企業に向かって、オリバー・ツイストのように、もっとくださいと哀れに頭を下げるしかなくなる。

結局モンサント社は折れ、面目を失ったシャピロはこの技術を公式に否認したため、ターミネーター遺伝子は今日まで出番を与えられないでいる。こうしてモンサント社が一九九〇年代後半に抱いたこの大きな野望は結局潰えたのだった。

遺伝子組み換え食品に対する反対運動の多くは、ウシ成長ホルモンを例として前章で見たように、ジェレミー・リフキンのようなプロの反対運動家に率いられてきた。イギリスのジェレミー・リフキンとも言えるピーター・メルチェット卿（元グリーンピース英国代表）は、リフキンと同様の影響力をもっていたが、グリーンピースと手を切り、昔モンサント社の傘下にあった広報会社に入ったために環境保護団体内部での信頼を失った。

シカゴでビニール袋製造会社を立ち上げた人物を親にもつリフキンは、名門の出身でイートン校の卒業生であるメルチェットとはアプローチこそ違うものの、企業国家アメリカが陰謀をめぐらし、無力な一般市民を踏みにじっているという見方をする点では同じである。

遺伝子組み換え食品の受け入れに役立たないという点では、政府当局の対応も同じだった（アメリカの場合には、食品医薬品局〈ＦＤＡ〉と環境保護局〈ＥＰＡ〉がそれにあたる）。当局はこの新技術に直面して、ありきたりの事なかれ主義に陥り、政府の規制当局にありがちな科学的無知をさらしている。ハワイのパパイヤ農家を破産から救った〝交差免疫〟現象を発見したロジャー・ビーチーは、その発見に対するＥＰＡの反応について次のように述べている。

私は素朴にも、ウイルス耐性をもつ植物を開発して殺虫剤の使用を減らすのは、望ましい進歩と受け止めてもらえるものと思っていた。ところがEPAは、要するに次のようなことを言ったのだ。「ウイルスは害虫だから、植物をウイルスから守る遺伝子を使えば、その遺伝子は殺虫剤だと見なさなければならない」。こうしてEPAは、遺伝子改良した植物を殺虫剤のようなものと見なしたのである。このエピソードで重要なのは、遺伝子科学やバイオテクノロジーが進歩するにつれ、政府機関は思いがけない局面に立たされるということだ。政府当局には、新しく開発された農作物を規制するための基礎知識も、遺伝子組み換え農作物が環境に及ぼす影響を規制するための基礎知識もなかった。

政府の役人たちの無能ぶりが際立つケースとして、いわゆるスターリンクをめぐるエピソードがある。スターリンクは、ヨーロッパの多国籍企業アベンティス社が開発したBtトウモロコシである。スターリンクのBtタンパク質は、ヒトの胃のような酸性の条件下では他のBtタンパク質に比べて分解されにくいことが判明したため、EPA（環境保護局）ともめることになった。理屈の上では、スターリンク・トウモロコシを食べるとアレルギー反応が起こる可能性がないわけではないが、実際にアレルギー反応が起こるという証拠はまったくなかった。EPAは判断に窮した。

結局EPAは、ウシの飼料としてはスターリンクを認可するが、人の食用としては認めないという決定を下した。そしてＥＰＡは、どんな小さな違反も許さないという「許容度ゼロ」の規制を敷いた。すなわち、スターリンクの分子が一個でも存在すれば、その食品が違法に汚染されていることになってしまったのだ。

農家はスターリンク・トウモロコシとスターリンク以外のトウモロコシを隣り合わせの畑で育てていたから、スターリンク以外のトウモロコシもどうしても汚染されてしまう。たった一本でもスターリンクのトウモロコシが生えていれば、農場全体に分子が広まってしまうのだ。当然ながら、しだいにいろいろな食品からスターリンクの分子が検出されるようになっていった。スターリンク分子を検出する方法はきわめて感度が高い。

二〇〇〇年九月末、クラフト・フード社は、タコスの皮がスターリンクで汚染されていたとして商品の回収を行った。そして一週間後にアベンティス社は、スターリンクの種子を買った農家に対し、買い戻し計画を始めた。この「一掃」計画には、一億ドルの費用がかかったと推定されている。

この大失敗の責任は、行き過ぎた熱意をもって不合理な対応をしたＥＰＡにあると言うしかない。Ｂｔトウモロコシの使用を、ある目的（飼料）には認めながら、別の目的（人間の食用）には認めず、しかも食品への汚染をまったく許容しないというのはあまりにも不合理である。

ここではっきりさせておくべきは、「汚染」の定義を「外来の物質が一分子でも存在していること」とするなら、私たちの食物はすべて汚染されているということだ。鉛や、ＤＤＴや、細菌の毒や、さまざまな有毒物質によって汚染されているのである。公衆衛生の観点からすれば、問題なのはそれらの物質の濃度であり、その濃度は無視できるレベルから致死的なレベルまでさまざまな値を取りうる。

また、ある物質を汚染物質とみなすためには、少なくとも明白な健康被害を示す最低限の証拠が当然必要になるということも頭に入れておくべきだろう。スターリンクは、実験室のラットを含めて誰にも害を及ぼしてはいないのである。この残念なエピソードの中で唯一良かったと言えるのは、ＥＰＡはその後、「部分」認可という方法を廃止したことだろう。それ以降の農産物は、食糧関連のすべての用途に認可されるか、あるいはすべてに認可されないかの、どちらかになった。

フランケンフード

遺伝子組み換え食品にもっとも激しく反対しているのはヨーロッパだが、それは単なる偶然ではない。ヨーロッパの人々、とくにイギリス人は、食品に何が含まれているかと疑い、かつ提供された情報を信じようとしないが、それにはれっきとした理由があるのだ。

一九八四年、イングランド南部のある農家が、一頭の雌牛が奇妙な行動を取っていることに気がついた。それから一九九三年までに、イギリスで十万頭の牛がこの新たな脳の病気で死んだ。その病気こそ、かつて狂牛病と呼ばれた〝ウシ海綿状脳症（ＢＳＥ）〟である。大臣たちは慌てふためき、この病気はおそらく食肉処理された動物の残骸から作った飼料によって伝染したものであり、ヒトに感染することはないと請け合った。ところが二〇〇二年二月までに、百六人のイギリス人がＢＳＥで亡くなった。彼らはＢＳＥで汚染された肉を食べて感染したのだ。

　ＢＳＥが引き起こした不安と不信感は遺伝子組み換え食品にも飛び火し、イギリスのマスコミはそれらを「フランケンフード」と呼ぶようになった。環境保護団体「地球の友」は、一九九七年四月に次のような発表をした。「ＢＳＥが発生した以上、もはや食品業界は、人々の喉に〝秘密〟の原材料を流し込むような愚かなことは考えないだろう」。しかし実はこれこそが、モンサント社がヨーロッパで計画していたことだったのだ。

　モンサント社の経営陣は、遺伝子組み換え食品への反対運動は一時的な騒ぎにすぎないと確信し、遺伝子組み換え食品をヨーロッパの食料品店に並べる計画を進めた。しかしこれは誤算だった。一九九八年になると消費者の反発は勢いを増してきた。イギリスのタブロイド紙の記者たちは大はしゃぎだった。「自然をもてあそぶ遺伝子組み換え食品。副作用ががんだけなら幸いだ」、「大手遺伝子組み換え食品会社の驚くべき策略」、「嫌われ者（ミュータント）の農産物」。トニー・ブレア首相はいいかげんな抗弁をしてタブロイド紙の嘲笑を買った。「怪物首相（プライム・モンスター）、ブレアは怒り狂って言う。『私はフランケンシュタイン・フードを食べている。これは安全だ』」

一九九九年三月、イギリスのスーパーマーケットチェーン、マークス・アンド・スペンサーが遺伝子組み換え食品は置かないと発表し、モンサント社のヨーロッパでの夢は危うくなった。当然、他の食料品店もそれに倣った。消費者の不安にすぐに配慮を示すのは賢明な判断だし、評判の悪いアメリカ企業の肩をもつ義理はなかったからだ。

フランケンフードをめぐる混乱がヨーロッパを襲っていたちょうどそのころ、アメリカ国内では、ターミネーター遺伝子とモンサント社による世界の種子市場支配計画に関するニュースが広がっていた。自然保護団体が率いる抵抗運動の高まりに対し、モンサント社はなんとか身を守ろうとしたが、打った手は自らの過去のせいで骨抜きだった。

殺虫剤メーカーとして出発したモンサント社にとって、殺虫剤は環境に有害だと言い切ることはなんとしても避けたかった。しかしラウンドアップ・レディーやBt技術の最大の功績は、除草剤や殺虫剤の需要を減少させたところにある。一九五〇年以降、業界の公式の立場は、「適切な殺虫剤を適切に使用すれば自然環境にも農業従事者にも害はない」というものだった――モンサント社はこのときまだ、レイチェル・カーソンが全面的に正しかったと認めるわけにはいかなかったのである。モンサント社は、殺虫剤を売りながら殺虫剤を非難するわけにもいかず、バイオテクノロジーの農業への利用を擁護するうえで、もっとも説得力のある論拠を活用できなかったのだ。

モンサント社はこの不運な流れを逆転させることができなかった。二〇〇〇年四月、同社は、大手製薬会社ファルマシア・アンド・アップジョンとの合併にこぎつけたが、ファルマシア社の関心はもともと、モンサント社の製薬部門であるサール社を手に入れることだった。後に農業部門だけが独立企業として分離し、今日でもモンサントという名前で残っている。しかしこの企業がもっていた、開拓者としての大胆さと不敗神話は消え去った。

正しい議論とは何か

遺伝子組み換え食品をめぐる論争には、相異なるふたつの問題がからみあっていた。ひとつは、遺伝子組み換え食品は私たちの健康や自然環境を脅かすのかという、純粋に科学的問題である。もうひとつは、攻撃的な多国籍企業のやり方やグローバル化の影響に関する、経済的、政治的問題である。そうした議論の多くは、アグリビジネス（農業関連産業）、とくにモンサント社に向けられたものだった。

一九九〇年代を通して、遺伝子組み換え技術は単に世界の食品供給を制覇するための道具とみなされてきた。たしかにモンサント社は、食品産業におけるマイクロソフトになろうという不健全な夢を抱いたかもしれないが、驚くべき運命のどんでん返しが起こって以来、この方面からの議論にはほとんど根拠がなくなっている。別の企業がふたたびこれだけの損害を出したり、同じ問題でつまずいたりするとは考えにくい。遺伝子組み換え食品に対して意味のある評価は、政治的あるいは経済的な面からでなく、科学的な面から下されるべきである。そこで以下では、バイオテクノロジーに対するよくある意見を見ておくことにしよう。

不自然である

ごく少数の完璧なる狩猟採集者でもない限り、ほとんどすべての人間は、厳密に「自然な」食事をしているわけではない。イギリスのチャールズ皇太子は一九九八年に、「遺伝子組み換えは、人間を神の領域に連れて行くものだ」と言い切った。しかし皇太子には失礼ながら、実は私たちの祖先は、太古の昔からその神の領域を渡り歩いてきたのである。

初期の農業生産者たちは、異なる種を交配させることにより天然には存在しない新種を作り出してきた。たとえば小麦は、何回もの交配を重ねて作り上げられてきたものだ。天然の原種であるヒトツブコムギがタルホコムギの一種と交配され、エマー小麦ができた。さらに私たちにおなじみのパン小麦は、エマー小麦をさらに別のタルホコムギの一種と交配することで作られたものである。私たちの食べている小麦は、これらの原種の特徴を組み合わせたものであり、自然状態ではおそらく決して生じなかったであろうものなのだ（口絵③）。

しかもこのように植物を交配していくと、新しい特徴がランダムに発生してしまう。すべての遺伝子に影響が及び、予期せざる影響が現れることも多い。一方、バイオテクノロジーを用いれば、植物種に新たな遺伝子をひとつずつ、より正確にもちこむことができる。これが、従来の農業による力ずくの方法と、バイオテクノロジーによる繊細な方法との違いである。

食物にアレルギーの原因物質（アレルゲン）や毒物が含まれてしまう

繰り返すが、今日の遺伝子組み換え技術の大きな長所は、その正確さである。そのおかげで、植物がどのように改造されるかを見極めることができる。ある物質がアレルギー反応を引き起こすとわかれば、その物質が含まれないようにすることができる。それでもなお、「アレルゲンや毒物が含まれる」という心配をする人はいる。

その根拠としてよく引き合いに出されるのが、ブラジルナッツのタンパク質が大豆に組み込まれたという話だ。これは善意にもとづく事業だった。西アフリカの人たちの食事には、メチオニンというアミノ酸が不足していることが多い。このアミノ酸は、ブラジルナッツから作られたタンパク質に豊富に含まれている。このタンパク質の遺伝子を西アフリカの大豆に入れてやれば、アミノ酸不足の問題をうまく解決できそうだった。しかしその後、ブラジルナッツのタンパク質は多くの人に重いアレルギー反応を引き起こすことが判明し、この計画は中断された。

この計画に関わった科学者たちに、新しい食物をばらまいて何千人もの人々にアナフィラキシー・ショックを起こさせようなどという意図がなかったことは明らかである。彼らは重大な欠陥に気づき、ただちに計画を中止したのだ。ところが評論家の多くは、これは分子工学者たちが結果も考えずに火遊びをしたケースだと言った。しかし実際には、遺伝子工学は、原理的に、食物中のアレルゲンを減らすために利用できるのである。おそらくいつの日か、大豆に入れると危険なタンパク質を含まないブラジルナッツが作られることだろう。

無差別的で、目的以外の種に害を及ぼす

一九九九年に行われた有名な研究により、オオカバマダラというチョウの幼虫は、Ｂｔトウモロコシの花粉を大量に振りかけた葉を食べると死亡率が高くなることが示された。これ自体はとくに驚くようなことではない。Ｂｔトウモロコシの花粉はＢｔ遺伝子をもっており、したがってＢｔ毒物をもっている。そしてＢｔ毒物は昆虫を殺すように作られているからだ。けれども蝶はみんなに愛される動物なので、環境保護論者たちにとっては格好のアイドルになった。しかも犠牲はこのチョウだけではすまないことも懸念された。

そこで調べてみたところ、この幼虫を使った実験は極端な条件下で行われていたことが判明したのだ。実験で使われたＢｔトウモロコシの花粉はきわめて多量で、この実験からは、自然界ににおける幼虫の致死率については何もわからないのである。実はさらなる実験により、Ｂｔ植物のチョウ（あるいは他の無害な昆虫）への影響は、問題にならないほど小さいことが示唆されている。しかしたとえそうでなかったとしても、私たちが考えるべきは、遺伝子組み換えの方法が、従来の殺虫剤と比べて危険かどうかということだ。

すでに見たように、もし遺伝子組み換え技術がなかったならば、農業の生産性を現代社会の需要に合わせるには大量の殺虫剤を使わざるをえない。Ｂｔ植物に組み込まれた毒物は、その植物の組織を餌とした昆虫のみに作用する（Ｂｔ植物の花粉にさらされた昆虫にもわずかに作用する）。それに対し殺虫剤は、害虫かどうかにかかわらず、すべての昆虫に作用するのである。もしオオカバマダラがこの議論に参加できるとしたら、間違いなくＢｔトウモロコシに一票を投じることだろう。

「スーパー雑草」の登場により環境の崩壊を引き起こす

ここで懸念されているのは、除草剤に耐性をもたせる遺伝子（ラウンドアップ・レディー植物がもつような遺伝子）が、異種間の交配により作物のゲノムから雑草へと移動するのではないかということだ。これは考えられないことではないが、次に述べる理由から、広範なスケールで起こる可能性は低い。異種間の交配種はたいていひ弱で、生存のための条件を十分に満たしていない。交配の一方の親が、農家が手間をかけないと育たないような栽培植物の場合はとくにそうである。

とはいえ今は議論を進めるために、農薬耐性遺伝子が雑草に入り込み、そこに根付いたものと仮定しよう。しかしこれは世界の終焉でも農業の終焉でもない。有害な生物を絶滅させようとしたら耐性をもつ種が登場したというのは、農業の歴史の中では毎度のことなのだ。もっとも有名な例は、ＤＤＴ耐性をもつ昆虫ができたケースだろう。農家は殺虫剤を使うことにより、耐性をもつ個体が有利になるような強い自然選択を行っているのだ。そして進化という手強い敵は、耐性種をいとも簡単に生み出す。結果として、科学者たちは計画を練り直し、その有害生物に耐性がないような新たな殺虫剤や除草剤を作らなければならない。こうして進化のサイクルは一周するが、その後またしても害虫が進化し、新たな耐性を獲得する。つまり耐性の獲得は、害虫を駆除しようという努力が水泡に帰する可能性をもつのである。

耐性獲得は、遺伝子組み換えだけの問題ではない。それは次のラウンドの開始を知らせるゴングであり、新たな発明に向けて人類の独創性を奮い立たせるものなのだ。

ニューデリーを拠点とするＮＧＯ「遺伝子キャンペーン」の指導者スーマン・サハイは、多国籍企業がインドなどの国々の農家に及ぼす影響を懸念しつつも、遺伝子組み換え食品をめぐる論争は、食物が死活問題にならない豊かな社会に特有の現象だと指摘している。サハイは、インドでは多くの人々が餓死しているにもかかわらず、高地で栽培された果物の六〇パーセントまでが市場に届くまでに腐っていると指摘した。かつてフレーバーセーバー・トマトを作ったときのような、熟成を遅らせる技術がどれだけ役立ってくれるかを想像してみてほしい。

遺伝子組み換え食品の最大の役割は、発展途上の地域に救いの手を差し伸べることかもしれない。途上国では、出生率の急増や、限られた耕作地の中で生産性を高めなければならない現実から、環境にも農家にも多大な影響を及ぼす殺虫剤や除草剤が大量に使用されている。またそのような地域では、栄養失調が常態化し、そのために死に至る人がたくさんいる。そして有害生物により一種類の作物が壊滅することは、農家やその家族への死刑宣告になりかねないのである。

これまで見てきたように、一九七〇年代初めのDNA組み換え技術の発明は、アシロマ会議を中心とする論争と内省の一ラウンドを引き起こした。今は第二ラウンドの真っ最中だ。アシロマ会議のころには、重要な事実がいくつか未解明だったと言える。当時は、大腸菌を遺伝子操作することにより、新たな系統の病原性細菌が生まれないとは断定できなかった。しかし研究と有用性の追求はたどたどしくも進んできた。現在起こっている議論では、状況への理解はずっと進んでいるにもかかわらず、不安はなおくすぶっている。

アシロマ会議に参加した科学者の大半は遺伝子組み換えに対して警鐘を鳴らしたが、今日では遺伝子組み換え食品そのものに反対する科学者を見つけることは難しい。著名な環境保護論者のE・O・ウィルソンでさえ、遺伝子組み換え技術が人類にも自然界にも役立つことを理解し、その技術を支持するようになった。彼は次のように語っている。「慎重な研究と規制により、遺伝子組み換え作物が栄養的にも環境的にも安全だとわかっている場合には……それを利用すべきである」

遺伝子組み換え食品への反対運動は、ほとんどが社会政治的なものであり、科学の言葉で語られてはいても、概して非科学的である。実際、マスコミに流されているような遺伝子組み換え反対運動の論拠となっている疑似科学のなかには（煽るのが目的であれ、誤ってはいるが善意から出た懸念であれ）、それが宣伝戦の有力な武器になるという現実がなければ、聞いていて可笑しくなるものさえある。モンサント社のロブ・ホーシュは、反対者たちとのいざこざをこれでもかというほど経験している。

私はワシントンDCでの記者会見の席上で、ある活動家から「農家に贈賄した」として非難されたことがある。私はどういう意味かと尋ねた。するとその活動家は、われわれが良質の製品を安価で農家に提供し、農家に利益をもたらしたと答えたのだ。私は開いた口がふさがらなかった。

はっきり言わせてもらえば、遺伝子組み換え食品を悪魔のごとく決めつけ、その恩恵を放棄するのはまったく愚かなことである。さらに、発展途上国では遺伝子組み換え食品が切実に必要とされていることを考えれば、チャールズ皇太子などの憶測に振り回されるのは犯罪的でさえある。

今から数年後、先進国の社会が正気を取り戻し、反対運動の足枷から解放されたときには、農業技術の重大な遅れに気づくことだろう。欧米の食糧生産は、世界のどこよりも費用のかかる非効率的なものになっているだろう。その間に中国などは、理不尽な恐怖心に取り合っている余裕がないことが幸いして、大きな進歩を遂げているだろう。中国の態度は実に現実的だ。この国は、世界の人口の二三パーセントを抱えているにもかかわらず、耕作可能地は世界の七パーセントにすぎない。そのため国民を養うためには遺伝子組み換え作物により収穫量を増やし、栄養価を高めなければならないのだ。

今にして思えば、私たちはアシロマ会議の警鐘にばかり耳を傾け、評価の定まっていない（そして評価しようのない）未知の事項や、予測不可能な危機に怯えていた。しかし、無駄に高くついた後れをとりはしたが、私たちは科学が人類に果たしうるもっとも大きな責務を果たすという道に戻ろうとしている。それは、人類にできるかぎり恩恵をもたらすために科学を使うという道だ。今日繰り広げられている論争では、聖人ぶった無知のために私たちの社会は後れをとろうとしている。心に留めておくべきは、飢餓状態にある人々の生命や、私たちにとってもっとも貴重な遺産である自然環境がどれほど危機にさらされているかということなのだ。

二〇〇〇年七月、遺伝子組み換え食品に反対する活動家が、コールドスプリングハーバー研究所のトウモロコシ実験農場を襲撃した。実際にはその遺伝子組み換え作物は植えられておらず、連中が破壊したのは、この研究所の二人の若い科学者が二年間にわたり苦労を重ねてきた研究の成果だった。それでもこの事件は教訓を与えてくれた。遺伝子組み換え作物の破壊がヨーロッパのあちこちに流行し、真理の探究さえもが攻撃にさらされ、実験農場までも攻撃の対象となった今このとき、破壊運動の先兵たちは自らに問いただすとよい。自分たちは何のために戦っているのかと。

第7章　ヒトゲノム——生命のシナリオ

ヒトの体の複雑さたるや、唖然とするほどである。そこで生物学者たちは従来、ヒトの体の小さな一部に注目し、そこを詳しく理解しようとしてきた。この基本的なアプローチは、分子生物学が登場してからも変わってはいない。今日でもたいていの科学者は、ひとつの遺伝子、またはひとつの生化学的経路に関与している遺伝子群に的を絞った研究を行っている。

だが、機械の部品はどれひとつとして、他の部分と無関係に働いているわけではない。車のエンジンについているキャブレターをどんなに詳しく調べたところで、車はおろか、エンジンのしくみについてすら何もわかりはしないだろう。エンジンが何のためにあり、どのように働くかを理解するためには、車全体を調べなければならない。キャブレターを全体の中に位置づけ、さまざまな機能をもったくさんの部品のひとつとして捉える必要があるのだ。

それと同じことが遺伝子についても言える。生命を支えている遺伝のプロセスを理解するためには、どれかの遺伝子、どれかの反応経路を理解するだけでは不十分なのであり、個々の知識を全体の中に位置づけなければならない。そしてこの場合の「全体」が、ゲノムなのである（口絵④）。

ゲノムとは、個々の細胞の核に含まれているひとそろいの遺伝的指令のことである（どの細胞にも、双方の親から来たゲノムがひとつずつ、計ふたつのゲノムが含まれている——子が受け継いだ染色体は二本ずつあるから、遺伝子もふたつずつあり、ゲノムもふたつあることになる）。ゲノムのサイズは種によって異なる。ひとつの細胞に含まれるＤＮＡの量から（ゲノムのサイズは、ひとつの細胞に含まれるＤＮＡの半分である）、ヒトのゲノムはおよそ三十一億塩基対であることがわかる。

遺伝子は私たちひとりひとりの幸いにも災いにも関係し、それどころか（事故を別にすれば）あらゆる死因にも多かれ少なかれ関与している。たとえば、嚢胞性線維症やテイ・サックス病のような病気は、遺伝子の突然変異によって直接引き起こされることがわかっている。また、それほど直接的ではないにせよ、やはり死につながるような働きをする遺伝子はたくさんある。それらの遺伝子は、死因の上位を占めるがんや心臓病といったありふれた病気へのかかりやすさに関係し、家系に伝わっていく。

免疫機構はＤＮＡに支配されているため、はしかや風邪といった感染症に対する反応にも遺伝的な要因がある。老化もまた、遺伝子が大きく関係する現象だ。年を取ればそうなるものだと思われている現象のなかには、一生のあいだに蓄積されてきた遺伝子の突然変異の影響と言えるものもある。それゆえ、生死に関わる遺伝的要因を十分に理解し、いずれはそれに取り組んでいくためには、人体の中で遺伝に関与している要素をすべて洗い出さなければならない。

とくにヒトゲノムには、人間が人間であるとはどういうことかを知るための鍵が含まれている。ヒトの受精卵とチンパンジーの受精卵とは、受精直後は区別がつかない――少なくとも見た目には。しかしヒトの受精卵にはヒトのゲノムが、チンパンジーの受精卵にはチンパンジーのゲノムが入っている。どちらの場合も、単純な一個の細胞が驚くべき変化を遂げ、ヒトの場合なら百兆個の細胞からなる複雑な成体になるわけだが、その変化を支配しているのがＤＮＡなのだ。

チンパンジーを作れるのはチンパンジーのゲノムだけであり、ヒトを作れるのはヒトのゲノムだけである。ヒトのゲノムは、私たちひとりひとりの成長を支配する壮大な指令書だ。そしてその指令書には、まさにヒトの本性が書き込まれているのである。

事の重要性を考えれば、ヒトゲノムのＤＮＡ塩基配列を明らかにしようとすることは、「お母さんのアップルパイがいちばんおいしい」と思うのと同じくらい当然に思えるのではないだろうか。まともにものを考える人なら、これに反対したりするだろうか？　ところが一九八〇年代の半ば、ゲノム配列解析の実現可能性が初めて議論にのぼったときには、そんな計画は怪しげだと決めてかかった人たちもいたのである。また、無謀すぎると思った人たちもいた。そのときの状況は、まだ気球でしか空を飛べなかったヴィクトリア時代の人たちに向かって、月旅行の話をしたような感じだった。

ヒトゲノム計画始まる

ヒトゲノム計画（ＨＧＰ）の幕を切って落としたのは、意外にも望遠鏡だった。一九八〇年代初め、カリフォルニア大学の天文学者たちは約七千五百万ドルの予算で、世界一大きくて強力な望遠鏡の建設計画を打ち出した。マックス・ホフマン財団がそのうち三千六百万ドルを出してくれるというので、カリフォルニア大学は感謝の意を表して、この計画に太っ腹な後援者の名前を冠することにした。

ところがそんな謝意の表し方をしたせいで、残りの予算の確保が難しくなったのだ。出資してくれそうな人たちは、すでに他人の名前がついてしまった望遠鏡などに金を出したがらず、この計画は頓挫してしまう。その後、潤沢な資金をもつカリフォルニアの慈善団体Ｗ・Ｍ・ケック財団が、計画をまるごと面倒見てやろうという約束をもちだしてきた。カリフォルニア大学は大喜びだった。ホフマンだろうが何だろうが構うことはないのだ（こうしてハワイ島マウナケア山頂に作られたケック望遠鏡は、一九九三年五月にはフル稼動することになる）。

突如としてケックの脇役になってしまったホフマン財団は約束を取り下げた。このときカリフォルニア大学の運営陣は、三千六百万ドルの使い道に関心を示した。とくにカリフォルニア大学サンタクルーズ校の学長ロバート・シンシャイマーは、「サンタクルーズを有名にする」、ある壮大な計画にホフマンの資金を使えるのではないかと考えた。

生物学者であるシンシャイマーは、自分の専門分野がビッグマネー・サイエンスの仲間入りをするのをその目で見たくてしかたがなかった。物理学者は高価な加速器をもっているし、天文学者は七千五百万ドルもの望遠鏡や人工衛星をもっている。生物学者が華やかなビッグマネー・プロジェクトをやっていけない理由がどこにあろうか?

そこで彼は、サンタクルーズ校にヒトゲノムの塩基配列を解析する研究所を作ろうと提案した。一九八五年五月、それについて議論するための会議がサンタクルーズ校で開かれた。シンシャイマーの案は野心的すぎるというのがおおかたの見方だった。少なくとも当初は、ゲノムの中でも医学上重要な領域に絞って調べてゆくべきだ、というのが委員たちの一致した意見だった。だが、ホフマンからの資金はカリフォルニア大学の財源には入らなかったため、この議論は宙に浮いてしまう。ともあれ、このサンタクルーズ会議で種は蒔かれた。

ヒトゲノム計画への次の推進力は、米国エネルギー省(DOE)という、またしても見当違いな方面からやってきた。エネルギー省の仕事はもっぱら国家のエネルギー需要に関するものだが、少なくともひとつだけ、生物学に関係する仕事があった。それは核エネルギーが健康に及ぼす影響を調査することである。これに関連してDOEは、長崎や広島の被爆者やその子孫への長期的な遺伝的被害を調べるという研究に資金を提供していた。そして、放射線による突然変異を調べるには、ヒトゲノムの全配列がわかっているのは何よりありがたいはずだ。こうして一九八五年秋、DOEのチャールズ・デリシは、ゲノム計画について議論するための会議を招集した。

しかし主流派の生物学者たちは懐疑的だった。スタンフォード大学の遺伝学者デーヴィッド・ボトスタインはこの案を、「失業した爆弾製造者を再就職させるためにDOEが打ち出した計画」と非難し、国立衛生研究所（NIH）の所長ジェームズ・ウィンガーデンは、「国立標準局がB－2爆撃機を作ると言い出すようなもの」と述べた。結局、NIHがヒトゲノム計画に最大の貢献をすることになったのは当然であるが、DOEもまた大きな役割を果たし、最終的にはゲノム配列のおよそ一一パーセントを解析することになった。

一九八六年に入ると、ゲノム周辺はさらに活気づいてきた。この年の六月、コールドスプリングハーバー研究所でヒトの遺伝学に関する大規模な会議が開かれ、私はゲノム計画を論じるための特別セッションを組織した。一年前、カリフォルニアでシンシャイマーが開いた会議にも参加していたウォリー・ギルバートは、この特別セッションの冒頭報告で、ゲノム解析には気が遠くなるような費用がかかるだろうと述べた。三十億塩基対を解読するのに、三十億ドルはかかるというのだ。なるほどこれはビッグマネー・サイエンスである。こうなると公的資金なしには考えられなかった。

当然、出席者のなかには、成功する保証もない巨大計画のために、他の重要な研究が資金を奪われるのではないかと心配する者もいた。ヒトゲノム計画は科学研究における究極の金食い虫になりそうだった。

さらに研究者個人にとっても、それだけの金に見合うほどの業績になるとは思えなかった。ヒトゲノム計画は、技術的にはもちろん大きな課題だろうが、実際にそれに取り組む人たちに知的興奮や名声を約束してくれるわけではない。たとえ大きな貢献をしたとしても、計画全体の大きさに比べれば小さく見えてしまうだろう。いつ終わるともしれない退屈な解析に人生をかけようとする者がいるだろうか？　わけてもスタンフォード大学のデーヴィッド・ボトスタインは厳しく注意を促した。「この計画は科学の構造を変化させる。われわれはみな——とくに若い人たちは——スペースシャトルのような巨大計画に縛り付けられてしまうだろう」

コールドスプリングハーバー研究所の会議では、ヒトゲノム計画が大きく支持されたとは到底言えなかった。だが私はこのとき、ヒトゲノムの解読はまもなく科学の優先課題となるはずであり、そしてそのときにはＮＩＨが大きな役割を果たすに違いないと確信したのだった。

そこで私はジェームズ・Ｓ・マクドネル財団を説得して、全米科学アカデミー（ＮＡＳ）の監督下に行われる事前調査に助成してもらうことにした。ＮＡＳの部会はカリフォルニア大学サン

ゲノム計画の誕生。1986年、コールドスプリングハーバー研究所におけるウォリー・ギルバートとデーヴィッド・ボトスタインの論争。

フランシスコ校のブルース・アルバーツが指揮することになり、私としてもしっかりした調査が行われるに違いないと思うことができた。その後まもなくアルバーツは、「ビッグ・サイエンス」の出現を警告する記事を発表する。その中で彼はこう述べた。科学研究は多島海のようなもので、世界中で行われている独創的な成果から構成されているが、ビッグ・サイエンスの登場は、それらの島々を水没させる恐れがあると。

先行きの読めない状況のなか、一九八七年、私はウォリー・ギルバート、シドニー・ブレナー、デーヴィッド・ボトスタインとともに、ゲノム計画について徹底的に議論するための十五人委員会に参加することになった。

当初、ヒトゲノム計画をもっとも強力に支持していたのはギルバートだった。彼は適切にも、この計画は「ヒトの機能を徹底的に調べるうえで、なにものにも代え難い重要な道具」になると言った。

だが、自ら設立に参加したバイオジェン社が、科学とビジネスとを巧みに融合させたことに魅力を感じていたギルバートは、ゲノムは大きなビジネスチャンスになると見ていた。そして彼はまもなく、ワシントン大学のメイナード・オルソンに委員の席を譲り、利害の衝突を避けることにした。分子生物学がビッグビジネスになることはもはや明らかだったから、ギルバートは資金を求めて頭を下げてまわることもなかった。そうする代わりに、DNA解析の巨大な実験設備をもつ民間企業を作り、ゲノムの情報を製薬会社などに売ればいいのだ。

こうしてギルバートは、一九八七年春、ゲノムコーポレーションという会社を設立すると発表した。彼は、ゲノム情報が個人の所有になる(それゆえ公共のために使用される可能性は狭まる)ことへの不満の声には耳をふさぎ、ベンチャー資本を集めようとした。あいにく彼は、CEOとしての実績に汚点をもっていた。彼が一九八二年にハーバード大学の教授を辞め、バイオジェン社を率いるようになると、バイオジェン社は一九八三年に千百六十万ドル、一九八四年には千三百万ドルの損失を出すことになったのだ。ギルバートはしかたなく、一九八四年十二月、ハーバード大学に逃げ帰ったが、その後もバイオジェン社は損失を出し続けた。

こういう経歴は、彼の新しい事業計画に花を添えるものではなかった。結局、ギルバートの計画は、彼に経営者としての手腕がないせいではなく、いかんともしがたい状況の悪化によりご破算になった――一九八七年十月、株式市場が大暴落したのである。

ギルバートの計画がうまくいかなかったのは、時代に先駆けすぎたという以外の何ものでもない。彼のプランは、その十年後に成功するセレラ・ジェノミクス社のそれと大した違いはなかった。そしてDNA配列のデータが私物化されるのではないかという懸念は、ヒトゲノム計画が進むにつれていっそう現実味を帯びてきたのだ。

ギルバートが去った後、アルバーツの指揮のもとに全米科学アカデミー（NAS）の委員会が作成した計画は、その当時としては妥当なものだった――そして実際、ヒトゲノム計画は、おおむねこの処方箋に沿って進められてきたのである。また、この計画にかかる費用や時間の見積りも、それほど的はずれではないことがわかった。パソコンをもっている人ならご存知のように、テクノロジーはどんどん改良され、安価になっていく。私たちは、テクノロジーが十分に安価になるまでは、解析作業のもっとも大きな部分には手をつけないほうがいいと考えた。それまでは、テクノロジーそのものの開発を優先的に行うべきである。

そこで私たちは、最終的なヒトゲノム解読という目標に向けて、まずは単純な生物の（したがって小さな）ゲノムを並行して解析していくことを提案した。それによって得られる知識は、それ自体として（最終的に得られるヒトゲノムと比較対照するものとして）役に立つだろうし、大物に挑む前に腕を磨くことにもなると考えたからである（調査対象生物の候補に上がったのは、遺伝学者が昔から愛用してきた、大腸菌、酵母、シドニー・ブレナーの研究で有名になった線虫C・エレガンス、そしてショウジョウバエだった)。

実際の配列解析に入る前に、まずはゲノムの「マッピング(地図作成)」を、できるかぎり高い精度で行うことに力を注ぐべきであるとされた。マッピングは、遺伝学と物理学の両面から行うことになった。遺伝学的マッピングでは、モーガンズ・ボーイたちがショウジョウバエの染色体で行ったように、染色体上に遺伝子がどういう順序で並んでいるかを突き止めるものである。一方、物理学的マッピングでは、染色体上にある遺伝子の絶対的な位置を決定する(遺伝学的マッピングでは、たとえば遺伝子2は遺伝子1と遺伝子3のあいだにあることがわかる。物理学的マッピングでは、遺伝子2は遺伝子1から百万塩基対離れたところにあり、遺伝子3は遺伝子2から二百万塩基対離れたところにあるといったことがわかる)。

遺伝学的マッピングは、ゲノムの基本構造を明らかにするものである。一方、物理学的マッピングはたくさんのDNA断片を使い、それらがゲノムのどこに由来するのかを決めていく。これらの断片をどんどん小さなものにし、ゲノム全体がカバーされるようになれば、直接文字配列を決定できるようになる。

私たちの概算によれば、この計画には約十五年という時間と、年間二億ドルの費用がかかるものと見られた。ずいぶん細かい試算もやってみたが、ギルバートによる一塩基対あたり一ドルという見積もりは変わらなかった。スペースシャトルの打ち上げには一回約四億七千万ドルかかるから、ヒトゲノム計画にはスペースシャトル六回分の費用がかかるわけだ。

この報告書が発表されたのは一九八八年二月。そして二〇〇一年、ゲノムの概要が発表された。その段階で抜けていた部分は、本書執筆の時点でも、世界各地の研究室で埋められつつある。そして二重らせん構造発見から五十年目、委員会報告からは十五年目にあたる二〇〇三年には、完成した配列を見ることになるだろう（訳注　二〇〇三年四月十四日解読完了）。

NAS委員会がまだ審議中だったころ、私はNIHの予算を監督する上下両院の「健康に関する小委員会」のメンバーたちに会いに行った。NIH長官のジェームズ・ウィンガーデンは、彼の言葉を借りるならば「最初の一歩から」ゲノム計画を支持していたが、しかしNIHの中でもそれほど長期的展望をもてない人たちは、この計画に反対していた。私はなんとかNIHに三千万ドルを出してもらおうと、ゲノム配列を知ることが医学にとってどれほど大きな意味をもつかを訴えた。議員たちの多くは、私たちみんなと同様、愛する者をがんなどの遺伝的な病気で亡くした経験をもっていたから、ヒトゲノムの配列を知ることがそうした病気の克服に役立つことを理解してもらうことができた。最終的には、NIHはこの計画に千八百万ドルを出してくれた。

一方のDOEは、ゲノム計画がテクノロジーの面で画期的な仕事になる点を重く見、自ら千二百万ドルを確保してこの計画に参入することにした。忘れてならないのは、このころには、日本が製造技術の先端を走っていたということだ。デトロイトは日本の自動車業界に踏みつぶされそうになっていたし、次にはハイテク業界がつぶされるのではないかと懸念する人は少なくなかった。この分野の三大企業（三井、富士フイルム、セイコー）が力を結集し、一日に百万塩基対を解析できる装置を作るらしいという噂が飛び交っていた。

結局その噂はデマだったのだが、こんな不安から、ちょうどアメリカがソ連に先んじて月に人間を送ったときのような盛り上がりが起こり、ゲノム分野ではアメリカが主導権を握るべしということになったのである。

一九八八年五月、ウィンガーデンは私に、ＮＩＨでこの計画を指揮するよう依頼してきた。コールドスプリングハーバー研究所長の職を投げ出したくないと答えると、彼は非常勤としてＮＩＨの仕事ができるようにしてくれた。私は断れなかった。十八ヵ月後、ヒトゲノム計画にせきたてられるように、ＮＩＨのゲノム部門は国立ヒトゲノム研究センターへと昇格し、私はその初代所長に任命された。

議会から予算を引き出してくるのも、それが正しく使われるようにするのも、私の仕事だった。私としては、ヒトゲノム計画の予算がＮＩＨのそれ以外の予算からしっかりと切り離されることも重要だった。ヒトゲノム計画が他の研究分野の活気を奪ったりしてはならない――他分野を犠牲にしたなどと言われてまで成功を手に入れる権利はないからだ。

それと同時に、ヒトゲノム解読という空前の大事業に携わる私たち科学者は、ことの重大性をよく自覚していることを世の中に伝えなければならないと考えた。ヒトゲノム計画は、単にATGCを読み上げていくというだけの話ではない。それは人類が入手しうるもっとも貴重な知識であり、人間とは何かという、もっとも基本的な哲学的問いへの答えを与えてくれる可能性をもつものでもある。そしてそれは、善悪どちらにも使える知識なのだ。

そこで私は、予算総額の三パーセント（割合は少ないが額は大きい）を、ヒトゲノム計画の倫理的、法的、社会的影響について調べるために充てることにした。その後アル・ゴア上院議員の熱心な勧めにより、その割合は五パーセントに引き上げられた。

この計画が始まるとまもなく、国際的な協力関係の図式ができあがった。アメリカは計画を統括しつつゲノムの半分以上の解析に当たり、残りの部分は主としてイギリス、フランス、ドイツ、日本で行われることになった。

イギリスの医学研究評議会（MRC）は遺伝学と分子生物学の分野で長い伝統をもっているが、ゲノム計画にはあまり貢献できなかった。というのも、イギリスの科学界が総じてそうであったようにMRCもまた、近視眼的に予算を出し惜しみするサッチャーの政策に苦しんでいたからである。幸い民間の生物医学基金であるウェルカムトラストが救いの手を差し伸べた。一九九二年この財団は、ケンブリッジ大学の近くにサンガー・センター（前に見たように、フレッド・サンガーにちなんで名づけられた）という、もっぱら遺伝子配列を解析するための研究所を設立した。

私はゲノム計画の成果を国際的なものにするため、ゲノムを分割してそれぞれの国に割り当てることにした。こうすれば参加する国々も、ただひたすら名もない遺伝子の複製を処理するのではなく、何か具体的なもの（何番染色体の上腕または下腕など）に取り組んでいるという感じをもてるだろうと思ったからだ。たとえば日本は主として二十一番染色体を担当することになった。残念ながら、計画の終結を急ぐあまり秩序は乱れ、ゲノムの地図を世界地図に重ねるのは容易ではないことがよくわかることになる。

私はこの計画がスタートしたときから、たくさんの研究室が少しずつ作業していたのでは決して成功しないだろうと思っていた。そういうやり方をすると、手がつけられないほど煩雑な調整が必要になり、スケールの大きさや自動化のメリットが失われてしまう。

そこで早い段階に、いくつかの施設にゲノム地図作りの拠点を置くことにした――セントルイスのワシントン大学、カリフォルニアのスタンフォード大学とＵＣＳＦ、ミシガン大学アナーバー校、ＭＩＴ、ヒューストンのベイラー医科大学である。ＤＯＥは当初、活動拠点をロスアラモスとリヴァモアの国立研究所に置いていたが、後にカリフォルニア州ウォールナットクリークに一元化することになった。

次の仕事は、経費を一塩基対あたり約五十セントに下げることを目標として、新たな解析テクノロジーを研究開発することだった。いくつかの試験的プロジェクトが始まった。皮肉なことに、最終的には成功することになる蛍光色素を用いた自動解析の方法は、この段階ではあまりうまくいっていなかった。今にして思えば、自動解析機を開発するという仕事は、すでにこの分野で成果をあげていたNIHの研究者、クレイグ・ヴェンターに任せるべきだったのだ。彼もやりたい希望を出していたのだが、あのときは自動解析法を最初に開発したリー・フードが担当者として選ばれた。早い段階でヴェンターを排除したことは、後に思わぬ結果をもたらすことになるのである。

DNA解読技術のブレーク・スルー

結局、ヒトゲノム計画では、新しいDNA解析方法が大がかりに開発されることはなかった。百塩基対から千塩基対へ、そして百万塩基対へと作業スケールを拡大できたのは、すでにあった技術を改良し、自動化したおかげである。

その一方で、DNA断片を大量に作れるかどうかは、この計画の死活問題だった(遺伝子の塩基配列を解析するためには、そのDNA断片が大量に必要になる)。一九八〇年代半ばまで、DNAの一部を増幅するためには、コーエン-ボイヤー法で分子をクローニングするしかなかった。この方法では、まず必要な部分のDNAを切り出し、それにプラスミドをつなぎ込み、そのプラスミドを細菌の細胞に入れてやらなければならない。その細胞が増殖するにつれて、DNAの断片が複製される。そして細菌が十分に増殖したら、細菌のDNAから必要な部分を取り出すことになる。

この方法は、ボイヤーとコーエンの初めの実験のときと比べると進歩していたものの、それでも手間も時間もかかった。そんなわけだから、ポリメラーゼ連鎖反応（PCR）の開発は大きな進歩だった。この方法を使えば、必要なDNA断片だけをわずか数時間で増幅することができるし、細菌を扱う手間もない。

PCRを発明したキャリー・マリス。

PCRを発明したのは、当時シータス社の社員だったキャリー・マリスである。彼は発見のひらめきがあったときのことを、次のように語っている。「一九八三年四月のある金曜の夜のことだ。北カリフォルニアのアメリカスギの森の中、私は愛車のハンドルを握り、月の光だけを頼りに曲がりくねった道を走っていた」

これは命知らずのマリスにとっても非常に恐ろしい状況だった。それというのも、彼の友人が『ニューヨークタイムズ』紙に語ったように、「マリスは、自分はいつかアメリカスギに頭をぶつけて死ぬと思い込んでいた」からだ。「彼はアメリカスギのないところでは怖いもの知らずだった」（その友人は、命知らずのマリスがコロラド州アスペンの凍った道路の真ん中を、両方向から高速で走ってくる車の列をかわしながら突っ走って行くのを見たことがあるという）。

マリスはＰＣＲの発明により一九九三年にノーベル化学賞を受賞し、それ以降、変人ぶりにもみがきがかかっている。彼は、エイズの原因はＨＩＶではないとする見直し論者の説を支持し、彼自身の信用にも傷がついたばかりか、公衆衛生の取り組みにも害を及ぼすことになった。

ＰＣＲの手続きはとても簡単だ。まず化学的な方法により、ＤＮＡの複製したい部分の両端にある塩基配列と同じプライマーをふたつ作る（プライマーとは、二十塩基ほどの長さの一本鎖ＤＮＡのこと）。次に、組織のサンプルから抽出した鋳型ＤＮＡに、そのプライマーを加えてやる。この鋳型にはほぼゲノム全体が含まれている。目標は、欲しい領域のサンプルを大量に増幅させることである。ＤＮＡの二本鎖は九十五度に熱せられるとほどけだす。

それぞれのプライマーは、ほどけた鋳型ＤＮＡのうち、自分と相補的な配列のところにくっつく。こうして鋳型ＤＮＡの一本鎖の途中に、二十塩基対ほどの小さな二本鎖の領域がふたつできることになる。ＤＮＡポリメラーゼという酵素は、ＤＮＡ鎖に沿って塩基対を相補的に挿入することでＤＮＡを複製するが、ＤＮＡが二本鎖になっている位置からしか複製を開始することができない。したがってＤＮＡポリメラーゼは、プライマーとそれに相補的な鋳型がくっついて二本鎖になったところから複製を開始することになる。

ポリメラーゼはふたつのプライマーの位置から鋳型ＤＮＡの相補的コピーを挿入していくから、結果的に、目的の部分が複製されることになる。このサイクルが一周すると、目的のＤＮＡ配列は二倍になっている。そこでふたたびサンプルを加熱し、同じことを繰り返せば、プライマーに挟まれた部分はさらに二倍になる。これを繰り返すたびに、目的の領域は二倍ずつ増えていく。ＰＣＲを二十五回繰り返せば、二時間もしないうちに目的のＤＮＡを二の二十五乗倍（約三千四百万倍）に増やすことができる。鋳型ＤＮＡ、プライマー、ＤＮＡポリメラーゼ、そして四種類の塩基から出発して、目的のＤＮＡ領域を大量に含む溶液が得られるのである。

当初、ＰＣＲの大きな課題だったのは、九十五度ではＤＮＡポリメラーゼが壊れてしまうことだった。そのためサイクルを繰り返すたびに、この酵素を新たに加えてやらなければならなかった。ポリメラーゼは高価なので、ＰＣＲは強力な方法だが、高価な酵素を破壊するプロセスが含まれている限り、費用の面で現実的でないことがすぐに明らかになった。

しかし幸運なことに、自然が救いの手を差し伸べてくれた。この酵素は初め大腸菌から採られていたが、大腸菌は三十七度という温度に適応している。しかしそれよりもずっと温度の高い環境に生息している生物はたくさんあり、それらがもつタンパク質は、ＤＮＡポリメラーゼを含め、

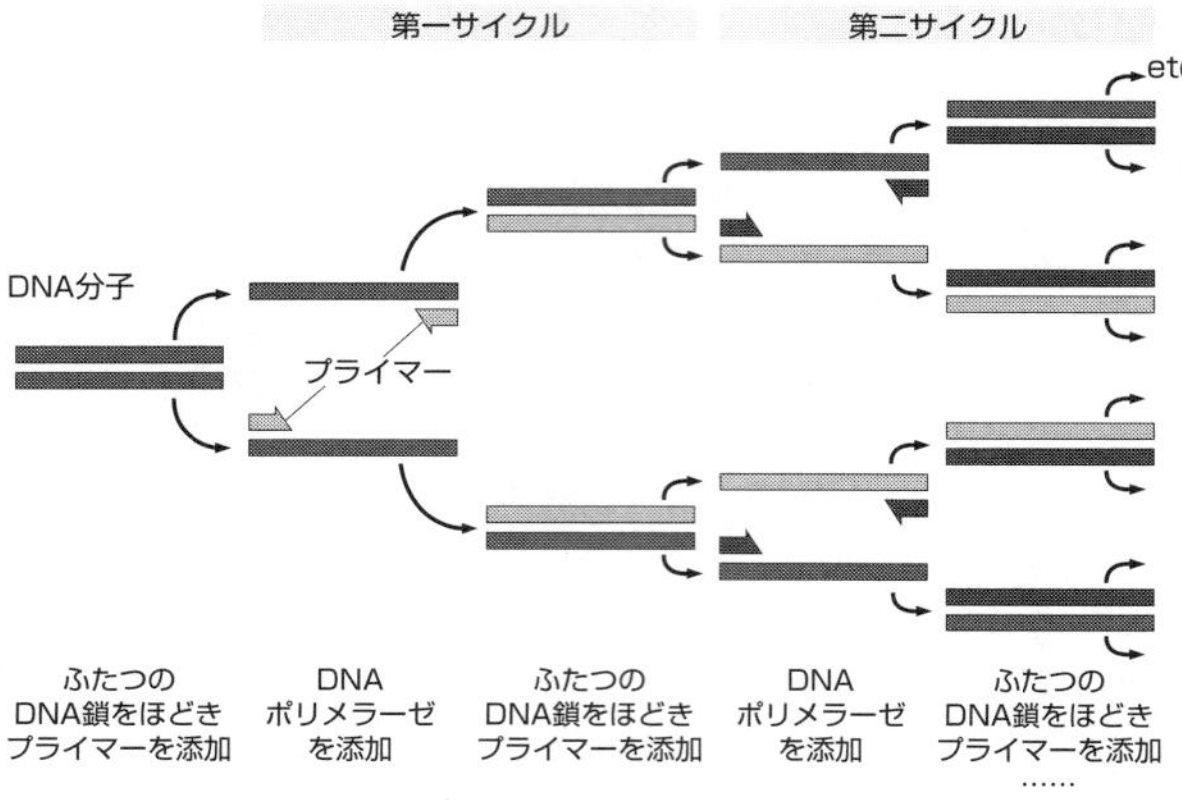

DNAの一部を増幅するポリメラーゼ連鎖反応

長い年月をかけた自然選択によって高熱にも耐えられるようになっているのだ。

今日ＰＣＲには、テルムス・アクアティクス（*Thermus aquaticus*）という、イエローストーン国立公園の温泉に棲む細菌から採ったＤＮＡポリメラーゼが使われるのが普通である。

ＰＣＲはすみやかにヒトゲノム計画の重要な道具となった。基本的なプロセスはマリスが開発したものと同じだが、今ではそれが自動化されている。もはや大勢の大学院生が、目を血走らせながら苦労して微量の液体をプラスチックのチューブ（小型試験管）に移す必要はなくなった。最先端のゲノム研究室には、ロボット制御の増幅装置が置かれている。

ヒトゲノム解析のような大規模な計画で使われる自動ＰＣＲ装置は、大量の耐熱性ポリメラーゼを必要とする。それゆえヒトゲノム計画に参加した科学者たちは、ＰＣＲの特許をもつヨーロッパの製薬会社ホフマンラロシュ社が、この酵素に法外な特許権使用料を課していることに腹を立てていた。

ヒトゲノム計画で活躍することになったもうひとつの道具は、ＤＮＡ塩基配列の解析手法そのものである。これについても、基礎となる化学は以前から知られていた。ヒトゲノム計画で用いられたのは、一九七〇年代半ばにフレッド・サンガーが開発したのと同じ方法だった。改善されたのは、解析が機械化されたことにより規模が格段に大きくなった点である。

塩基配列の自動解析装置を開発したのは、カルテックのリー・フードの研究室だった。フードは、モンタナ州の高校時代にアメリカンフットボールのクォーターバックを務め、チームを連続して州のチャンピオンに導いた。彼はそこで身につけたチームワークの精神を、学問の世界に生かすことになる。フードの研究室には、化学者、生物学者、技術者などのさまざまな分野の人材が集まり、技術革新の面でこの計画をリードした。

自動解析という方法そのものを考え出したのは、ロイド・スミスとマイク・ハンカピラーだった。当時フードの研究室にいたハンカピラーは同僚のスミスに、各塩基にそれぞれ異なる色の色素を使って配列を解析してみてはどうだろうかともちかけた。このアイディアが実現すれば、サンガーの方法の効率が一気に四倍になる理屈だった。従来は四つのゲルを使って四種類の異なる反応をさせる必要があったが、色を利用することにより、すべてをひとつのゲル内のひとつの反応ですますことができるはずだからだ。

当初スミスは悲観的だった。色素の量が少なすぎて、検出できないだろうと思ったのだ。しかしレーザーの専門家だったスミスはまもなく、レーザー光により蛍光を出す特殊な色素を使うという解決法を考えついた。

標準的なサンガーの方法に従ってDNAの断片を次々と作り、ゲルを使って断片を長さの順に並べる。各断片には、それぞれ鎖の末端のジデオキシ・ヌクレオチド（179ページ参照）に応じて蛍光色素で印をつける。つまり、その断片から出る色で、塩基を区別するわけだ。それからレーザーでゲルの上から下までスキャンして蛍光を出させ、DNAの各断片から出た色をセンサーで検出する。その情報はコンピューターに直接送られるため、手動解析に付きもののつらいデータ入力はいらなくなる。

一九八三年、ハンカピラーはフードの研究室を去り、設立後間もない装置メーカーのアプライドバイオシステムズ（AB）社に移籍した。商用のスミス-ハンカピラー解析装置を最初に作ったのはこのAB社である。それ以来、この手法は日進月歩で効率を上げている。扱いにくくて時間のかかるゲルに代わり、高性能のキャピラリー型が使われるようになった（キャピラリーとは毛細管のこと。DNAの断片を長さの順に並べるとき、従来の平板型のガラス板ではなく、細い管を用いる）。

今日、ＡＢ社の最新型解析装置は、試作機の約千倍という驚くべき処理速度を達成している。この装置を使えば、ほんのわずかな手間をかけるだけで（二十四時間ごとに約十五分）、一日に五十万塩基対を解析することができる。ゲノム計画が実現したのは、つまるところこの技術のおかげだった。

このように、ＤＮＡ配列を決定するための戦略は、ヒトゲノム計画の第一段階でほぼできあがりつつあった。またそれと同時に、マッピングのテクニックも着実に向上していた。とりあえずの目標は、ゲノム全体のおおまかな地図を作ることだった。その地図を手がかりとして、配列のわかったブロックが全体のどこに位置するかを決定するのである。ゲノムは大きすぎてそのままでは扱えないから、まずは取り扱えるサイズのかたまりに切り分け、そのかたまりごとに地図を作っていくわけだ。

初め私たちはこの目標のために、メイナード・オルソンが開発した酵母人工染色体（ＹＡＣ）を使い、ヒトＤＮＡのかなり大きな断片を酵母細胞に入れていくという方法をとった。いったん酵母細胞に入れてやると、ＹＡＣは酵母の通常の染色体とともに複製される。ところが、百万塩基対までの長さのヒトＤＮＡをひとつのＹＡＣにいくつも組み込もうとしたところ、方法論上の問題がもち上がった。組み込んだヒトＤＮＡの順序がめちゃくちゃになってしまったのだ。マッピングとは染色体上の遺伝子の順序を決めることだから、順序がめちゃくちゃになってはどうしようもない。

しかし、バッファローのピーダ・デジョンが開発した大腸菌人工染色体（ＢＡＣ）が救いの神になってくれた。ＢＡＣは十万から二十万塩基対ほどと小さいため、順序の入れ替わりはずっと起こりにくくなる（取り込む塩基対の数はＹＡＣほど多くないが、扱いやすい）。

ヒトゲノムのマッピングに取り組んだ人たちにとって（ボストン、アイオワ、ユタ、フランスのグループ）当初きわめて大きな課題だったのは、〝遺伝標識〟をどう見いだすかだった。遺伝標識とは、異なる人物から採取したＤＮＡの同じ領域で、ひとつ以上の塩基対が異なっている場所のことである。そのような変異のある場所は、ゲノム全体を見ていくときの標識になるのだ（口絵⑤）。

ここで画期的な貢献をしたのが、ダニエル・コーエンとジャン・ヴァイセンバッハ率いるフランス・チームである。彼らの努力により、これ以上精密にする必要のないみごとなゲノム地図ができあがった。フランス・チームは、「ジェネトン」という民間研究所で地図作りを行った。ジェネトンは、筋ジストロフィー協会から資金提供を受けていたが、これは海峡を隔てたイギリスのウェルカムトラストと同様、政府の支援が足りない分野を補う慈善団体である（口絵⑥）。

後にいよいよ最終段階に入って、ＢＡＣによる詳細な物理学的マッピングが必要になったときに大きな役割を果たしたのは、ワシントン大学ゲノムセンターのジョン・マクファーソンのプロジェクトだった。

ビジネスになったゲノム解読

ヒトゲノム計画が本格化する中、どの路線を取るのがベストかという議論は相変わらず続いていた。ある人たちは、ヒトゲノムの大部分は、この業界でいう「ジャンク（がらくた）」、つまり明らかに何の暗号にもなっていないＤＮＡ配列だという点を問題にした。タンパク質を暗号化している部分、すなわち遺伝子は、実はゲノム全体の中ではわずかな割合でしかない。それならばなぜ、ゲノム全体を解析しなければならないのかというわけだ。

実は、ゲノムのすべての遺伝子をおおまかに調べる手っ取り早い方法があるのだ。そのためには、第5章で見た逆転写酵素を利用する。まず、ある組織からメッセンジャーＲＮＡのサンプルを採る。その組織が脳から採られたものなら、このサンプルは、脳で発現しているすべての遺伝子から転写されたＲＮＡということになる。そして逆転写酵素を用いれば、それらの遺伝子を写し取ったＤＮＡ（相補的ＤＮＡ、ｃＤＮＡと呼ばれる）が作れるので、このｃＤＮＡの配列を解析すればよいのである。

しかしこの手っ取り早い方法は、ゲノム全体を調べることの代用にはならない。今日では明らかになっていることだが、ゲノムの中でもっとも興味深い領域は、遺伝子以外の部分なのである。

その領域は、遺伝子のスイッチをオン・オフする制御機構を担っている。そのため、たとえば脳の組織を使ったｃＤＮＡを解析しただけでは、脳の中でスイッチがオンになっている遺伝子のことはわかっても、スイッチが入った経緯はわからない。ＤＮＡのなかでもきわめて重要な意味をもつ制御領域は、ＲＮＡポリメラーゼ（ＤＮＡ鎖をメッセンジャーＲＮＡに転写する酵素）によっては転写されないのである。

予算の厳しいイギリスの医学研究評議会（ＭＲＣ）にいたシドニー・ブレナーは、このｃＤＮＡによる方法を開拓して、たくさんの遺伝子を発見した。ブレナーは、限られた研究予算を有効利用するためには、ｃＤＮＡの方法がいちばんだと考えたのだ。こうして解読された配列を商業的利益につなげたいと考えたＭＲＣは、イギリスの製薬会社に便宜を図り、ブレナーがすぐに研究成果を発表できないようにした。

シドニー・ブレナーの研究室を訪れたクレイグ・ヴェンターは、ｃＤＮＡの方法に感銘を受けた。そしてワシントンＤＣの郊外にあるＮＩＨの研究所に急いで戻ると、この方法を使って新しい遺伝子の宝庫を探り当てることになる。ヴェンターはほんの小さな断片を解析しただけで、それが未発見の遺伝子かどうかを識別することができた。

一九九一年六月、ＮＩＨの当局はヴェンターに対し、彼が新たに発見した三百三十七個の遺伝子について特許申請するように求めたが、その段階では、それら遺伝子の機能についてはほとんど何もわかっていなかった。一年後、ヴェンターはこの方法をさらに幅広く適用し、二千四百二十一個の遺伝子をさらにリストに加えて特許庁に提出した。

しかし私に言わせてもらえば、機能がわかってもいない遺伝子配列をやみくもに特許申請するということ自体、常軌を逸した行動である。いったい特許では何が保護されるべきなのだろうか？　特許権を受けるという行為は、金銭的な優先権を得ようとすることだが、それは誰もまだ発見していない真に意味のある事柄についてであるべきだろう。

私はこの特許申請に反対だということをＮＩＨの首脳たちに説明したが無駄だった。そして、こういうやり方を認めるという政府の方針が（後に方向転換することになったが）、結局は、私が政府の仕事をやめる最初の引き金となったのである。一九九二年、ＮＩＨ長官バーナディン・ヒーリーが私に辞任を求めたとき、私の思いは複雑だった。ワシントンでの責任の重い仕事は四年間でたくさんだった。しかし納得がいかなかったのは、私が去る時、ヒトゲノム計画はしっかりと軌道に乗っていたことだ。

ヴェンターは、ゲノムの小部分について特許を取るという商売の可能性に味をしめた。しかも彼はそれをふたつの路線で追求しようとした。ひとつは、アカデミックな世界に居場所を残し、給料は少ないけれども情報は自由に手に入れられるようにしておくという路線。もうひとつは、ビジネスの世界に入り、自分の発見は特許が取れるまで秘密にしておいて、大きく儲けるという路線である。

彼は一九九二年、ベンチャー資本家のウォレス・スタインバーグ（リーチ歯ブラシの発明者）をスポンサーとしてその望みを叶えた。スタインバーグは七千万ドルを注ぎ込んでふたつの組織を立ち上げた。ひとつはヴェンター率いる非営利のゲノム研究所（ＴＩＧＲ、タイガーと読む）で、もうひとつはビジネス志向の分子生物学者、ウィリアム・ヘーゼルタイン率いるヒューマン・ジェノム・サイエンス（ＨＧＳ）社である。研究を担当するＴＩＧＲがｃＤＮＡの配列を突き止め、ビジネスを担当するＨＧＳがそれを売りこむという仕掛けだった。ＨＧＳはＴＩＧＲのデータを発表前の六ヵ月間調べることができ、さらにその発見が医薬品の開発につながりそうな場合には、その期間を一年に延ばせることになっていた。

ヴェンターはカリフォルニアに育ち、若いころは大学にも行かずサーフィンばかりやっていた。しかし医療兵として一年間ベトナムに従軍したときの経験に心を痛め、ある決心をした。帰国した彼はあっという間に大学を卒業し、カリフォルニア大学サンディエゴ校で生理学と薬理学の博士号をとった。

彼がアカデミックな世界から実業界に移ることになった理由は、当時の彼の経済状況にあった。彼自身の話によると、ＴＩＧＲを立ち上げたとき彼の銀行口座には二千ドルしかなかったという。しかし彼は一転して大金を握った。イギリスの製薬会社スミスクライン・ビーチャムはゲノムのビジネスブームを予期し、一九九三年の初めに、ヴェンターの増え続ける遺伝子リストの独占的商業権を一億二千五百万ドルで買い取ったのだ。

その一年後に『ニューヨークタイムズ』紙は、HGSの株式のうちヴェンターが所有する一〇パーセントには、千三百四十万ドルの価値があることを明らかにした。ヴェンターは思い切りよく四百万ドルをぽんと出して、二十五メートルの競技用ヨットを購入し、その帆を六メートル大の自分の肖像で飾った。

ウィリアム・ヘーゼルタインは、一九七〇年代にはハーバード大学で、ウォリー・ギルバートと私が共同で運営する研究室の大学院生だった。その後、ハーバード大学医学部のダナ・ファーバーがん研究所に移り、革新的なHIV研究の拠点を築いた。

しかし彼を有名にした出来事は、億万長者のゲイル・ヘイマン（一九八〇年代に香水の定番になったジョルジオ・ビバリーヒルズを世に送り出した人物）と結婚したことだろう。彼はこの結婚のおかげで、HGSを立ち上げたときにはすでに大金持ちだった。彼はHGSを立ち上げる前から飛行機で世界中を飛びまわっていた。ハーバード大学医学部の研究室のメンバーは、彼を評して次のように言っていた。「ウィリアム・ヘーゼルタインと神との違いは何か？　答え。神はあまねく存在する。ヘーゼルタインもまたしかり——ただし本来いるはずのボストンを除いて」

ヴェンターとヘーゼルタインは、cDNA解析で新しく遺伝子を見つけるそばから特許を取っていった。そのためには高い技術も才能もいらなかった。ＴＩＧＲとＨＧＳは、誰にも使わせまいと、遊び場の玩具を独り占めする子どもと同じだった。

一九九五年、ＨＧＳは、ＣＣＲ５という遺伝子について特許を申請した。ＨＧＳの予備的な配列解析から、この遺伝子は免疫系の細胞膜タンパク質を暗号化していることが示唆されていた。そのようなタンパク質は免疫系に作用する薬剤になりうるから、「所有」に値するわけである。

ＣＣＲ５は、ＨＧＳが特許申請した百四十の遺伝子のひとつにすぎなかったが、一九九六年、ＣＣＲ５はＨＩＶ（エイズウイルス）が免疫系のＴ細胞に侵入するときの経路に関係していることが判明した。また、ＣＣＲ５の突然変異がエイズウイルスへの耐性を生むことも明らかになった。同性愛者の中に、繰り返しＨＩＶに接触しているにもかかわらず発症しない人もいることは以前から知られていた（のちにそれらの人々は、突然変異したＣＣＲ５をもっていることがわかった）。

したがってＣＣＲ５は、ＨＩＶに立ち向かう上で重要な役割を果たしたのは明らかだったし、それは今も変わりない。ＣＣＲ５がエイズ感染に果たす大きな役割を突き止めるために多大な努力が払われてきたし、またそのおかげでたくさんの知識が得られてきたが、ＨＧＳはそれにはまったく貢献していないにもかかわらず、その遺伝子を最初につかまえたというだけで、莫大な利益を得ているのだ。

ＣＣＲ５に関する知識を応用しようとするすべての研究所から使用料を巻き上げるというやり方は、予算は一ペニーでも大事に使いたい医学研究の分野に今後とも多大な負担をかけることだろう。だがヘーゼルタインはまったく悪びれず、「特許発効後にこの遺伝子が新薬開発に使われ、それが商業目的ならば、その行為は特許権侵害にあたる」と言ったり、あるいはまた憤然としてこう言ったりするのである。「われわれには単に直接的に損害を受けない権利があるだけでなく、二重、三重に損害を受けない権利がある」

この手の投機的な遺伝子特許は、医療の研究開発にとって重い足枷となり、長期的には治療法の選択肢を狭めるものである。ところが現実には、そういう投機家たちが、医薬品のターゲットになりうる（すなわち、今後発見されるであろう薬品や治療法が作用する対象の）タンパク質の特許を握っているのだ。

ほとんどの大手製薬会社にとって、医薬品のターゲットとなる遺伝子について、その機能に関する生物学的知識などほとんどもたないバイオテクノロジー会社が特許を取ることには多大な害がある。遺伝子を発見するテクノロジーをほぼ独占的に握っている者たちが課してくる莫大な特許権使用料のせいで、経済バランスは新薬を開発する側にとって不利に傾いている。薬剤のターゲットをクローニングするという部分は、新薬承認までの長い道のりのなかで、せいぜい一パーセントの重みしかない。

さらに、遺伝子の特許をもつ会社が、その遺伝子により暗号化されているタンパク質をターゲットとする医薬品を開発した場合、それ以上の薬を開発する気にはならないだろう。高い特許権使用料のせいで他社はおいそれと参入できないというのに、なぜそのうえに研究開発に投資する必要があるだろうか?

TIGR、HGS、スミスクライン・ビーチャム社による三頭体制が、ヒトの遺伝子配列を牛耳ることになりかねない状況に、大学や企業の分子生物学者は危機感をつのらせた。製薬業界では、スミスクライン・ビーチャム社の古くからのライバルであるメルク社が、一九九四年に、ワシントン大学のゲノムセンターに一千万ドルを提供し、ヒトのcDNAの配列を解析・公表することにした。つまり結果を公表するという戦法で、HGSに応酬しようというのである。

TIGRとHGSがゲノムの商業化に乗り出したころ、フランシス・コリンズが私の後任としてNIHのゲノム計画責任者に就任した。コリンズという人選は大当たりだった。彼は遺伝子マッピングにかけては一流の研究者で、すでに嚢胞性線維症、神経線維腫症(いわゆるエレファントマン病)、また多岐にわたる取り組みのひとつとして、ハンチントン病の研究も手がけていた。ヒトゲノム計画の初期にトーナメント戦をやったとすれば(重要な遺伝子をどれだけマッピングし、その特徴を明らかにしたかを競うものとする)、栄冠はコリンズの頭上に輝いたことだろう。彼自身、勝負の結果を彼なりのやりかたで記録していた。彼はホンダのナイトホークというオートバイで通勤していたが、彼の研究室で新たな遺伝子がマッピングされるたびに、同僚たちがコリンズのヘルメットにステッカーを貼っていったのだ。

コリンズは、ヴァージニア州シェナンドア川流域の、水道も通っていない九十五エーカーの広大な農場で育った。演劇学教授と脚本家の両親から自宅で教育を受けたコリンズは、七歳のときには『オズの魔法使い』の脚本を書き、舞台の監督を務めた。しかし科学という名の悪い魔法使いが、彼を演劇の世界から引きずり出すことになる。彼はイェール大学で物理化学の博士号をとった後に医学部に進み、さらに遺伝学を研究するようになった。

コリンズは、信仰篤い科学者という、きわめて稀な人種に属している。学生時代には「実に不愉快な無神論者だった」という。だが医学部時代に彼は変わった。「劣悪な医療環境の中で死と闘い敗れていった人たちを見て、人は信仰にすがり、大きな力を得ることを知った」のだ。彼はヒトゲノム計画に、優れた科学のみならず、前任者にはまるで欠落していた精神的側面をもちこむことになった。

加速するゲノム解読競争

ヒトゲノムの初期のマッピングが終了したのは一九九〇年代半ばだったが、そのころには配列解析のためのテクノロジーも大きく進展し、いよいよ塩基配列そのものの解読に取りかかる時が来た。私たちのNAS委員会で当初設定された大枠のプランにもとづき、一連のモデル生物について解読が始まった。まずは細菌、次にもっと複雑な生物である（複雑な生物は複雑なゲノムをもつ）。
細菌の次に大きな目標となったのが、原始的な線虫、C・エレガンス（*Caenorhabditis elegans*）だった。この目標は、イギリスのサンガー・センターのジョン・サルストンと、ワシントン大学のボブ・ウォーターストンとの共同研究によって達成され、国際協力のすばらしいお手本となった。一九九八年十二月、九千七百万塩基対からなるこの線虫のゲノムが発表された。この線虫はこのページに印刷された「、」より小さく、たった九百五十九個という一定数の細胞からできているにもかかわらず、なんと約二万もの遺伝子をもっている。

プロジェクトのリーダー、ボブ・ウォーターストンとジョン・サルストン。多忙な中でくつろぐひととき。

サルストンは、一見したところ、ビッグ・サイエンスのリーダーにふさわしいとは思えないタイプだった。彼はずっと顕微鏡ばかりのぞき込み、この線虫が成長するようすを、細胞ごとに恐ろしく正確に記述するという研究をしてきた。ひげを蓄えた優しそうな風貌の彼は、英国教会の教区牧師の家に生まれ、若いころからの社会主義者だった。サルストンは、ヒトゲノムと金儲けとはまったく結びつかないと固く信じている。

彼もまたフランシス・コリンズと同様、オートバイが大好きだ。彼はケンブリッジ郊外の自宅からサンガー・センターまで五百五十ccのオートバイで通っていたが、ちょうどヒトゲノム計画がどんどん加速してきたころに事故を起こして重傷を負い、オートバイのほうも、彼の言葉を借りれば「ナットとボルトの山」になった。サンガー・センターに資金提供していたウェルカムトラストは、計画のリーダーが出勤のたびに死の危険を冒していると知ってショックを受けた。当時ウェルカムトラストの会長だったブリジット・オーグルヴィーは、「この男に予算をすべて託したというのに！」とこぼした。

サルストンのアメリカ側の相棒、ウォーターストンは、プリンストン大学で工学を専攻した後、その工学的知識を生かして、ワシントン大学のゲノム解析センターを運営することになった。ウォーターストンの才能は、小さいものから始めて大きな仕事をやり遂げるところにある。娘といっしょにジョギングを始めたのがきっかけで走るのが好きになった彼は、今ではベテランのマラソンランナーだ。彼のグループは、一年目には線虫のゲノムのうち四万塩基対しか解析できなかったが、わずか数年後には膨大な量が処理できるようになった。またウォーターストンは、ヒトゲノムの全面解析をもっとも初期から強く主張した人物の一人でもある。

こうして国際協力によりモデル生物の配列が解析され、次々と大きな生物に進み出していたちょうどそのころ、この計画の根本を揺さぶる大事件が起こった——クレイグ・ヴェンターとTIGRの登場である。ヴェンターはもう何年ものあいだ、cDNAを使って新しい遺伝子を発見するという方法で甘い汁を吸ってきたが、ここに至り、ゲノム全体の配列解析にも興味を示しはじめたのだ。彼はこの場合にも、自分の方法でうまくいくと確信していた。

ヒトゲノム計画では、実際に配列を決定する前に、DNA断片を染色体上に入念に位置づけることにしていた。それをやることにより、断片Aと断片Bとが隣り合っていることがあらかじめわかり、最終的に配列をつなぎ合わせる際にも、ふたつの断片の重なりを探すことができる。

ところがヴェンターは、事前にマッピングをせず、〝全ゲノムショットガン法〟を採用することにした。これは、まずゲノムをランダムな塊に分け、そのすべての配列を解析してコンピューターに入力し、マッピングによる位置情報は使わず、重なりだけをもとにすべての配列を正しい順序に並べていこうというものだ。ヴェンター率いるTIGRのチームは、この力ずくの方法が、少なくとも単純なゲノムについては実際にうまくいくことを示した。一九九五年、彼らはこの方法を使ってハエモピルス・インフルエンザエ（*Haemophilus influenzae*）という細菌（流感のインフルエンザとは関係がない）のゲノム配列を明らかにしたのである。

しかし全ゲノムショットガン法が、ヒトゲノムのような大きくて複雑なゲノムでもうまくいくかどうかはわからなかった。問題は、ゲノムのあちこちに同じ配列が現れる可能性があることだ。その場合、原理的には、全ゲノムショットガン法は使えない。同じ配列が現れれば、どれほど高度なコンピュータープログラムでも騙されてしまうだろう。

たとえば、断片Aと断片Pとに一ヵ所同じ配列があれば、コンピューターはAをBの隣に置く代わりに、Qの隣に置いてしまうかもしれない。全ゲノムショットガン法が抱えるこの問題は、ヒトゲノム計画でもすでに議論されていたことだった。そしてシアトルのフィル・グリーンの詳細な計算にもとづき、ヒトゲノムは長い配列が何度も現れるジャンクをたくさん含むため、この方法は混乱を招きやすいと結論されていたのである。

自動配列解析装置のメーカーであるAB社のマイク・ハンカピラーは、一九九八年一月、ヴェンターを自社に呼び、最新装置のPRISM3700を見てもらった。ヴェンターはその装置に感心したが、それに続く出来事にはまったく驚かされた。ハンカピラーはヴェンターに、AB社の親会社であるパーキンエルマー社の出資で、ヒトゲノムの配列を解析する新会社を作らないかともちかけたのだ。

ヴェンターにとってTIGRを見捨てることには何の不安もなかった——HGSのヘーゼルタインとの関係も、もう長いことうまくいっていなかった。そしてヴェンターはただちに、のちにセレラ・ジェノミクス社と呼ばれることになる新会社を設立した。この会社のモットーは、「速さが肝心。発見は時間との勝負」。目標は、ハンカピラーの装置を三百台と、米国国防総省のものを別にすれば最強のコンピューターとを使い、ヒトゲノムを全ゲノムショットガン法で解析することだった。この計画には、二年という年月と、二億から五億ドルの費用がかかることになる。

このニュースが広まったのは、ヒトゲノム計画のリーダーたちがコールドスプリングハーバー研究所で会議をもつ直前のことだった（この後ヒトゲノム計画は、ヴェンターの計画と区別するために〝公的〟計画と呼ばれることになる）。ヴェンターに関するニュースは、控えめに言っても好意的には受け止められなかった。各国が参加する公的ゲノム計画には、すでに十九億ドルの公金が注ぎ込まれていた。『ニューヨークタイムズ』紙が長々と記事にしたように、私たちがこれだけの費用を使ってようやくマウスのゲノム配列を明らかにするころには、ヴェンターがヒトゲノムという聖杯をかっさらっていきそうだった。

何より腹立たしかったのは、ヴェンターがいわゆる「バミューダ原則」を踏みにじったことだ。一九九六年、ヴェンターも参加したバミューダでの会議で、ヒトゲノム計画で解読された配列データはただちに公開するという合意が得られていた。ゲノム配列は公共の財産であるべきだという点で、私たちの意見は一致していたのである。ところがいまや裏切り者となったヴェンターの考えは違っていた。彼は、解読データの発表を三ヵ月遅らせ、データを買いたいという製薬企業や他の団体に権利を売るつもりだと言ったのだ。

偶然にもヴェンターの発表からわずか数日後、ウェルカムトラストのマイケル・モーガンが、サンガー・センターへの支援を倍増させ、総額約三億五千万ドルにすると発表した。これは公的ヒトゲノム計画にとってはうれしい励ましとなった。こういうタイミングで発表されたため、この増額はヴェンターの挑戦に対する応酬のように思われたようだが、実際には、しばらく前から検討されていたことだった。その後しばらくしてアメリカ議会も、公的ヒトゲノム計画への支出を増やすことにした。

かくして競争は始まった。実を言えば、この競争には初めから少なくともふたつの勝者がいたのだった。まずひとつめの勝者は、科学それ自体である。ゲノム計画がふたつになり、解析結果をお互いにチェックできることで恩恵を受けられるのは科学だけだからだ（三十億を上まわる塩基対のうち、間違いはひとつかふたつですみそうだった）。もうひとつの勝者は、間違いなくAB社だった。公的ヒトゲノム計画に関わる研究室のほとんどは、ヴェンターに対抗するためにPRISM配列解析装置を買わなければならなかったからである。

ふたつのゲノム計画のリーダーたちは激しい応酬を繰り返し、その後数年にわたって新聞の科学欄をにぎわすことになった。応酬は激しさを増し、クリントン大統領が科学担当顧問に対し、「この事態を何とかしろ、こいつらを協力させろ」と指示するほどになった。

しかしそのあいだにも解析は進み、ヴェンターは、全ゲノムショットガン法はかなり大きなゲノムにも使えることを示した。二〇〇〇年の初め、彼は公的ゲノム計画の中でショウジョウバエのゲノムを解析していた人たちと協同で、そのおおまかな配列を完成させたと発表した。しかしその配列には、同じ配列をもつジャンクはわずかしか含まれていなかったため、セレラ社のこの成功をもってしても、全ゲノムショットガン法がヒトゲノムでもうまくいくという保証にはならなかった。

セレラ社の挑戦を受けて立つにあたり、誰よりも重要な役割を果たしたのがエリック・ランダーである。彼こそは、技術者(テクニシャン)の代わりにロボットが働くような、ほぼ完全に自動化された解析手法を構想し、そしてそれを実現させるだけの力量をもった人物だった。

実際、ランダーの経歴を見ればそれもうなずけるだろう。ブルックリン生まれの彼は、マンハッタンのスタイヴェサント高校時代は数学の天才として鳴らし、ウェスティングハウス・サイエンス・タレント・サーチでは第一位を取った。その後プリンストン大学で卒業生総代(一九七八年)になり、ローズ奨学金を得てオックスフォード大学で博士号を取得した。おまけに一九八七年にはマッカーサー「天才賞」も得ている。ちなみに彼の母親は、息子がなぜこれほど優秀なのかまったく理由がわからないという。「私のおかげと言いたいのはやまやまだけれど、そうではないのです。まったく運が良かったとしか言いようがありません」

数学者の中では際立って社交的だったランダーは、純粋数学は「世間から切り離された修道院

大量生産とDNA配列解析との出会い。MITのホワイトヘッド研究所。

のような分野」だと思うようになり、もっと楽しそうなハーバードのビジネススクールに入ることにした。しかし経営学にはすぐに飽きてしまい、弟が取り組んでいる神経科学に興味をひかれた。彼は一念発起、ハーバードとＭＩＴの生物学科の建物の中で、月明かりのもと生物学を独習しはじめたが、その間も昼間のビジネススクールはほとんど休まなかった。彼はこう語っている。「私はほとんど街角で分子生物学を身につけたようなものだ。この近辺にはすばらしい街角がたくさんあるからね」。一九八九年、彼はそうした街角のひとつ、ＭＩＴのホワイトヘッド研究所の生物学教授になった。

ランダーの研究室は、いわゆる〝Ｇ５〟（サンガー・センター、ワシントン大学ゲノム配列解析センター、ベイラー医科大学、ＤＯＥのウォールナットクリークの研究所を含めた公的ヒトゲノム計画の五大拠点）の中でも、ＤＮＡの配列解析にもっとも大きく貢献することになった。ＭＩＴの彼のチームは、ゲノムの概要を発表するための最終段階で、効率を大幅に向上させることにも大きく寄与した。

一九九九年十一月十七日、公的ヒトゲノム計画は、十億個目の塩基対決定の達成を祝った（それはグアニンだった）。そのわずか四ヵ月後の二〇〇〇年三月九日には、二十億個目の塩基対が決定された（こちらはチミンだった）。Ｇ５はどんどんペースを上げていた。公的ヒトゲノム計画のデータはすぐさまインターネットで配信され、流れ出すデータは勢いを増していた。セレラ社はそのデータを使っていたので、ヴェンターは、当初セレラ社がやるつもりだった解析量を半分に減らした――おそらく彼としても青息吐息だったことだろう。

ふたつの計画の競争をめぐるマスコミ報道も佳境に入ったころ、壁の向こうではコンピューターに囲まれた数学的解析チームの活躍に中心が移りつつあった。彼らの役目は、生の配列データから意味を読み取ることである。その任務は大きく分けてふたつあった。第一に、ばらばらな大量の配列をひとつにまとめることだ。ゲノムの大部分は何度も解析されるため、処理すべき配列の量はゲノムの何倍にもなっていたが、そのすべてをひとつの正しい配列にまとめあげなければならない。コンピューターを使ってもこれは大変な作業だった。

第二の任務は、最終的な配列の中で、どれが何を示しているのか、とくに遺伝子の位置を突き止めることである。塩基配列のうち、何も暗号化していない部分とタンパク質を暗号化している部分とを見分けるためには、コンピューターをぎりぎりまで活用しなければならなかった。

セレラ社のコンピューター解析の中心となったのは、コンピューター科学者ジーン・マイヤーズである。そして彼こそは、全ゲノムショットガン法を、もっとも初期に、そしてもっとも強力に推進しようとした人物だったのだ。マイヤーズはセレラ社が設立されるずっと前から、ウィスコンシン州のマーシュフィールド医学研究財団のジェームズ・ウェーバーとともに、公的ヒトゲノム計画では全ゲノムショットガン法を使うべきだと提案していた。それゆえマイヤーズにとって、セレラ社の成功は彼自身の誇りであり、自分が正しかったことの証明でもあった。

一方、公的ヒトゲノム計画では、すでにマッピングによる道標があったので、配列をひとつにまとめあげるという大仕事も、道標のない全ゲノムショットガン法を使っているマイヤーズの苦労に比べれば大したことはないだろうとみられていた（とはいえセレラ社も、解析の最終段階では、自由に入手できる公的計画のマッピングの情報を利用していた）。

しかし現実には、公的ヒトゲノム計画はこの道標に期待をかけるあまり、コンピューター作業の大変さを過小評価していたのである。そのせいで、セレラ社がコンピューターを増強したころになっても、公的ヒトゲノム計画はまだ配列解析のスピードアップに力を入れていた。そしていよいよ最終段階に入り、公的ヒトゲノム計画のリーダーたちはとんでもない事態に直面した——

それはちょうど、クリスマスイブになって新しい自転車の部品の山を前にしている父親のようなものだった。概要の締切は六月末に設定されていた。ところが公的ヒトゲノム計画は、五月に入ってもまだ、配列をまとめあげる有効な方法をもたなかったのだ。この難所を力ずくで突破したのは、カリフォルニア大学サンタクルーズ校のひとりの大学院生だった。

ジム・ケントというその男は、昔のロックバンド、グレイトフル・デッドのメンバーのような風貌をしている。ケントはパソコンの黎明期からプログラミングを手がけ、グラフィックスやアニメーションのプログラムを作ってきた。その後、DNAやタンパク質の配列を解析する新しい分野、生命情報工学（バイオインフォマティクス）をやろうと決心し、大学院に進んだ。彼が「プログラミングで商売する時代はもう終わりだ」と感じたのは、マイクロソフトがウィンドウズ95上でプログラムを開発する人のために売り出した、十二枚入りCD－ROMセットを手にしたときのことだった。「ヒトゲノムなら一枚のCD－ROMに収まるし、三ヵ月ごとに仕様が変わることもないと思ったんです」

二〇〇〇年五月に入り、懸案だった配列をまとめあげるという問題を解決できたと確信したケントは、大学に頼み込み、教師用に導入したばかりのパソコン百台を貸してもらった。それからというもの、昼間はパソコンを叩き、夜は腕が動かなくならないよう氷で冷やしながら、四週間ぶっ続けにプログラムを組んだ。期限は六月二十六日――ヒトゲノムの概要が発表されるはずの日である。六月二十二日、公的ヒトゲノム計画の前に立ちふさがっていた問題は、百台のパソコンによって解決された。

セレラ社のマイヤーズはさらにぎりぎりに滑り込んだ。彼が配列を完成させたのは、六月二十五日の夜だったのだ。

生命科学の新たなるスタート

こうして二〇〇〇年六月二十六日がやって来た。ホワイトハウスのビル・クリントンとダウニング街十番地のトニー・ブレアは同時に、ヒトゲノム計画の概要が完成したと宣言した。競争は引き分けとなり、栄誉は等しく与えられた。対立したふたつのグループも、少なくとも午前中は、悪感情を抑えてにこやかにしていた。クリントンはこう宣言した。「本日、私たちは神が生命を作ったときの言葉を知りました。新たに得られた深遠な知識により、

ジム・ケント。100台のパソコンを使い、公的ヒトゲノム計画のために概要をまとめ上げげた。

人類は大きな癒しの力を手にするところまで到達したのです」（口絵⑦）

壮大な出来事には壮大な言葉がふさわしいというわけだ。こういうときに得意になるなと言っても無理な相談で、マスコミはすぐさまこれをアポロの月着陸になぞらえた——もっとも、ゲノム計画が達成された「公式」の日付はあいまいだったのだが。それに、解析作業はこれで終了したわけではなく、最終結果を報告する論文が発表されたのはさらに六ヵ月後のことだった。この宣言の時期は、ヒトゲノム計画のスケジュールではなく、クリントンとブレアのスケジュールで決まったのだろうと言われている。

ホワイトハウスの輝かしい発表の中で見落とされていたのは、このお祭り騒ぎのもとであるヒトゲノム配列は、単なる「概要」でしかなかったことである。やるべき仕事はまだたくさん残されていた。実際、配列解析がほぼ完了していたのは、もっとも小さい二十一番染色体と二十二番染色体だけだったし、発表されたのもそこだけだった。しかもこのふたつの染色体にしても、端から端まですっかり解析されたわけではなかった。他の染色体については、未解析の部分がたくさん残されていた。この大発表以降は、完全な配列を決定するための新たな期限、二〇〇三年四月に向かって照準が合わせられた。しかし、いくつか小さな部分はまったく解析不可能であることが判明したため、最終目標は「実質的に完全な」配列を決定すること、すなわち一万個に一個以下の誤りでゲノムの九五パーセント以上を解析することとされた。

世界各地の解析拠点をなだめすかして最後のハードルを越えさせた功労者の一人に、中西部生まれの素朴な男、リック・ウィルソンがいる。彼はボブ・ウォーターストンの後を引き継いで、ワシントン大学の解析拠点の責任者になっていた。この最終段階では解析結果の品質管理が重要になっていた。そこで、染色体ごとに責任者が割り当てられ、その責任者が解析の進捗状況を監督するとともに、解析結果を全体としての仕様に合わせていった。ときどき、なぜかイネのゲノム配列が結果に紛れ込んだりすることもあったが、そうした混入物は確実にふるいにかけられていった。

ヒトゲノム計画は、驚異的な技術の勝利である。もしも一九五三年の段階で、ヒトゲノムの配列は五十年以内に決定されるだろうなどと言う者がいたとしたら、クリックと私は笑ってその人物にお茶の一杯もおごってやっただろう。

このような懐疑的な見方は、それから二十年以上後に、DNA配列の解析法が開発されたときにもまだ変わってはいなかった。なるほど解析法の開発は技術面での大躍進ではあったが、解析にはまだうんざりするほど時間がかかったからである。その当時は、塩基対にして数百程度の小さな遺伝子の配列を明らかにするだけでも大仕事だったのだ。それからわずか二十五年後の現在、私たちは約三十一億という塩基対の解析を終えようとしている（訳注　二〇〇三年四月十四日、二重らせん構造の解明から五十年後に解析が完了した)。

しかしここで心に留めておくべきは、たしかに驚異的な技術のなせるわざではあるにせよ、ヒトゲノムは単に最新テクノロジーの記念碑ではないということだ。ホワイトハウスでのお祭り騒ぎが(その直接の政治的意図はなんであれ)正当化されるとしたら、それはもうひとつの意味、すなわち、病気との戦いにおいてすばらしい新兵器になってくれるものを歓呼して迎えるという意味でだろう。そしてまた、生物はいかに組み立てられ、どのように機能しているのか、さらには、私たち人間を生物学的な意味において他の種と隔てているものは何なのかについて——言葉を換えれば、何が私たちをヒトにしているのかについて——知識の新時代を歓迎するという意味においてだと思うのである。

注

＊1　バイアグラにも同様の経緯があった。これもまた本来高血圧の治療薬として開発されたものだったが、男性の医学生たちに対するテストから、研究者たちはこの薬剤の別の性質を確信することになったのである。

〈た行〉

〈な行〉

〈は行〉

さくいん

下224は下巻の224ページの意味。何もないものは上巻

N.D.C.467　323p　18cm

ブルーバックス　B-1472

DNA　上（じょう）

二重らせんの発見からヒトゲノム計画まで

2005年3月20日　第1刷発行
2020年5月8日　第8刷発行

著者　ジェームス・D・ワトソン
　　　アンドリュー・ベリー
訳者　青木（あおき）　薫（かおる）
発行者　渡瀬昌彦
発行所　株式会社講談社
　　　〒112-8001 東京都文京区音羽2-12-21
電話　出版　03-5395-3524
　　　販売　03-5395-4415
　　　業務　03-5395-3615
印刷所　（本文印刷）株式会社新藤慶昌堂
　　　（カバー表紙印刷）信毎書籍印刷株式会社
本文データ制作　講談社デジタル製作
製本所　株式会社国宝社

定価はカバーに表示してあります。
Printed in Japan
落丁本・乱丁本は購入書店名を明記のうえ、小社業務宛にお送りください。送料小社負担にてお取替えします。なお、この本についてのお問い合わせは、ブルーバックス宛にお願いいたします。

ISBN4−06−257472−1

発刊のことば

科学をあなたのポケットに

二十世紀最大の特色は、それが科学時代であるということです。科学は日に日に進歩を続け、止まるところを知りません。ひと昔前の夢物語もどんどん現実化しており、今やわれわれの生活のすべてが、科学によってゆり動かされているといっても過言ではないでしょう。

そのような背景を考えれば、学者や学生はもちろん、産業人も、セールスマンも、ジャーナリストも、家庭の主婦も、みんなが科学を知らなければ、時代の流れに逆らうことになるでしょう。

ブルーバックス発刊の意義と必然性はそこにあります。このシリーズは、読む人に科学的に物を考える習慣と、科学的に物を見る目を養っていただくことを最大の目標にしています。そのためには、単に原理や法則の解説に終始するのではなくて、政治や経済など、社会科学や人文科学にも関連させて、広い視野から問題を追究していきます。科学はむずかしいという先入観を改める表現と構成、それも類書にないブルーバックスの特色であると信じます。

一九六三年九月　野間省一

ブルーバックス　医学・薬学・心理学関係書（II）

1807 ジムに通う人の栄養学　岡村浩嗣
1811 栄養学を拓いた巨人たち　杉 晴夫
1812 からだの中の外界　腸のふしぎ　上野川修一
1814 牛乳とタマゴの科学　酒井仙吉
1820 リンパの科学　加藤征治
1830 単純な脳、複雑な「私」　池谷裕二
1831 新薬に挑んだ日本人科学者たち　塚﨑朝子
1842 記憶のしくみ（上）　ラリー・R・スクワイア／エリック・R・カンデル　小西史朗／桐野 豊＝監修
1843 記憶のしくみ（下）　ラリー・R・スクワイア／エリック・R・カンデル　小西史朗／桐野 豊＝監修
1853 図解　内臓の進化　岩堀修明
1854 カラー図解　EURO版　バイオテクノロジーの教科書（上）　ラインハート・レンネバーグ　小林達彦＝監修　田中暉夫／奥原正國＝訳
1855 カラー図解　EURO版　バイオテクノロジーの教科書（下）　ラインハート・レンネバーグ　小林達彦＝監修　田中暉夫／奥原正國＝訳
1859 放射能と人体　落合栄一郎
1874 もの忘れの脳科学　苧阪満里子
1884 驚異の小器官　耳の科学　杉浦彩子
1889 社会脳からみた認知症　伊古田俊夫
1892 「進撃の巨人」と解剖学　布施英利

1896 新しい免疫入門　審良静男／黒崎知博
1901 99・996％はスルー　竹内 薫／丸山篤史
1903 創薬が危ない　水島 徹
1923 コミュ障　動物性を失った人類　正高信男
1929 心臓の力　柿沼由彦
1931 薬学教室へようこそ　二井將光＝編著
1943 神経とシナプスの科学　杉 晴夫
1945 芸術脳の科学　塚田 稔
1952 意識と無意識のあいだ　マイケル・コーバリス　鍛原多惠子＝訳
1953 自分では気づかない、ココロの盲点　完全版　池谷裕二
1954 発達障害の素顔　山口真美
1955 現代免疫物語beyond　岸本忠三／中嶋 彰
1956 コーヒーの科学　旦部幸博
1964 脳からみた自閉症　大隅典子
1968 脳・心・人工知能　甘利俊一
1976 不妊治療を考えたら読む本　浅田義正／河合 蘭
1978 カラー図解　はじめての生理学 上　動物機能編　田中（貴邑）冨久子
1979 カラー図解　はじめての生理学 下　植物機能編　田中（貴邑）冨久子
1988 40歳からの「認知症予防」入門　伊古田俊夫

ブルーバックス　医学・薬学・心理学関係書（Ⅲ）

- 1994 つながる脳科学　理化学研究所・脳科学総合研究センター＝編
- 1996 体の中の異物「毒」の科学　小城勝相
- 1997 欧米人とはこんなに違った日本人の「体質」　奥田昌子
- 2007 痛覚のふしぎ　伊藤誠二
- 2013 カラー図解　新しい人体の教科書（上）　山科正平
- 2014 自閉症の世界　スティーブ・シルバーマン　正高信男／入口真夕子＝訳
- 2024 カラー図解　新しい人体の教科書（下）　山科正平
- 2025 アルツハイマー病は「脳の糖尿病」　鬼頭昭三／新郷明子
- 2026 睡眠の科学　改訂新版　櫻井　武
- 2029 生命を支えるＡＴＰエネルギー　二井將光
- 2034 ＤＮＡの98％は謎　小林武彦
- 2050 世界を救った日本の薬　塚﨑朝子
- 2054 もうひとつの脳　R・ダグラス・フィールズ　小西史朗＝監訳　小松佳代子＝訳
- 2057 分子レベルで見た体のはたらき　平山令明
- 2062 「がん」はなぜできるのか　国立がん研究センター研究所＝編
- 2064 心理学者が教える　読ませる技術　聞かせる技術　海保博之
- 2073 「こころ」はいかにして生まれるのか　櫻井　武
- 2082 免疫と「病」の科学　宮坂昌之／定岡　恵

ブルーバックス　数学関係書(I)

116	推計学のすすめ	佐藤　信
120	統計でウソをつく法	ダレル・ハフ　高木秀玄＝訳
177	ゼロから無限へ	C・レイド　芹沢正三＝訳
325	現代数学小事典	寺阪英孝＝編
408	数学質問箱	矢野健太郎
722	解ければ天才！　算数100の難問・奇問	中村義作
833	虚数iの不思議	堀場芳数
862	対数eの不思議	堀場芳数
908	数学トリック＝だまされまいぞ！	仲田紀夫
926	原因をさぐる統計学	豊田秀樹／前田忠彦／柳井晴夫
1003	マンガ　微積分入門	岡部恒治　藤岡文世＝絵
1013	違いを見ぬく統計学	豊田秀樹
1037	道具としての微分方程式	斎藤恭一　吉田　剛＝絵
1074	フェルマーの大定理が解けた！	足立恒雄
1201	自然にひそむ数学	佐藤修一
1243	高校数学とっておき勉強法	鍵本　聡
1312	マンガ　おはなし数学史	仲田紀夫＝原作　佐々木ケン＝漫画
1332	集合とはなにか　新装版	竹内外史
1352	確率・統計であばくギャンブルのからくり	谷岡一郎
1353	算数パズル「出しっこ問題」傑作選	仲田紀夫
1366	数学版　これを英語で言えますか？	保江邦夫＝著　E・ネルソン＝監修
1383	高校数学でわかるマクスウェル方程式	竹内　淳
1386	素数入門	芹沢正三
1407	入試数学　伝説の良問100	安田　亨
1419	パズルでひらめく　補助線の幾何学	中村義作
1429	数学21世紀の7大難問	中村　亨
1430	Excelで遊ぶ手作り数学シミュレーション	田沼晴彦
1433	大人のための算数練習帳	佐藤恒雄
1453	大人のための算数練習帳　図形問題編	佐藤恒雄
1479	なるほど高校数学　三角関数の物語	原岡喜重
1490	暗号の数理　改訂新版	一松　信
1493	計算力を強くする	鍵本　聡
1536	計算力を強くするpart2	鍵本　聡
1547	広中杯　ハイレベル中学数学に挑戦	算数オリンピック委員会＝監修　青木亮二＝解説
1557	やさしい統計入門	田栗正章／藤越康祝／柳井晴夫／C・R・ラオ
1595	数論入門	芹沢正三
1598	なるほど高校数学　ベクトルの物語	原岡喜重
1606	関数とはなんだろう	山根英司
1619	離散数学「数え上げ理論」	野﨑昭弘
1620	高校数学でわかるボルツマンの原理	竹内　淳
1629	計算力を強くする　完全ドリル	鍵本　聡

ブルーバックス　数学関係書（Ⅱ）

1657	高校数学でわかるフーリエ変換	竹内　淳
1661	史上最強の実践数学公式123	佐藤恒雄
1677	新体系　高校数学の教科書（上）	芳沢光雄
1678	新体系　高校数学の教科書（下）	芳沢光雄
1684	ガロアの群論	中村　亨
1704	高校数学でわかる線形代数	竹内　淳
1724	ウソを見破る統計学	神永正博
1738	物理数学の直観的方法（普及版）	長沼伸一郎
1740	マンガで読む　計算力を強くする	がそんみほ＝マンガ　銀杏社＝構成
1743	大学入試問題で語る数論の世界	清水健一
1757	高校数学でわかる統計学	竹内　淳
1764	新体系　中学数学の教科書（上）	芳沢光雄
1765	新体系　中学数学の教科書（下）	芳沢光雄
1770	連分数のふしぎ	木村俊一
1782	はじめてのゲーム理論	川越敏司
1784	確率・統計でわかる「金融リスク」のからくり	吉本佳生
1786	「超」入門　微分積分	神永正博
1788	複素数とはなにか	示野信一
1795	シャノンの情報理論入門	高岡詠子
1808	算数オリンピックに挑戦　'08〜'12年度版	算数オリンピック委員会＝編
1810	不完全性定理とはなにか	竹内　薫
1818	オイラーの公式がわかる	原岡喜重
1819	世界は2乗でできている	小島寛之
1822	マンガ　線形代数入門	鍵本　聡＝原作　北垣絵美＝漫画
1823	三角形の七不思議	細矢治夫
1828	リーマン予想とはなにか	中村　亨
1833	超絶難問論理パズル	小野田博一
1838	読解力を強くする算数練習帳	佐藤恒雄
1841	難関入試　算数速攻術	松島りつこ＝画　中川　塁
1851	チューリングの計算理論入門	高岡詠子
1870	知性を鍛える　大学の教養数学	佐藤恒雄
1880	非ユークリッド幾何の世界　新装版	寺阪英孝
1888	直感を裏切る数学	神永正博
1890	ようこそ「多変量解析」クラブへ	小野田博一
1893	逆問題の考え方	上村　豊
1897	算法勝負！「江戸の数学」に挑戦	山根誠司
1906	ロジックの世界	ダン・クライアン／シャロン・シュアティル／ビル・メイブリン＝絵　田中一之＝訳
1907	素数が奏でる物語	西来路文朗／清水健一
1911	超越数とはなにか	西岡久美子
1913	やじうま入試数学	金　重明
1917	群論入門	芳沢光雄

1921 数学ロングトレイル「大学への数学」に挑戦　山下光雄
1927 確率を攻略する　小島寛之
1933 「P≠NP」問題　野﨑昭弘
1941 数学ロングトレイル「大学への数学」に挑戦　ベクトル編　山下光雄
1942 数学ロングトレイル「大学への数学」に挑戦　関数編　山下光雄
1946 数学ミステリー　X教授を殺したのはだれだ！　トドリス・アンドリオプロス＝原作　タナシス・グキオカス＝漫画　竹内　薫／竹内さなみ＝訳
1949 マンガ「代数学」超入門　ラリー・ゴニック　鍵本　聡＝監訳　藪田真弓／藤原誉枝子＝訳
1961 曲線の秘密　松下泰雄
1967 世の中の真実がわかる「確率」入門　小林道正
1968 脳・心・人工知能　甘利俊一
1969 四色問題　一松　信
1973 マンガ「解析学」超入門　ラリー・ゴニック＝著・絵　鍵本　聡／坪井美佐＝訳
1984 経済数学の直観的方法　マクロ経済学編　長沼伸一郎
1985 経済数学の直観的方法　確率・統計編　長沼伸一郎
1998 結果から原因を推理する「超」入門ベイズ統計　石村貞夫
2003 素数はめぐる　西来路文朗　清水健一
2023 曲がった空間の幾何学　宮岡礼子
2033 ひらめきを生む「算数」思考術　安藤久雄
2036 美しすぎる「数」の世界　清水健一
2043 理系のための微分・積分復習帳　竹内　淳
2046 方程式のガロア群　金重　明
2059 離散数学「ものを分ける理論」　徳田雄洋
2065 学問の発見　広中平祐
2069 今日から使える微分方程式　普及版　飽本一裕
2079 はじめての解析学　原岡喜重
2081 今日から使える物理数学　普及版　岸野正剛
2085 今日から使える統計解析　普及版　大村　平
2092 いやでも数学が面白くなる　志村史夫
2093 今日から使えるフーリエ変換　普及版　三谷政昭
2098 高校数学でわかる複素関数　竹内　淳

ブルーバックス12cm CD-ROM付

BC06 JMP活用　統計学とっておき勉強法　新村秀一

ブルーバックス　生物学関係書（I）

1073	へんな虫はすごい虫	安富和男
1176	考える血管	児玉龍彦／浜窪隆雄
1341	食べ物としての動物たち	伊藤　宏
1391	ミトコンドリア・ミステリー	林　純一
1410	新しい発生生物学	木下　圭／浅島　誠
1427	筋肉はふしぎ	杉　晴夫
1439	味のなんでも小事典	日本味と匂学会＝編
1472	DNA（上）ジェームス・D・ワトソン／アンドリュー・ベリー	青木　薫＝訳
1473	DNA（下）ジェームス・D・ワトソン／アンドリュー・ベリー	青木　薫＝訳
1507	新しい高校生物の教科書	栃内　新　左巻健男＝編著
1528	新・細胞を読む	山科正平
1537	「退化」の進化学	犬塚則久
1538	進化しすぎた脳	池谷裕二
1565	これでナットク！　植物の謎	日本植物生理学会＝編
1612	光合成とはなにか	園池公毅
1626	進化から見た病気	栃内　新
1637	分子進化のほぼ中立説	太田朋子
1662	老化はなぜ進むのか	近藤祥司
1670	森が消えれば海も死ぬ　第2版	松永勝彦
1672	カラー図解　アメリカ版　大学生物学の教科書　第1巻　細胞生物学	D・サダヴァ他　石崎泰樹　丸山　敬＝監訳・翻訳
1673	カラー図解　アメリカ版　大学生物学の教科書　第2巻　分子遺伝学	D・サダヴァ他　石崎泰樹　丸山　敬＝監訳・翻訳
1674	カラー図解　アメリカ版　大学生物学の教科書　第3巻　分子生物学	D・サダヴァ他　石崎泰樹　丸山　敬＝監訳・翻訳
1712	図解　感覚器の進化	岩堀修明
1725	魚の行動習性を利用する釣り入門	川村軍蔵
1727	iPS細胞とはなにか	朝日新聞大阪本社　科学医療グループ
1730	たんぱく質入門	武村政春
1792	二重らせん	ジェームス・D・ワトソン　江上不二夫／中村桂子＝訳
1800	ゲノムが語る生命像	本庶　佑
1801	新しいウイルス入門	武村政春
1821	これでナットク！　植物の謎Part2	日本植物生理学会＝編
1829	エピゲノムと生命	太田邦史
1842	記憶のしくみ（上）	ラリー・R・スクワイア　エリック・R・カンデル　小西史朗／桐野　豊＝監修
1843	記憶のしくみ（下）	ラリー・R・スクワイア　エリック・R・カンデル　小西史朗／桐野　豊＝監修
1844	死なないやつら	長沼　毅
1848	今さら聞けない科学の常識3　聞くなら今でしょ！	朝日新聞科学医療部＝編
1849	分子からみた生物進化	宮田　隆

ブルーバックス　生物学関係書（II）

1853	図解　内臓の進化	岩堀修明
1854	カラー図解　EURO版　バイオテクノロジーの教科書（上）	ラインハート・レンネバーグ　小林達彦＝監修　田中暉夫／奥原正國＝訳
1855	カラー図解　EURO版　バイオテクノロジーの教科書（下）	ラインハート・レンネバーグ　小林達彦＝監修　田中暉夫／奥原正國＝訳
1861	発展コラム式　中学理科の教科書　改訂版　生物・地球・宇宙編	石渡正志　滝川洋二＝編
1872	マンガ　生物学に強くなる	渡邊雄一郎＝監修　堂嶋大輔＝作
1874	もの忘れの脳科学	苧阪満里子
1875	カラー図解　アメリカ版　大学生物学の教科書　第4巻　進化生物学	D・サダヴァ他　石崎泰樹／斎藤成也＝監訳
1876	カラー図解　アメリカ版　大学生物学の教科書　第5巻　生態学	D・サダヴァ他　石崎泰樹／斎藤成也＝監訳
1884	驚異の小器官　耳の科学	杉浦彩子
1889	社会脳からみた認知症	伊古田俊夫
1892	「進撃の巨人」と解剖学	布施英利
1898	哺乳類誕生　乳の獲得と進化の謎	酒井仙吉
1902	巨大ウイルスと第4のドメイン	武村政春
1923	コミュ障　動物性を失った人類	正高信男
1929	心臓の力	柿沼由彦
1943	神経とシナプスの科学	杉　晴夫
1944	細胞の中の分子生物学	森　和俊
1945	芸術脳の科学	塚田　稔
1964	脳からみた自閉症	大隅典子
1990	カラー図解　進化の教科書　第1巻　進化の歴史	カール・ジンマー　ダグラス・J・エムレン　更科　功／石川牧子／国友良樹＝訳
1991	カラー図解　進化の教科書　第2巻　進化の理論	カール・ジンマー　ダグラス・J・エムレン　更科　功／石川牧子／国友良樹＝訳
1992	カラー図解　進化の教科書　第3巻　系統樹や生態から見た進化	カール・ジンマー　ダグラス・J・エムレン　更科　功／石川牧子／国友良樹＝訳
2010	生物はウイルスが進化させた	武村政春
2018	カラー図解　古生物たちのふしぎな世界	土屋　健／田中源吾＝協力
2037	我々はなぜ我々だけなのか	川端裕人／海部陽介＝監修
2053	鳥！　驚異の知能	ジェニファー・アッカーマン　鍛原多惠子＝訳
2070	筋肉は本当にすごい	杉　晴夫
2077	海と陸をつなぐ進化論	須藤　斎
2088	植物たちの戦争	日本植物病理学会＝編著
2095	深海——極限の世界	藤倉克則・木村純一＝編著　海洋研究開発機構＝協力
2099	王家の遺伝子	石浦章一

ブルーバックス　物理学関係書(I)

ブルーバックス　物理学関係書（II）

1715 量子もつれとは何か　古澤　明
1716 「余剰次元」と逆二乗則の破れ　村田次郎
1720 傑作！　物理パズル50　ポール・G・ヒューイット＝作　松森靖夫＝編訳
1728 ゼロからわかるブラックホール　大須賀　健
1731 宇宙は本当にひとつなのか　村山　斉
1738 物理数学の直観的方法（普及版）　長沼伸一郎
1776 現代素粒子物語（高エネルギー加速器研究機構）＝協力　中嶋　彰／KEK
1780 オリンピックに勝つ物理学　望月　修
1798 ヒッグス粒子の発見　イアン・サンプル　上原昌子＝訳
1799 宇宙になぜ我々が存在するのか　村山　斉
1803 高校数学でわかる相対性理論　竹内　淳
1809 物理がわかる実例計算101選　クリフォード・スワルツ　園田英徳＝訳
1815 大人のための高校物理復習帳　桑子　研
1827 大栗先生の超弦理論入門　大栗博司
1836 真空のからくり　山田克哉
1848 今さら聞けない科学の常識3　聞くなら今でしょ！　朝日新聞科学医療部＝編
1852 物理のアタマで考えよう！　ウィーブケ・ドレンカン＝絵　ジョー・ヘルマンス　村岡克紀＝訳・解説
1856 量子的世界像　101の新知識　ケネス・フォード　青木　薫＝監訳　塩原通緒＝訳

1860 発展コラム式　中学理科の教科書　改訂版　物理・化学編　滝川洋二＝編
1867 高校数学でわかる流体力学　竹内　淳
1871 アンテナの仕組み　小暮裕明　小暮芳江
1894 エントロピーをめぐる冒険　鈴木　炎
1899 エネルギーとはなにか　ロジャー・G・ニュートン　東辻千枝子＝訳
1905 あっと驚く科学の数字　数から科学を読む研究会
1912 マンガ　おはなし物理学史　佐々木ケン＝漫画　小山慶太＝原作
1924 謎解き・津波と波浪の物理　保坂直紀
1930 光と重力　ニュートンとアインシュタインが考えたこと　小山慶太
1932 天野先生の「青色LEDの世界」　天野　浩／福田大展
1937 輪廻する宇宙　横山順一
1939 灯台の光はなぜ遠くまで届くのか　テレサ・レヴィット　岡田好恵＝訳
1940 すごいぞ！　身のまわりの表面科学　日本表面科学会
1960 超対称性理論とは何か　小林富雄
1961 曲線の秘密　松下泰雄
1970 高校数学でわかる光とレンズ　竹内　淳
1975 マンガ現代物理学を築いた巨人　ニールス・ボーアの量子論　ジム・オッタヴィアニ＝原作　リーランド・パーヴィス＝漫画　今枝麻子／園田英徳＝訳
1981 宇宙は「もつれ」でできている　ルイーザ・ギルダー　山田克哉＝監訳　窪田恭子＝訳